ARCHITECTURAL
D E S I G N

建筑·设计·民族　教育改革丛书

建筑学优秀学生作品集

刘艳梅　李明融　华益　徐梦一　李秋实　陈琛　编著

清华大学出版社
北京

图书在版编目（CIP）数据

建筑学优秀学生作品集 / 刘艳梅等编著. —北京：清华大学出版社, 2019
(建筑 · 设计 · 民族 教育改革丛书)
ISBN 978-7-302-51855-6

Ⅰ.①建… Ⅱ.①刘… Ⅲ.①建筑设计—作品集—中国—现代 Ⅳ.①TU206

中国版本图书馆CIP数据核字(2018)第285131号

责任编辑：刘一琳
装帧设计：陈国熙
责任校对：赵丽敏
责任印制：李红英

出版发行：清华大学出版社
网 址：http://www.tup.com.cn，http://www.wqbook.com
地 址：北京清华大学学研大厦A座 邮 编：100084
社 总 机：010-62770175 邮 购：010-62786544
投稿与读者服务：010-62776969，c-service@tup.tsinghua.edu.cn
质量反馈：010-62772015，zhiliang@tup.tsinghua.edu.cn
印 装 者：北京亿浓世纪彩色印刷有限公司
经 销：全国新华书店
开 本：210mm×285mm 印 张：12.5 字 数：335 千字
版 次：2019 年 3 月第 1 版 印 次：2019 年 3 月第 1 次印刷
定 价：60.00 元

产品编号：078824-01

前言
PREFACE

西南民族大学城市规划与建筑学院是国家民委直属高校中专业门类较为齐全且成立较早的建筑类专门学院，经教育部、国家民委批准，于 2009 年获准设立并开始招收建筑学专业五年制本科生。

本书收录了西南民族大学城市规划与建筑学院建筑系近年来本科学生的优秀作业，共计 49 份，按照年级划分为四个板块，每个板块附教学体系框架，按不同课题分别附有简单的课程任务书及教学要求。

其中二年级作为建筑设计入门的阶段，是承上启下的关键时期。教学涵盖经典案例分析、下店上宅设计、幼儿园设计及活动中心设计四个教学单元，训练学生设计思维的转换和初步设计能力的构建。

经过两年的设计初步训练之后，过渡到三年级设计扩展阶段，包括认知与能力两方面。在课题设置上包括民族博物馆、民俗商业街、中小学设计、居住区规划四个类别。在 2010—2013 级第六学期的教学改革中，尝试将学科设计竞赛引入课程设计，拓展学生的设计视野。

四年级的教学进入到职业教育及设计能力深入提高的阶段，在此定位上，该年级围绕“建筑与城市”主题展开教学，内容涵盖城市设计、高层旅馆设计、影剧院设计以及医疗建筑设计。

本作品集既是学生的所学成果、设计观形成过程的展示，也能集中反映我院建筑系各年级专业教师在教学上所作的阶段性的思考和努力，也是教学成果的展示。于教学发展阶段中在此集结出版，以期得到国内各大院校建筑系同仁的指正与交流，以及未来我院在教、学上的进一步完善与提升。

最后，在本集即将出版之际，谨此向长期以来给予我院建筑学科建设关心及帮助的全国高等学校建筑学学科专业指导委员会、各兄弟院校、社会各界同仁以及全系教师长期以来的辛勤付出表示衷心感激；感谢负责二年级编录的华益、陈琛、李秋实老师，负责三年级编录的刘艳梅、舒婷、闵晶老师，负责四年级编录的李明融、毛刚、唐尧老师，协助作品集排版工作的焦子芮同学、王钰芊同学、翟含放同学，以及提供优秀作品的学生及其指导教师。

西南民族大学城市规划与建筑学院建筑系　徐梦一

2017 年 12 月

注明：本书收录了大量学生作业及展板，由于原文件尺寸较大，缩小后对文字的清晰度略有影响，但不影响本书的可读性，为保证内容的完整，均作保留。学生作业及展板中的文字内容仅作参考。

目录
CONTENTS

01

建筑学二年级课程教学及作业

二年级建筑设计教学简介

二年级教学组教师：张蕴 李柔锋 李秋实 陈琛 华益

二年级是整个建筑设计教学的入门阶段，也是承上启下的重要阶段，这一阶段既是在一年级启蒙教学和训练基础上的扩展和延伸，也是三年级提升设计综合能力的基础和前提。近三年西南民族大学对二年级的设计课程不断进行实践和探索，尝试打破原有教学中各教学环节相对独立的状态，更加注重自身教学体系的连续、渐进和完整；尝试逐步培养学生的基本设计能力，实现学生在设计入门阶段设计思维的开启、转化和多元。

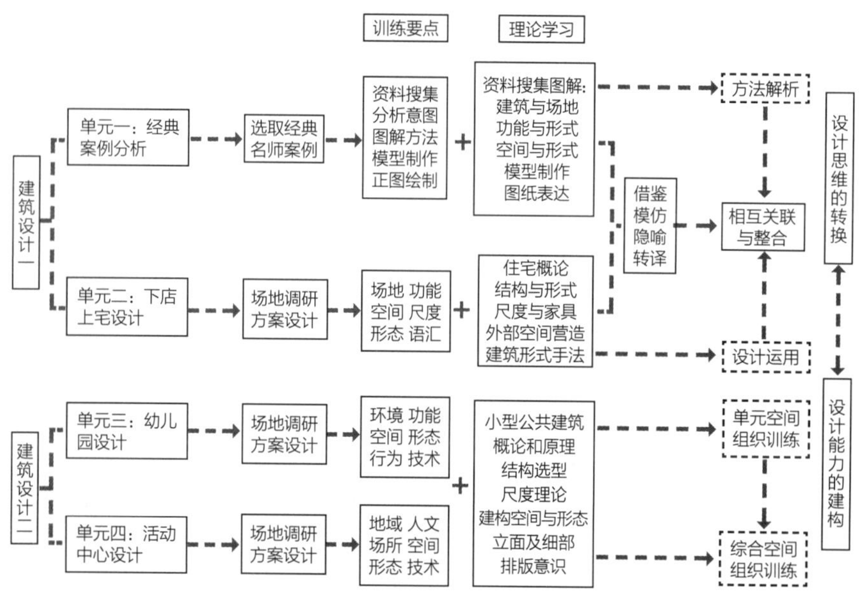

二年级的“建筑设计一”及“建筑设计二”分别包含四个教学单元：经典案例分析、下店上宅设计、幼儿园设计、活动中心设计。传统教学在二年级设置四个设计作业，在内容、规模和难度上逐步增加，但缺乏与一年级训练基础的过渡和衔接，学生在设计起步阶段面临设计思维难以转换的困境，不利于进入下一阶段的深入训练。在近几年的教学改革中，逐步打破传统二年级教学模式的壁垒，在课程体系架构、课程训练重点、课程内容设置等方面进行了多层次探索。

“建筑设计一”课程阶段是在一年级认知、造型、空间、表达等方面的训练基础上进行的延伸，将第一个训练单元设置为经典案例分析，并与第二个训练——下店上宅设计进行紧密关联。案例上优选十个大师经典住宅案例，学生通过长达八周的案例精读分析，充分认识设计师的设计思想，理解设计作品的设计语汇，通过案例解读进行知识积累，为进入第一次设计做好准备。在接下来的下店上宅设计中，学生需要借鉴大师的语言和手法，充分运用到小住宅的设计中。在设计过程中，学生通过结合现实条件，寻求案例与设计之间的契合点，从而建立设计逻辑，转换为自身的设计语言。整个教学阶段是一个“积累—理解—转化—运用”的过程，实现了从设计基础到设计起步的良好过渡。

“建筑设计二”在“建筑设计一”的基础上，以空间训练为主线，强调不同阶段的训练重点。一方面让学生掌握从居住空间组织、单元式空间组织到综合空间组织的设计能力；另一方面，通过真实基地的调研和设计，让学生充分认识环境与建筑之间的辩证关系。基地在选址上多样化，如人文特征丰富的城市区域，或民族特征强烈的乡村区域，以建立学生在该阶段对地域、场所、文化的认知和理解，为下一阶段进入民族性的建筑设计打下基础。

建筑学本科二年级 | 经典案例分析

一、教学要求

1. 掌握一般建筑设计作品的分析方法与分析步骤。
2. 通过作品分析认识空间设计语汇的表达方式。
3. 通过作品分析掌握图文本分析、图示表达、模型制作、语言汇报等建筑设计基础技能。
4. 培养独立查阅资料的能力，利用模型探索空间的能力，文本制作与图示表达的能力。

二、教学内容

学生两人一组自由选择经典案例作为分析的内容。同一班级不同小组之间案例不得重复。

经典案例列表

2015

1. Villa Savoye, Le Corbusier
   萨伏耶别墅，勒 · 柯布西耶
2. Rietveld Schroder House, GerritRietveld
   施罗德住宅，格里特 · 里特维尔德
3. Fallingwater, Frank Lloyd Wright
   流水别墅，弗兰克 · 劳埃德 · 赖特
4. Douglas House, Richard Meier
   道格拉斯住宅，理查德 · 迈耶
5. House at Riva San Vitale(Villa Bianchi), Mario Botta
   圣 · 维塔莱河旁的住宅，马里奥 · 博塔
6. Maison à Bordeaux, Rem Koolhaas (OMA)
   波尔多住宅，雷姆 · 库哈斯（大都会建筑事务所）
7. Koshino House, Tadao Ando
   小筱邸，安藤忠雄
8. House N, Sou Fujimoto
   N 住宅，藤本壮介
9. Moriyama House, RyueNishizawa
   森山邸，西泽立卫
10. VitraHaus, Architects: Herzog & De Meuron
    VitraHaus 展厅，霍尔佐格与德梅隆
11. New National Gallery, Mies van der Rohe
    德国柏林国家馆新馆，密斯 · 凡德罗
12. Chapel On The Water, Tadao Ando
    水之教堂，安藤忠雄
13. 鹿野苑石刻博物馆，刘家琨
14. 混凝土缝之宅，张雷
15. 篱苑书屋，李晓东

2016

1. Villa Savoye, Le Corbusier
   萨伏耶别墅，勒 · 柯布西耶
2. Rietveld Schroder House, GerritRietveld
   施罗德住宅，格里特 · 里特维尔德
3. Fallingwater, Frank Lloyd Wright
   流水别墅，弗兰克 · 劳埃德 · 赖特
4. Douglas House, Richard Meier
   道格拉斯住宅，理查德 · 迈耶
5. House at Riva San Vitale(Villa Bianchi), Mario Botta
   圣 · 维塔莱河旁的住宅，马里奥 · 博塔
6. Maison à Bordeaux, Rem Koolhaas (OMA)
   波尔多住宅，雷姆 · 库哈斯（大都会建筑事务所）
7. Koshino House, Tadao Ando
   小筱邸，安藤忠雄
8. Villa Stein-de Monzie, Le Corbusier
   斯坦因别墅，勒 · 柯布西耶
9. Villa Muller, Adolf Loos
   穆勒住宅，阿道夫 · 路斯
10. Vanna Venturi House, Robert · Venturi
    文丘里母亲住宅，罗伯特 · 文丘里

2017

1. Villa Moller, Vienna, Adolf Loos
   莫勒住宅，阿道夫 · 路斯
2. Maison du docteur Curutchet, Le Corbusier
   库鲁切特博士住宅，勒 · 柯布西耶
3. Villa La Roche, Le Corbusier
   拉罗什别墅，勒 · 柯布西耶
4. Villa Stein-de Monzie(Garches Vaucresson), Le Corbusier
   斯坦因别墅（加歇别墅），勒 · 柯布西耶
5. Rietveld Schroder House, Gerrit Rietveld
   施罗德住宅，格里特 · 里特维尔德
6. Villa Dallas' Ava, Rem Koolhaas (OMA)
   达尔雅瓦别墅，雷姆 · 库哈斯（大都会建筑事务所）
7. Double House in Utrecht, MVRDV
   乌得勒支的双宅，MVRDV
8. QUICO Jingumae, Kazunari Sakamoto
   QUICO 神宫前，坂本一成
9. Tokyo Apartment, Sou Fujimoto
   东京公寓，藤本壮介
10. Cocoon House, Landmak Architecture
    越南蚕茧住宅，Landmak Architecture

三、课程内容安排及要求

阶段一 基础资料搜集（第1~3课）

设置搜集资料专题理论课一节，教师示范资料的搜集、删选和整理。

训练目的：

使用图书馆、网络等资源搜索、筛选，系统整理归纳基础资料。

作业内容：

按照下面的名字分类分层级建立文件夹储存并仔细阅读。

1. 建筑师背景资料

相关的介绍、报道、评论文章（电子文档）。

2. 图片（精度≥800像素×600像素）

（1）GOOGLE卫星图

（2）总平面（带周围环境，带比例尺）

（3）各层平面（带尺寸或比例尺）

（4）剖面≥2个（带尺寸或比例尺）

（5）立面4个（带尺寸或比例尺）

（6）细部大样≥2个（带尺寸或比例尺）

（7）推敲草图

（8）实物模型

（9）轴测图

（10）各类分析图解

（11）实景照片：鸟瞰、室外、室内、细部

作业格式：

每组按照要求整理和归档基础资料（电子文档），经老师检查合格后，全班统一刻盘。

阶段二 背景分析（第3~5课）

设置场地分析专题理论课一节，教师示范1~2个优秀的分析案例。

训练目的：

让学生学习如何阅读基础资料，了解建成作品背后诸多的现实因素，并建立从宏观到微观的思维习惯。

作业内容：

1. 项目背景

了解项目背后的社会、历史、政治、文化、经济、技术因素。

2. 场地分析（从宏观到微观，从大区位到小环境）

（1）自然：地理、气候、景观等要素。

（2）城市：空间肌理、道路交通、周边环境等要素。

（3）分类：偏自然的、偏城市的、偏乡村的、兼有的。

作业要求：

以图示语言、文字等表达，要求翔实、生动、易懂。

作业格式：

提交案例场地分析报告，手绘A3纸2张。

阶段三　建筑分析（第6~9课）

设置功能、流线、空间、形式分析专题理论课两节，教师示范2～4个优秀的分析案例。

训练目的：
使用基本的图解语言对案例进行功能、空间、形式的图示分析，培养使用图解帮助思考的习惯。

作业内容：
每组学生用图解语言对案例进行基础分析。
（1）功能分析：功能分区，如动—静、公共—私密。
（2）流线分析：功能性的流线（水平、垂直）；特殊的流线（精神性的）。
（3）空间分析：空间的属性（积极—消极）、空间的组织、空间与光、空间与视线、空间与行为等。
（4）形态分析：形体构成、形式手法等。
（5）综合分析："功能—空间—形式"相互之间的关系。

作业要求：
充分使用各种图示语言的表达方式，文字表达为辅。可借助三维电脑模型。

作业格式：
提交案例建筑分析报告，手绘A3纸2张。

阶段四　模型制作（第10~13课）

设置模型制作专题理论课一节，教师讲解模型制作的基本方法、材料与工具的选择，结合演示若干优秀案例，讲解模型照片与分析的结合。

训练目的：
掌握建筑模型的制作方法（如何选择和搭配模型材料，熟练使用工具），如何利用模型制作与图纸信息结合以加深案例理解，了解模型摄影的基本要求，学习使用电脑软件对模型照片加工，用图解方式做综合分析。

作业要求：
每组学生根据资料进行模型的制作和推敲，不能出现明显错误（有能力的学生可以进行适当的构造细部还原），使学生对模型的抽象性与建筑实物的具象性的区别有一定认识。

作业内容：
两人一组，1∶50素模一个；不同阶段的模型生成照片：场地，主体结构（如墙体、梁柱、楼板、楼梯），室内围护结构，室外围护结构，屋顶，立面其他细部。

阶段五 成果表达与正图绘制(第14~16课)

设置平面设计与图纸表达专题讲座一节，教师讲解平面排版的基本方法和要求、演示优秀的排版案例。

训练目的：

根据上面四个阶段的学习和理解，学习基本的成果表达方法，学习严谨大方的排版模式，并在班级中树立精益求精的成果表达风气。

作业内容：

学生将要求的正图单元内容进行排版（包括字体样式、大小，图幅大小、位置，整体构图结构、色调和表达工具），绘制排版草图与教师讨论，教师确认后开始绘制正图。

作业要求：

正确、精细、美观、大方。

作业内容：

两人一组提交手绘A1图幅正图2张。

四、教学进度安排：1~8周

第1课： 布置搜集基础资料任务。
第2课： 收集资料，反馈，现场辅导。
第3课： 交作业，点评，布置分析任务。
第4课： 教师演示场地分析案例30min，检查作业。
第5课： 学生场地分析讲解、教师点评，布置实地调研参观任务（时间段5~8课），布置建筑分析任务。
第6课： 教师演示建筑分析案例30min，现场辅导，每个教师组总结讨论。
第7课： 教师演示建筑分析案例30min，现场辅导。
第8课： 交实地参观作业、教师点评，解决好功能流线问题，开始空间分析。
第9课： “功能—空间—形式”分析的综合辅导。
第10课：教师讲模型范例30min，收建筑分析作业，点评。
第11课：开始制作模型，检查制作方法和过程。
第12课：继续制作模型。
第13课：模型摄影，综合分析，教师讲解平面设计的基本排版30min。
第14课：绘制正图。
第15课：收正图，教师批注正图、点评，小组反思总结。
第16课：全年级交叉评图。

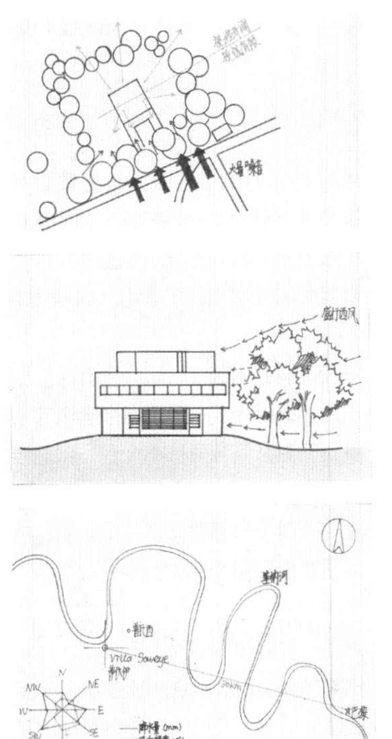

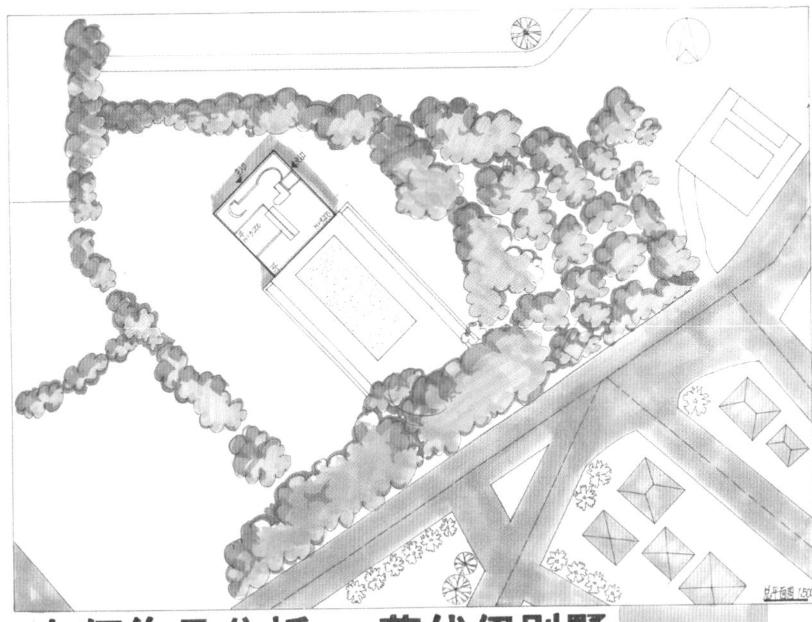

大师作品分析 之 萨伏伊别墅
VILLA SAVOYE 1

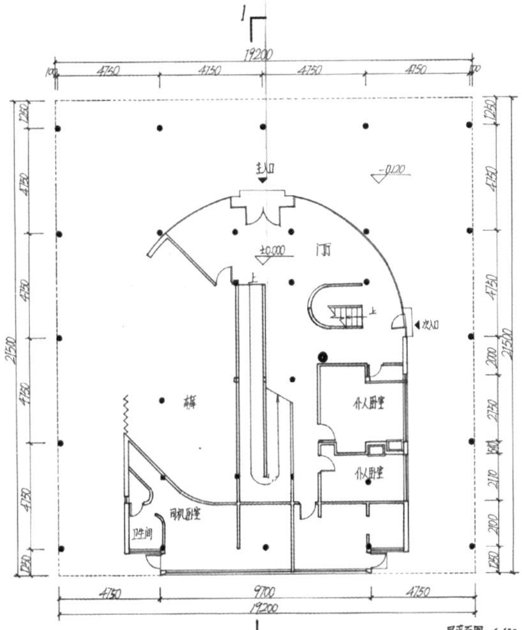

一层平面图 1:100

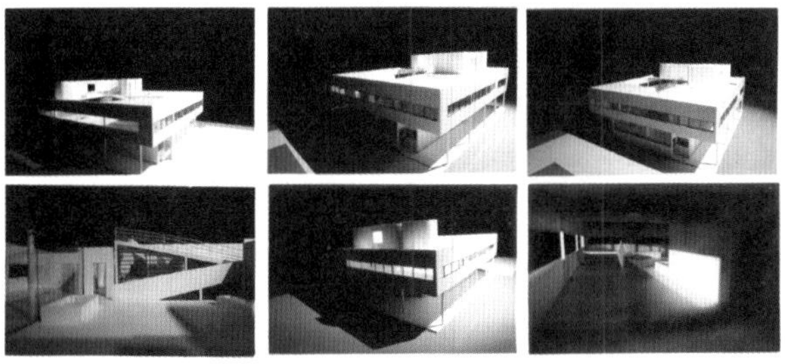

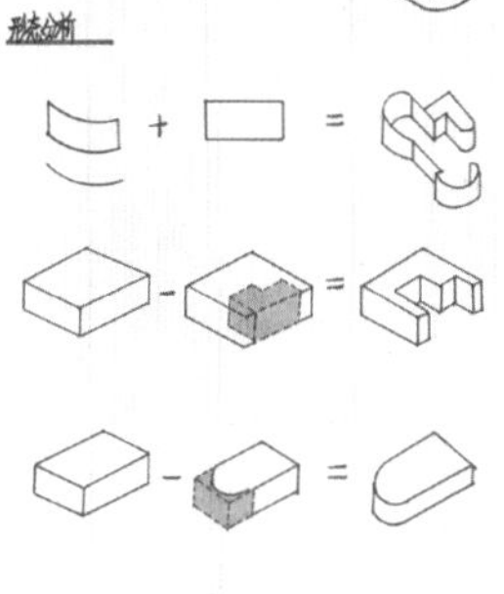

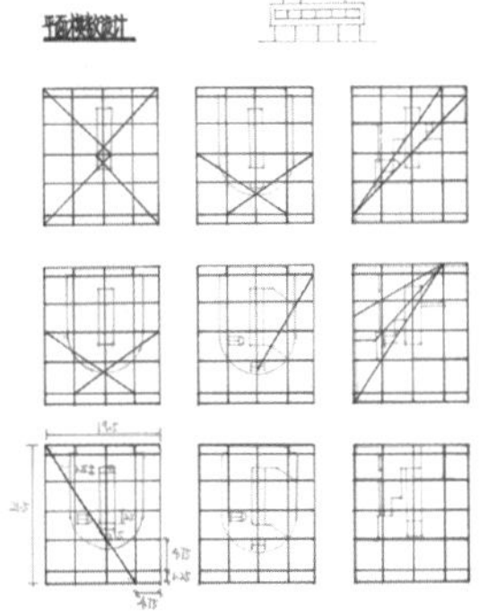

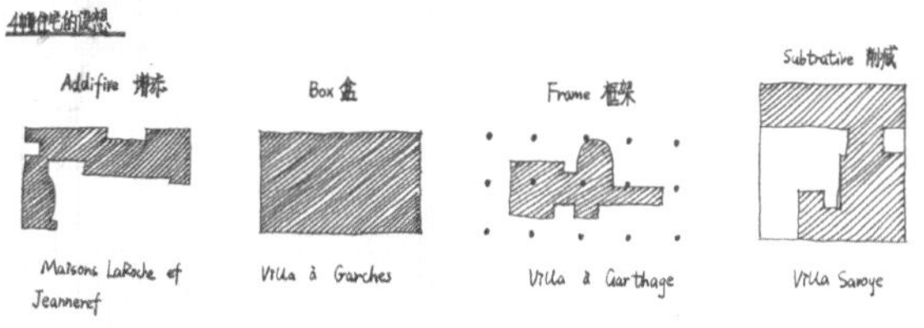

Addifive 增添

Box 盒

Frame 框架

Subtrative 削减

Maisons LaRoche et Jeanneref

Villa à Garches

Villa à Carthage

Villa Savoye

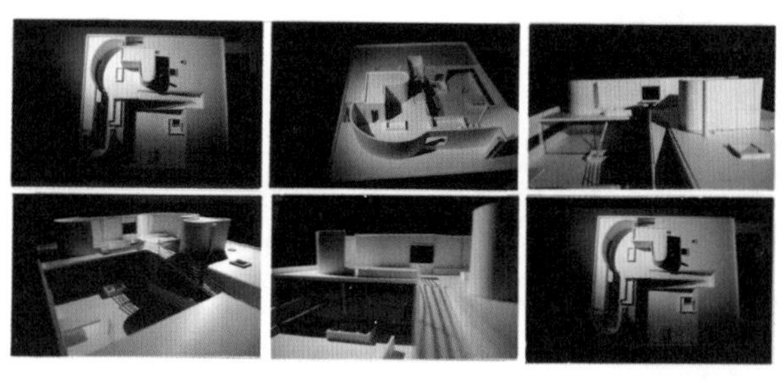

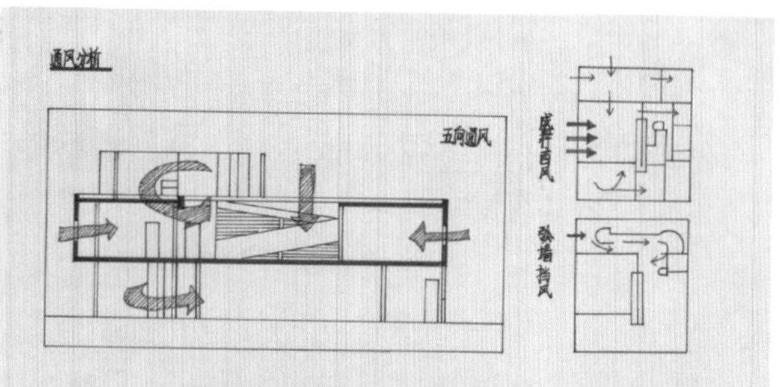

大师作品分析之萨伏伊别墅 VILLA SAVOYE 2

指导老师：张蕴 李瑞锋 李秋实　姓名：熊颖 汤勐　学号：201531708025 201531708020

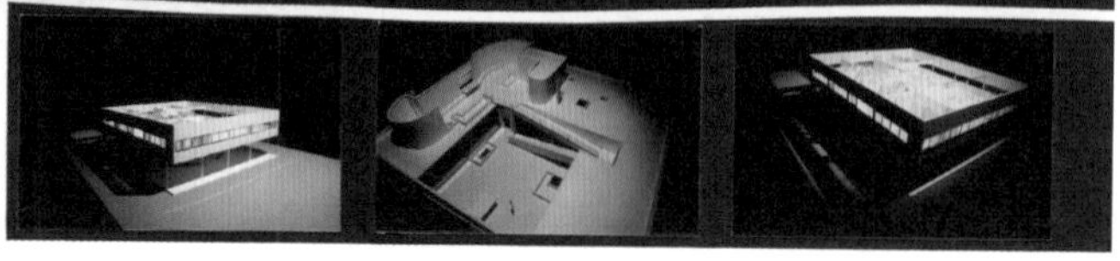

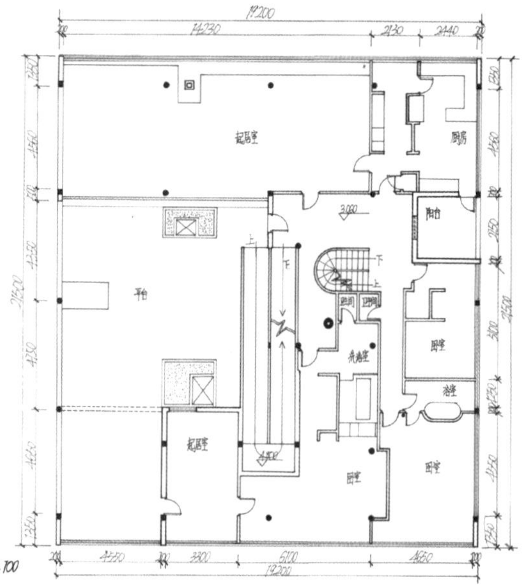

二层平面图 1:100

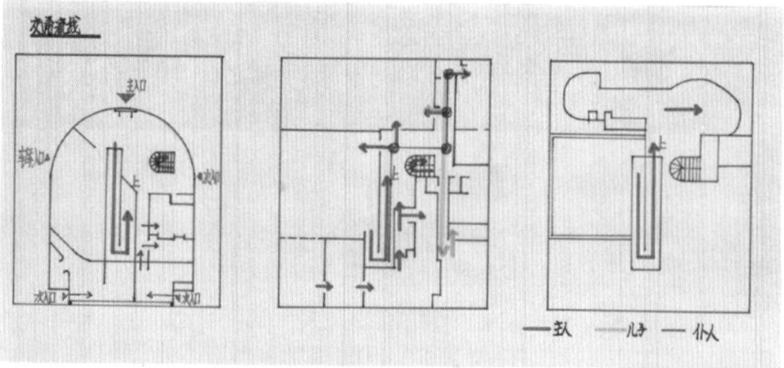

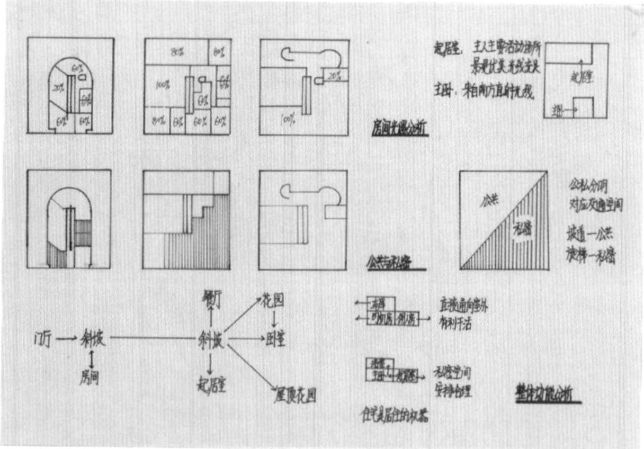

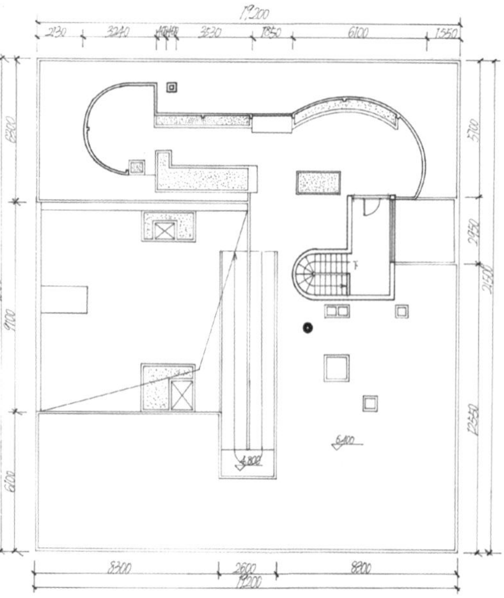

三层平面图 1:100

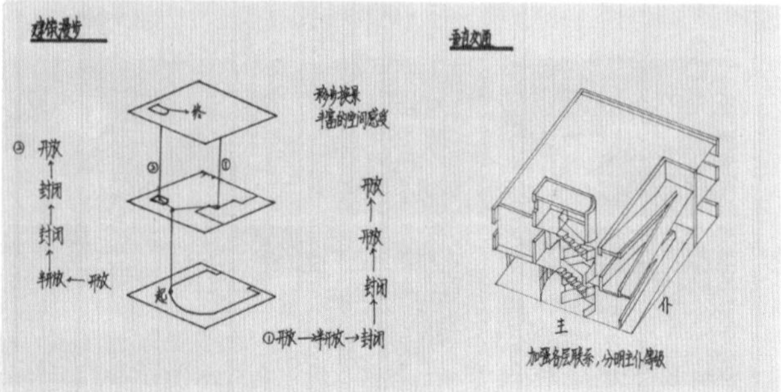

交通流线

房间尺度分析

公共与私密

垂直交通

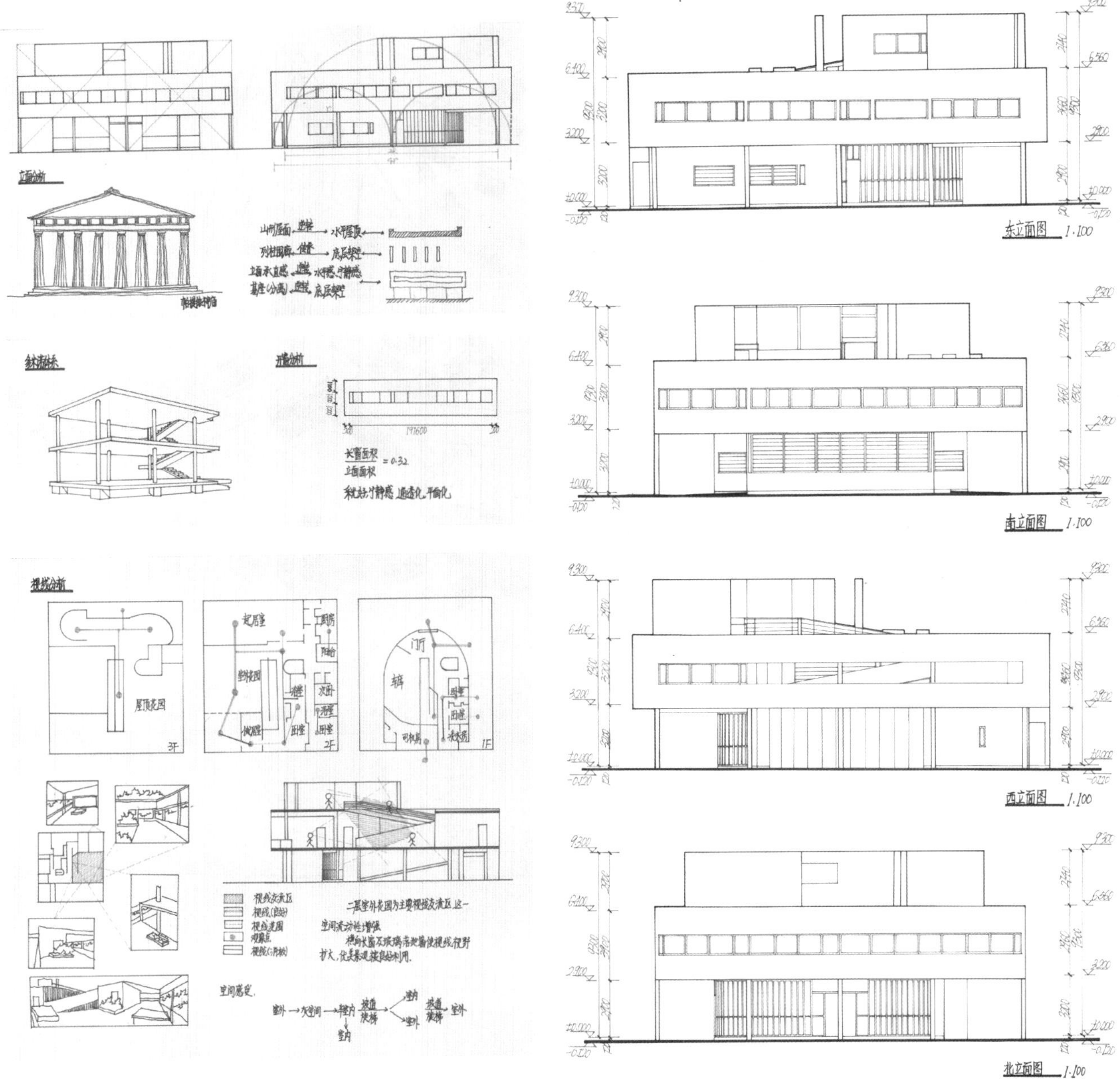

大师作品分析 之 萨伏伊别墅
VILLA SAVOYE 3

1-1剖面图 1:100

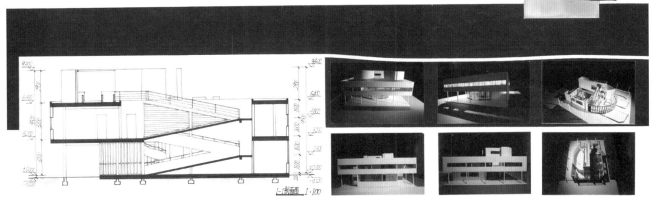

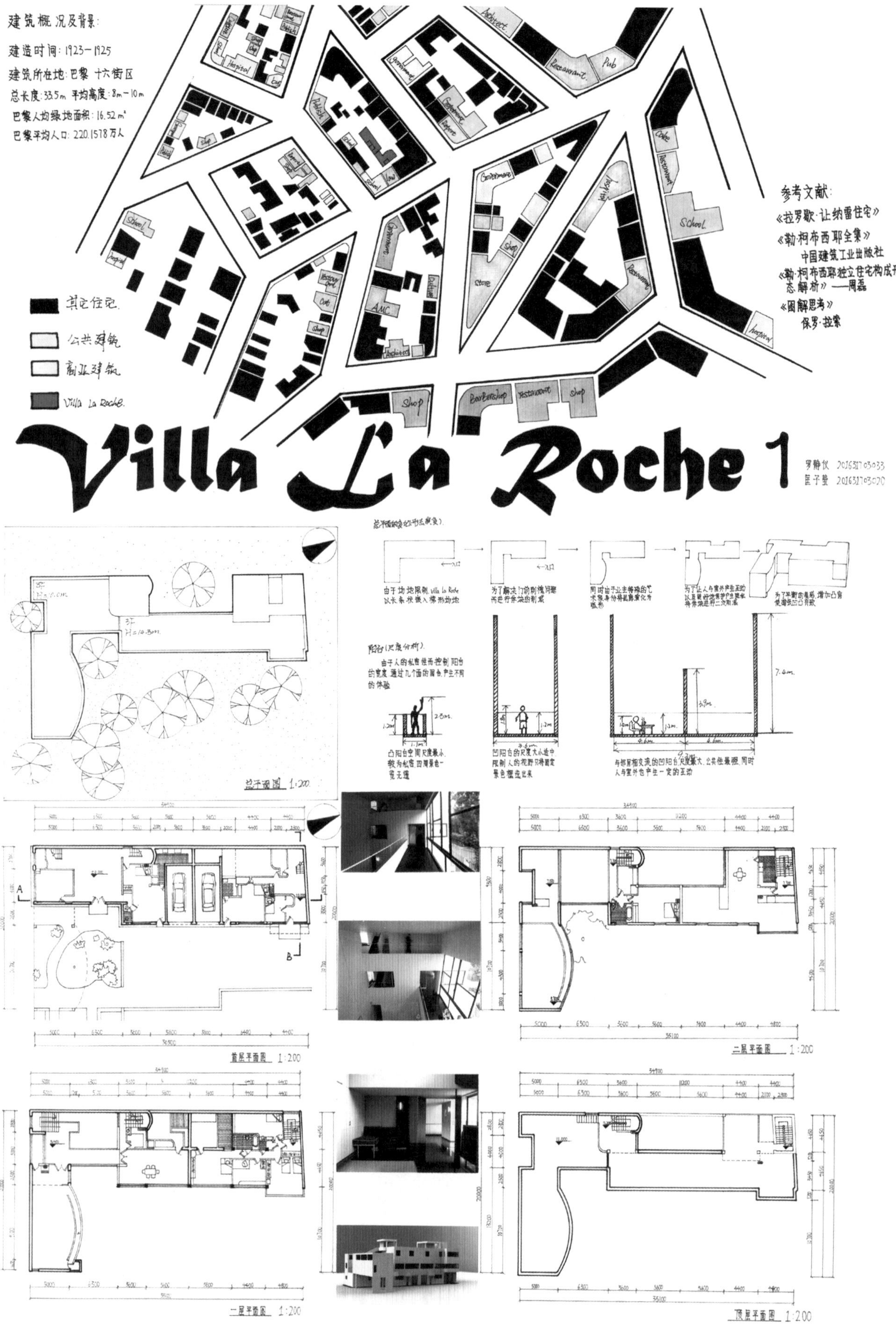
建筑概况及背景:
建造时间: 1923—1925
建筑所在地: 巴黎 十六街区
总长度: 33.5m 平均高度: 8m—10m
巴黎人均绿地面积: 16.52m²
巴黎平均人口: 220.1578万人
参考文献:
《拉罗歌·让纳雷住宅》
《勒·柯布西耶全集》
中国建筑工业出版社
《勒·柯布西耶独立住宅构成形态解析》——周磊
《图解思考》
保罗·拉索
其它住宅
公共建筑
商业建筑
Villa La Roche
School
Restaurant
Pub
hospital
Shop
Store
Barbershop
Villa La Roche 1
罗静仪 201631703033
匡子莹 201631703020
←入口
由于场地限制, villa la Roche 以长条状嵌入梯形场地
为了解决门前剩槐问题而进行体块的削减
阳台(尺度分析).
由于人的私密性而控制阳台的宽度, 通过几个面的围合, 产生不同的体验
1.2m
2.3m
1.1m
凸阳台空间尺度最小, 较为私密, 四周景色一览无遗
凹阳台的尺度大小适中, 限制人的视野只将固定景色框选出来
3.9m
7.4m
4.6m
9.2m
与邻居相交流的凹阳台, 尺度最大, 公共性最强, 同时人与室外也产生一定的互动
总平面图 1:200
首层平面图 1:200
二层平面图 1:200
顶层平面图 1:200

Villa La Roche 2
Villa La Roche (1923-1925)
France . Paris . 16
48°51'06.92"N
2°15'55.29"E
Wind direction
Wind frequence
Winter
Sunny
Rainfall
C-C剖
空间限定与空间虚实
立面的变化
类
型
结
构
简
化
A-A剖面图 1:200
B-B剖面图 1:200
北立面图 1:200
西立面图 1:200
南立面图 1:200
东立面图 1:200

Villa La Roche 3

拉罗什（第一次草图）

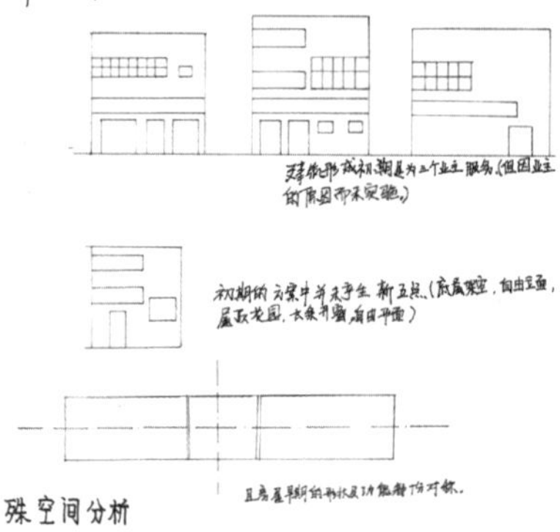

初期的方案中并未产生新五点（底层架空，自由立面，屋顶花园，长条形窗，自由平面）

拉罗什（第二次草图）

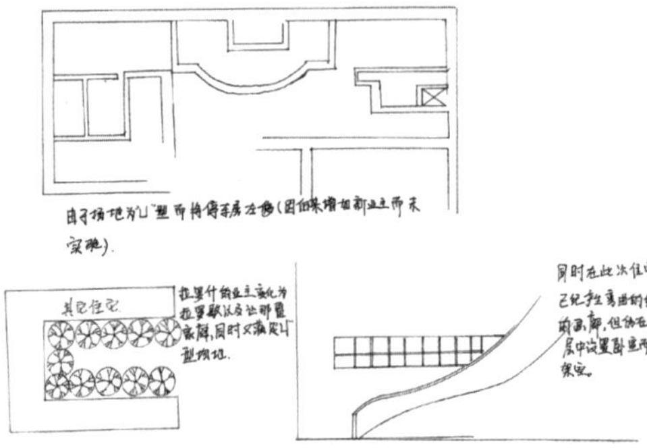

拉罗什（正稿）

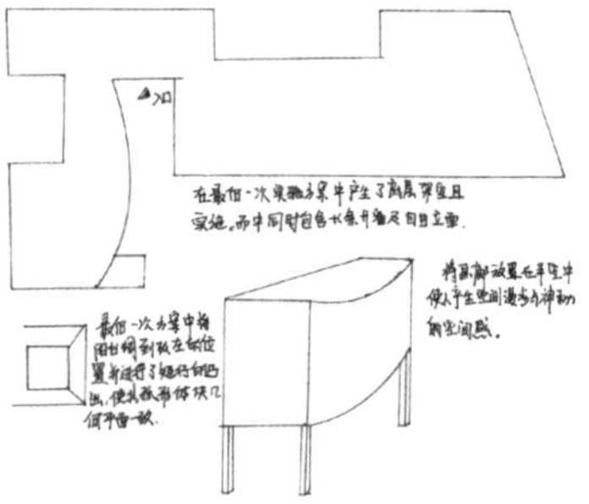

特殊空间分析

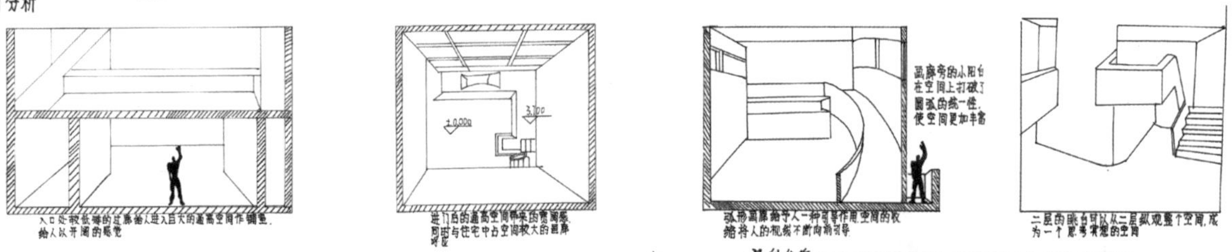

入口处较低矮的过廊给人进入巨大的通高空间作铺垫，给人以开阔的感觉

进门后的通高空间带来的宽阔感，同时与住宅中占空间较大的画廊呼应

画廊旁的小阳台在空间上打破了圆弧的统一性，使空间更加丰富

弧形画廊给予人一种引导作用，空间的收缩将人的视线不断向前引导

二层的眺台可以从二层纵观整个空间，成为一个思考冥想的空间

流线分析

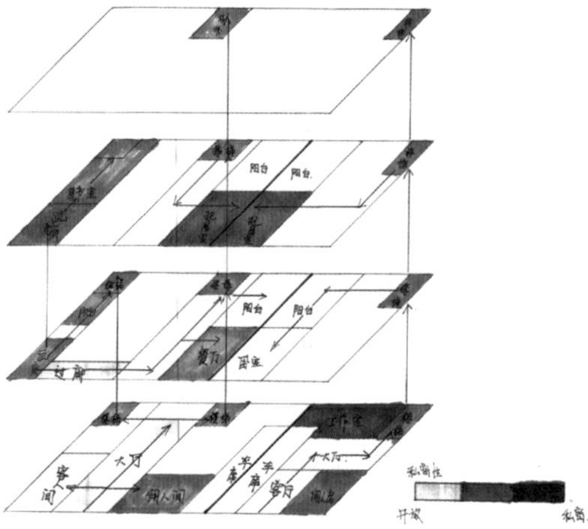

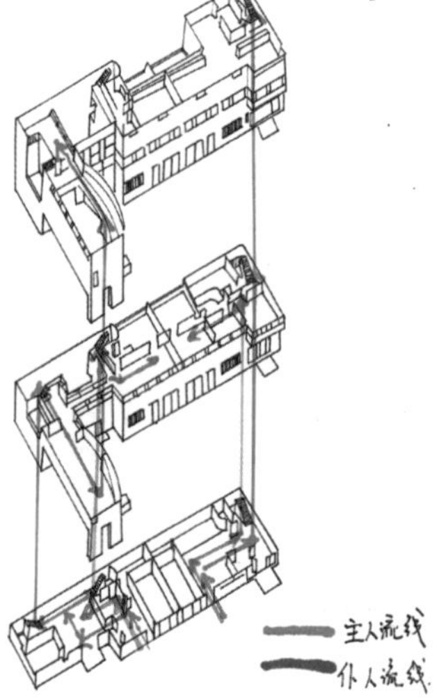

私密性

开敞 私密

主人流线

仆人流线

色彩分析

地板的黑色瓷砖与墙面及顶棚的粉色形成对比，纯色墙壁、极简主义挂画、单根灯管将一位热爱艺术的单身汉的纯粹主义展现出来。

画廊的多种颜色组合与纯白色的立面形成鲜明对比，天蓝色让人眼前一亮，搭配明度较低的深褐色，调动人们漫步的积极性的同时又让人平静。

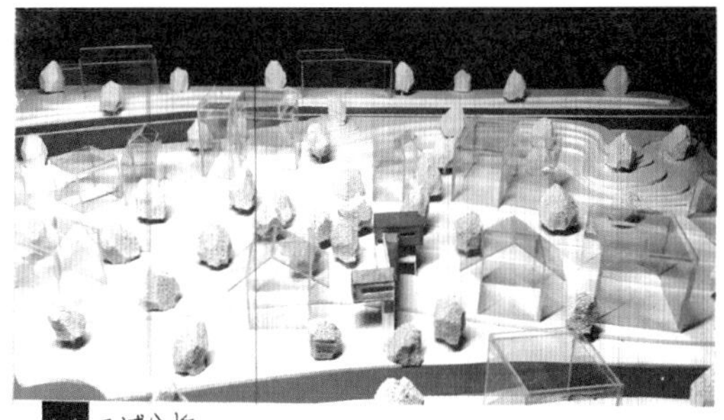

达尔雅瓦—DALL'AVA

白晨 建筑学1601 2016317030001
刘玉婷 建筑学1601 2016317030031

1.1 区域分析

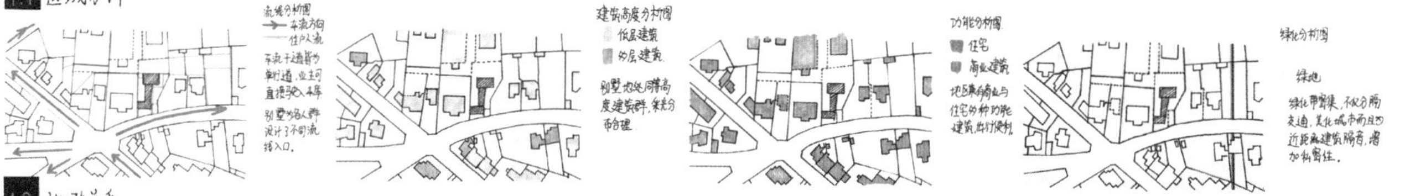

流线分析图
车流方向
住户入流
车流于道路为单行道，业主可直接驶入车库
别墅为各人群设计了不同流线入口。

建筑高度分析图
低层建筑
多层建筑
别墅地处周边高度建筑群，采光分布合理

功能分析图
住宅
商业建筑
地区集约商业与住宅多种功能建筑，出行便利。

绿化分析图
绿地
绿化带密集，不仅分隔交通，美化城市而且为近距离建筑隔音，增加私密性。

1.2 地形关系

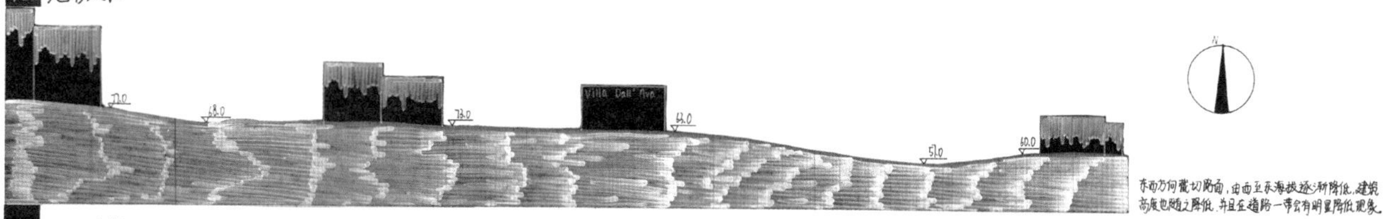

Villa Dall'Ava

东西方向横切剖面，由西至东海拔逐渐降低，建筑高度也随之降低，并且在道路一带会有明显降低现象。

1.3 地理分析

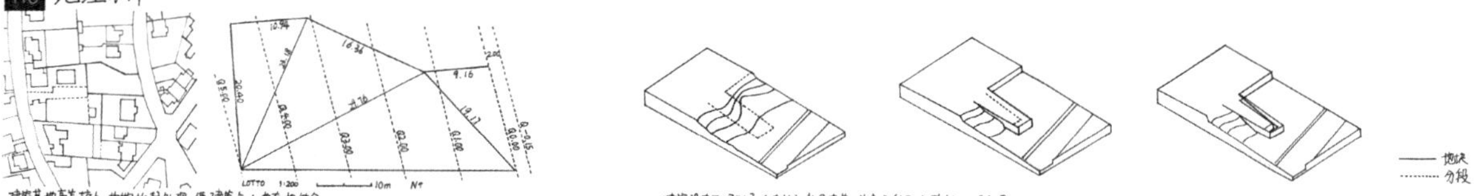

LOTTO 1:200 10m

建筑基地高差较大，故做抬起处理，使建筑与土地有机结合。

建筑设有不规则承重支柱以补足高差，并充分利用地形做开拓空间。

地块
分段

1.4 立面图

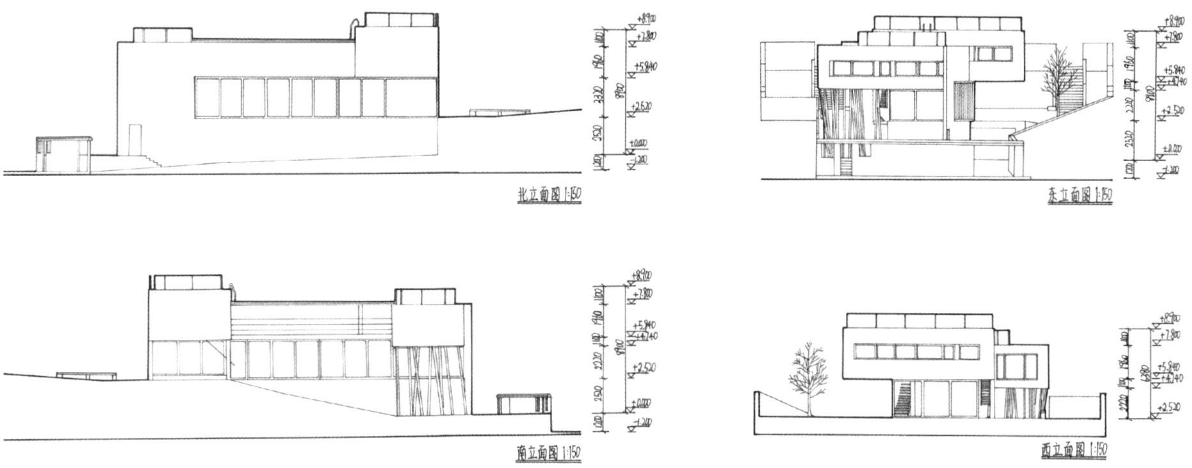

北立面图 1:150

东立面图 1:150

南立面图 1:150

西立面图 1:150

1.5 总平面图

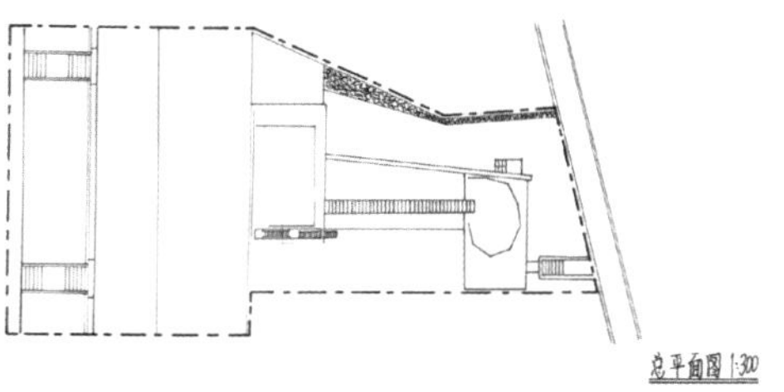

总平面图 1:300

1.5.1 总平流线图

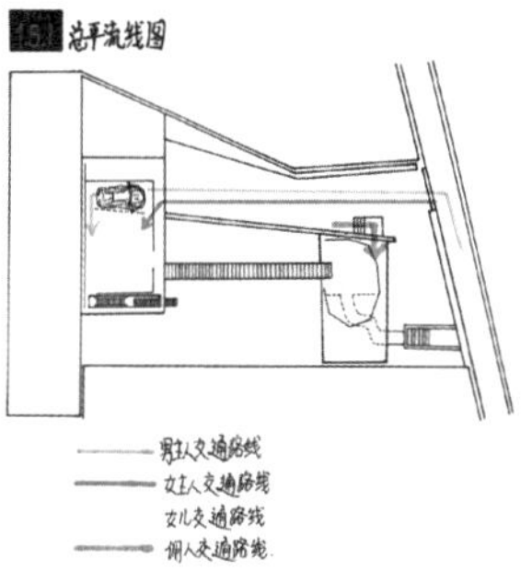

男主人交通路线
女主人交通路线
女儿交通路线
佣人交通路线

1.5.2 景观联系

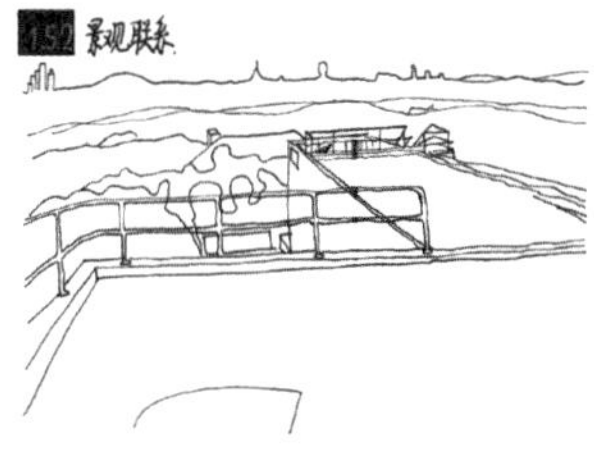

建筑与埃菲尔铁塔位于同一轴线上，远眺视线无遮挡物，可观览城区全景。

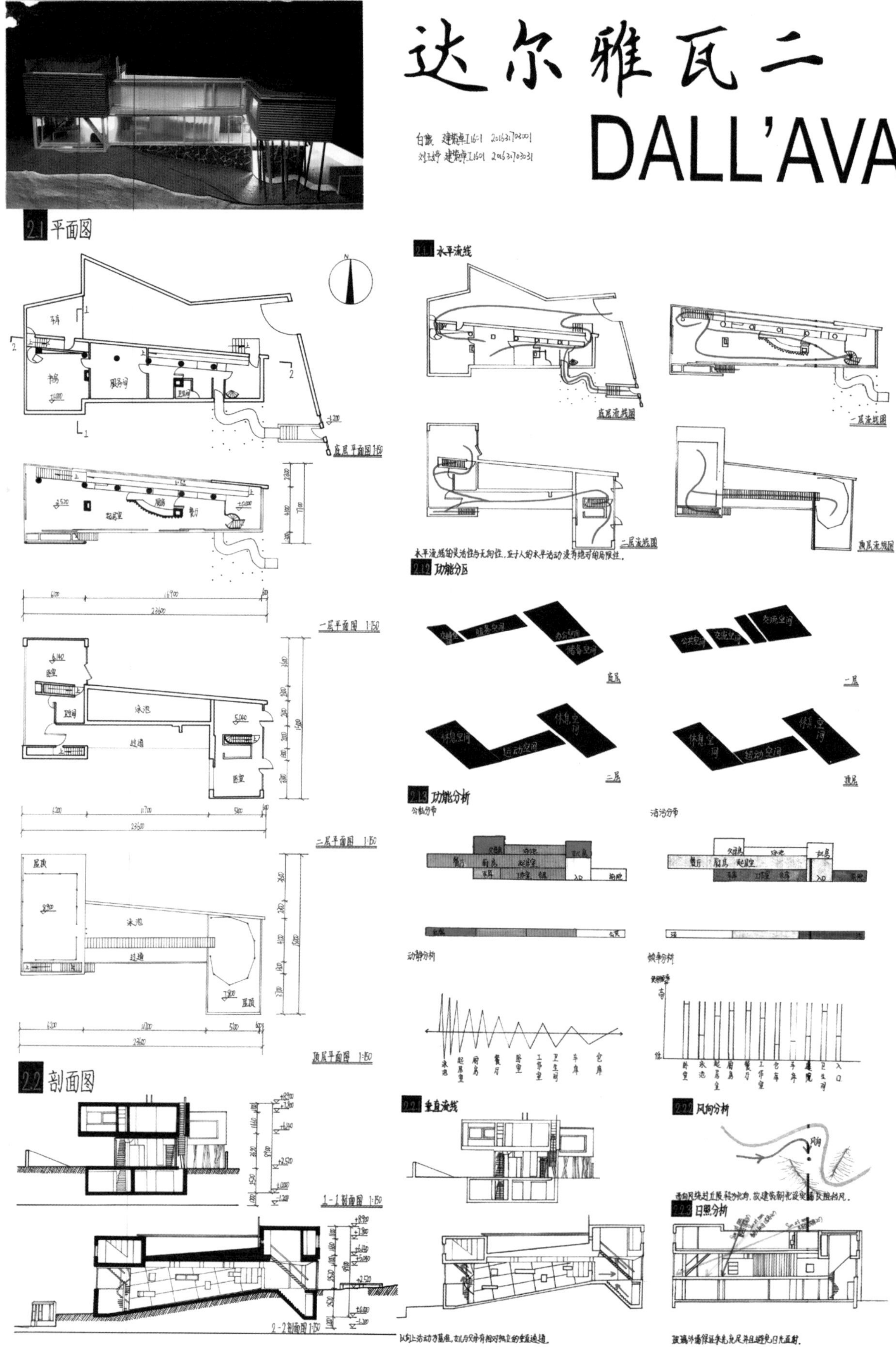
达尔雅瓦二
DALL'AVA
2.1 平面图
2.1.1 水平流线
2.1.2 功能分区
2.1.3 功能分析
2.2 剖面图
2.2.1 垂直流线
2.2.2 风向分析
2.2.3 日照分析
底层平面图 1:150
一层平面图 1:150
二层平面图 1:150
顶层平面图 1:150
1-1剖面图 1:150
2-2剖面图 1:150

建筑概况：
建筑名称：Villa Dall'Ava
所在地区：Avenue Clodoald, 92210 Saint-Cloud, France
项目年份：1982-1991
设计团队：Rem Koolhaas, Xaveer de Geyter, Jeroen Thomas
工程师：Marc Mimram
占地面积：650.0sqm
总建筑面积：1350.0 sqm

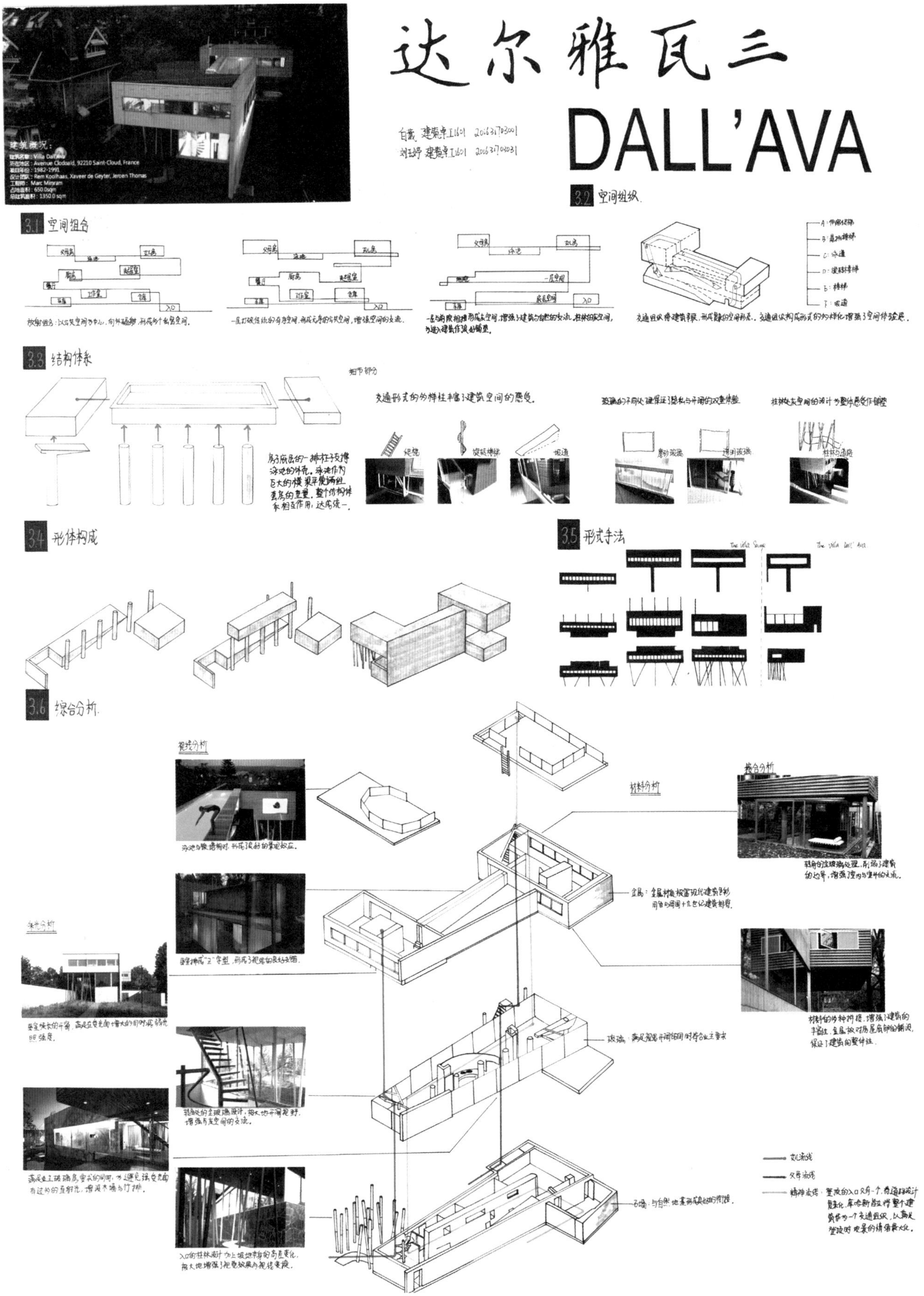

达尔雅瓦三 DALL'AVA

白巍 建筑卓工1601 201631703001
刘玉婷 建筑卓工1601 201631704031

3.1 空间组合

放射组合：以公共空间为中心，向外辐射，形成多个私密空间。

一层打破传统的有序空间，形成无序的公共空间，增强空间的交流。

一层与前院相接形成灰空间，增强了建筑与自然的交流，柱林的灰空间，为进入建筑作很好铺垫。

3.2 空间组织

A：伸缩楼梯
B：悬挑楼梯
C：泳道
D：旋转楼梯
E：楼梯
F：坡道

交通组织将建筑串联，形成复杂的空间形态。交通组织构成形式的多样化增强了空间体验感。

3.3 结构体系

细节部分

房子底层的一排柱子支撑泳池的外壳，泳池作为巨大的横梁平衡两组盒子的重量，整个结构体系相互作用，达成统一。

交通形式的多样性丰富了建筑空间的感受。

爬梯　旋转楼梯　坡道

玻璃的不同处理保证了隐私与开阔的双重体验

磨砂玻璃　透明玻璃

柱林灰空间的设计为整体感受作铺垫

柱林与道路

3.4 形体构成

3.5 形式手法

The Villa Savoye　The Villa Dall' Ava

3.6 综合分析

视线分析

泳池与镜墙相对，形成了良好的景观效应。

卧室排成"工"字型，形成了视线的良好交错。

转角处的全玻璃设计，极大地开阔视野，增强与灰空间的交流。

入口的柱林设计加上坡地本身的高差变化，极大地增强了视觉效果与视线变换。

采光分析

卧室狭长的开窗，满足在受光面增大的同时减弱光照强度。

满足业主玻璃房要求的同时，为避免强受光面有过多的直射光，增设木墙与竹排。

材料分析

金属：金属材质极富现代建筑色彩，用色与周围十九世纪建筑相辉。

玻璃：满足视线开阔的同时符合业主要求

石墙：与自然地基形成良好的衔接。

接合分析

转角的全玻璃处理，削弱了建筑的边界，增强了室内与室外的交流。

材料的多种拼接，增强了建筑的丰富性，金属板对房屋底部的铺设，保证了建筑的整体性。

女儿流线

父母流线

精神流线：整座的入口只有一个，将道路设计复杂化，库哈斯旨在将整个建筑作为一个交通组织，以满足漫游时观景的情绪最大化。

MOSTER WORKS ANALYSIS ZWEI VILLA MOLLER ADOLF LOOS

项目名称：Villa Moller 〈莫勒住宅〉
建筑师：Adolf Loos 〈阿道夫·路斯〉
功能/类型：住宅
结构类型：砖混结构
竣工时间：1928年
小组：周奕含、李卫

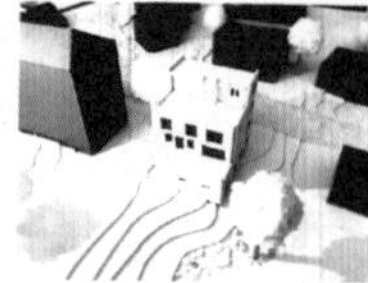

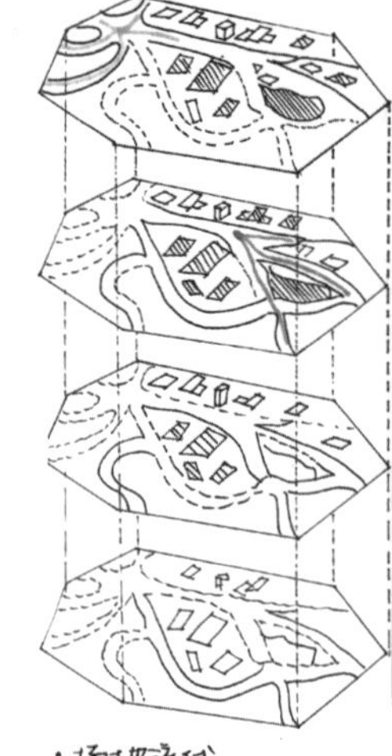

·场地流线

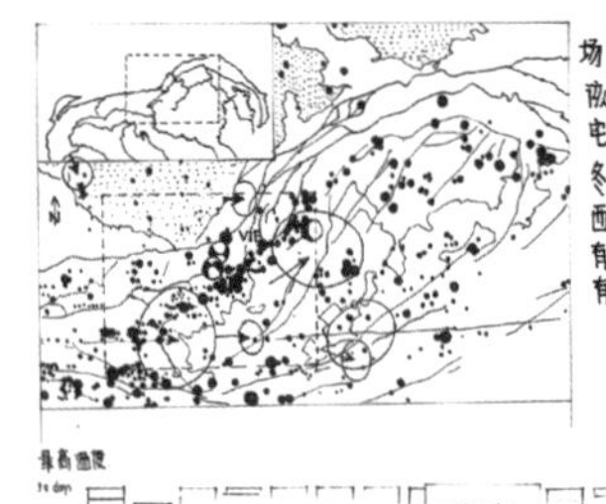

场地分析

该住宅位于奥地利维也纳的高档住宅区（韦灵区），受西部大西洋影响，冬夏昼夜温差大且多于。住宅的西南面是著名的维也纳森林，西面有教堂等，南面有大使馆，西东面有超市等便民设施。

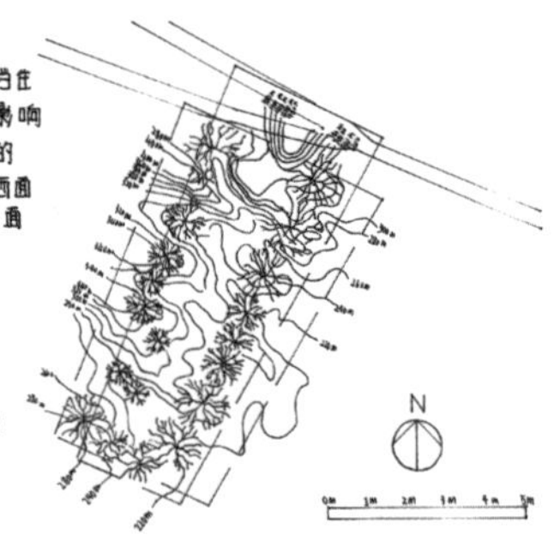

该住宅西南面到东北面高度逐渐降低。

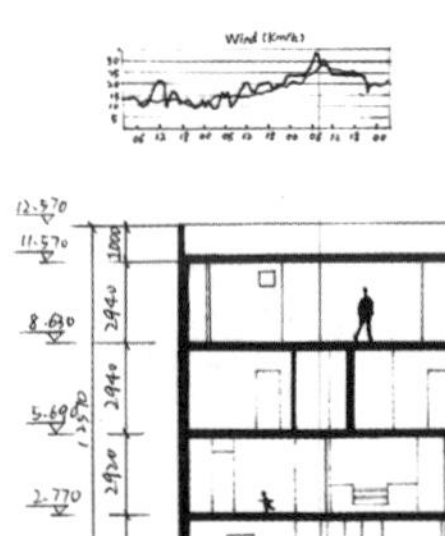

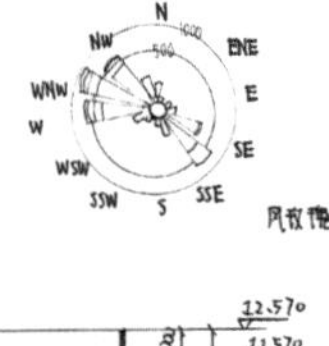

风玫瑰图

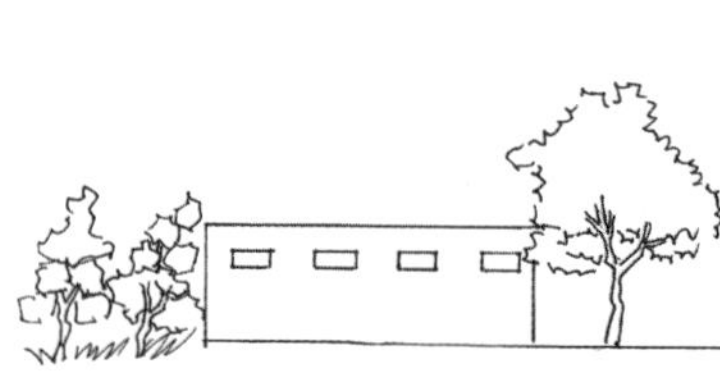

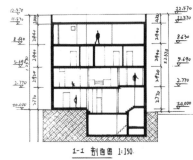

1-1 剖面图 1:150

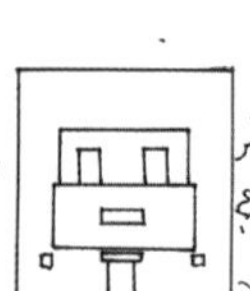

2-2 剖面图 1:150

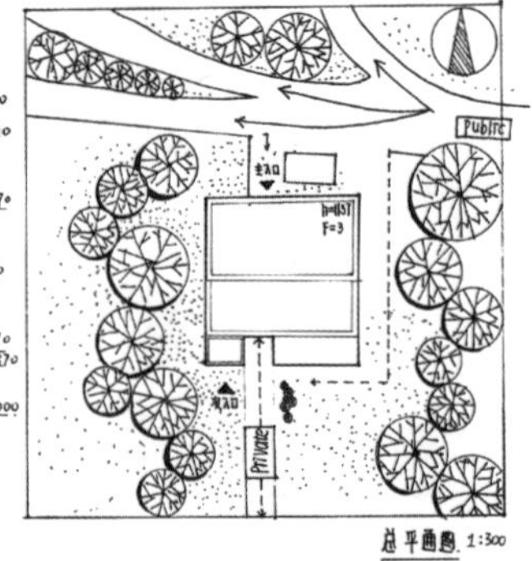

总平面图 1:300

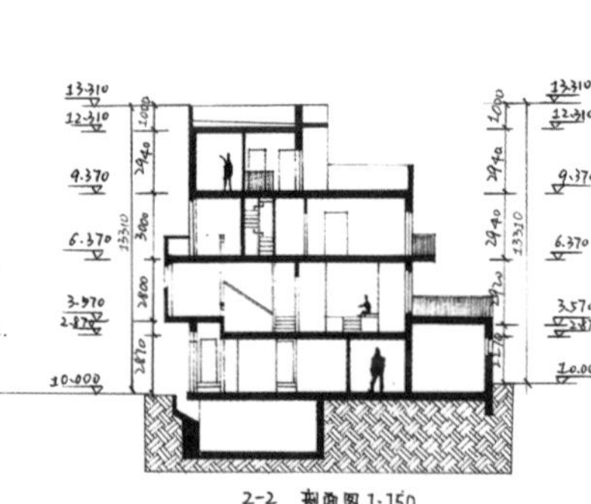

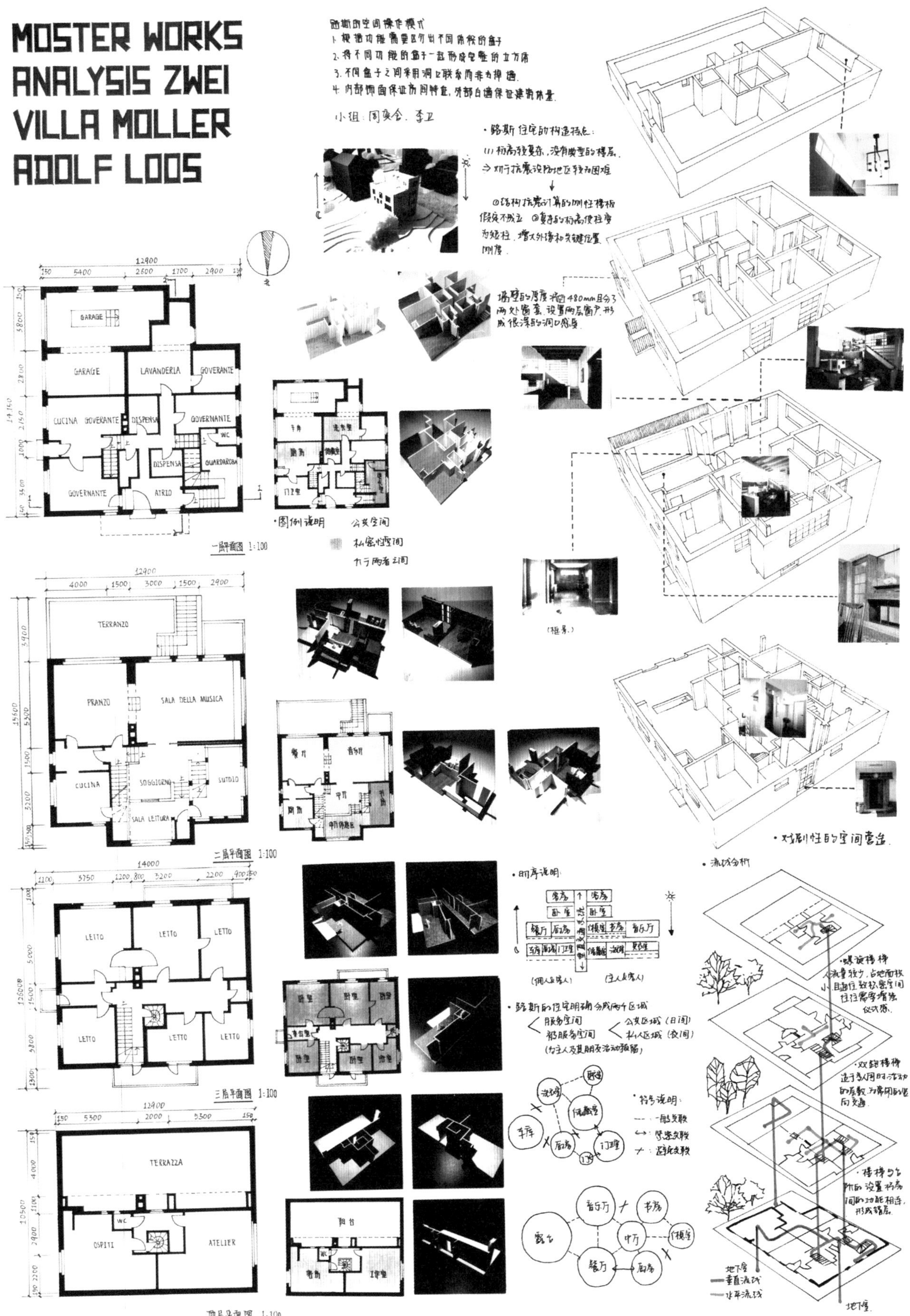
MOSTER WORKS
ANALYSIS ZWEI
VILLA MOLLER
ADOLF LOOS
路斯的空间操作模式
1. 根据功能需要区分出不同体积的盒子
2. 将不同功能的盒子一起形成完整的立方体
3. 不同盒子之间采用洞口联系而非力掉通
4. 内部饰面保证房间特色，外部白墙保证建筑体量
小组：周奕令 李卫
·路斯住宅的构造特点：
(1) 柱高较夏东，没有夹生的楼层
一层平面图 1:100
二层平面图 1:100
三层平面图 1:100
顶层平面图 1:100
·图例说明 公共空间 私密性空间 十字两者之间
·对剧性的空间营造
·流线分析
·功序说明
·路斯的住宅明确分成两个区域
服务空间
被服务空间
公共区域（日间）
私人区域（夜间）
符号说明
垂直流线
水平流线
地下室

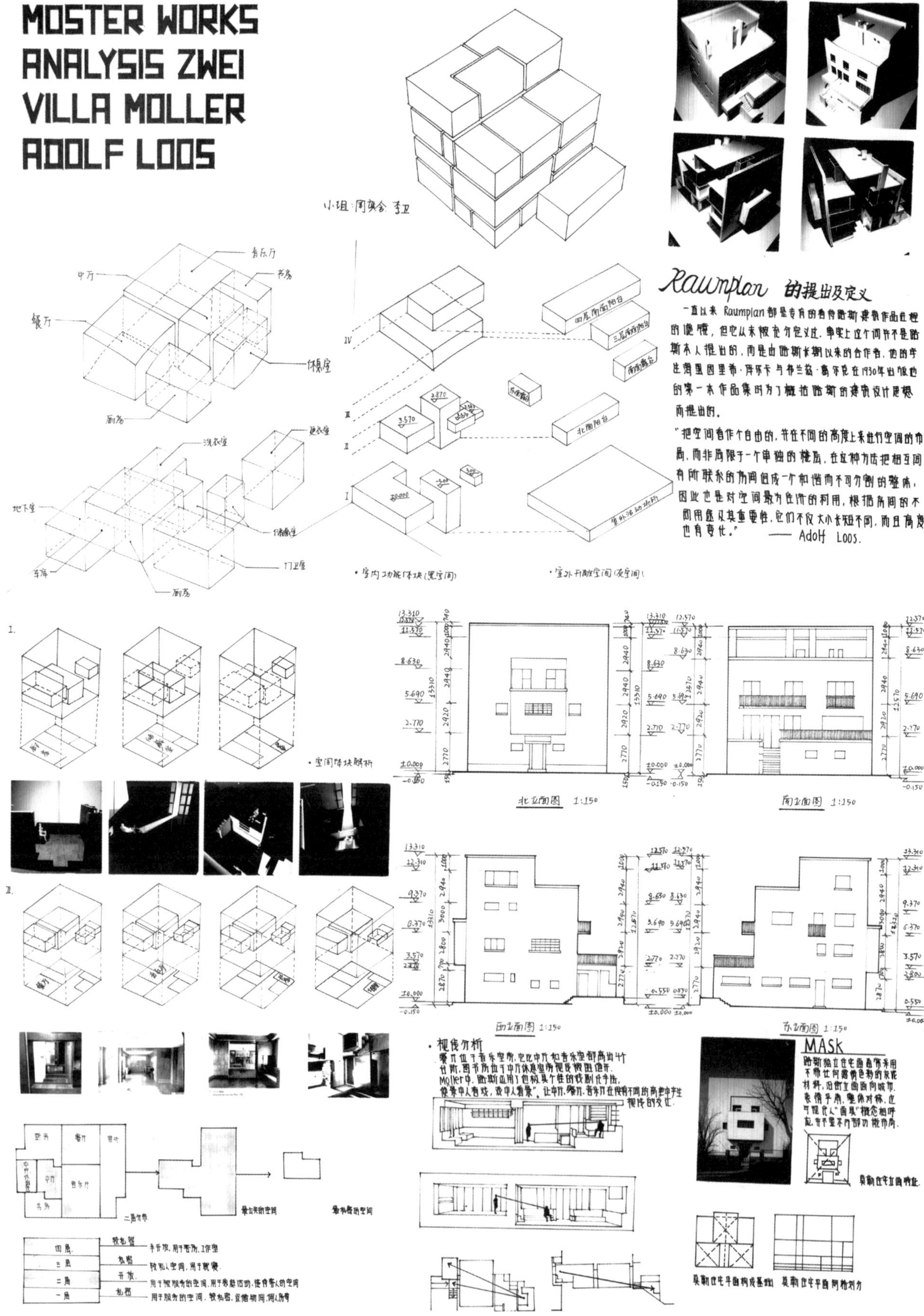
MOSTER WORKS
ANALYSIS ZWEI
VILLA MOLLER
ADOLF LOOS
Raumplan 的提出及定义
一直以来 Raumplan 都是专有的看待路斯建筑作品进程的透镜，但它从未被充分定义过。事实上这个词并不是路斯本人提出的，而是由路斯长期以来的合作者、他的学生海因里希·库尔卡与弗兰兹·葛尔克在1930年出版他的第一本作品集时为了概括路斯的建筑设计思想而提出的。
“把空间看作个自由的，并在不同的高度上来进行空间的布局，而非局限于一个单独的楼层，在这种方法把相互间有所联系的房间组成一个和谐而不可分割的整体，因此也是对空间最为经济的利用，根据房间的不同用途及其重要性，它们不仅大小长短不同，而且高度也有变化。” —— Adolf Loos.
北立面图 1:150
南立面图 1:150
西立面图 1:150
东立面图 1:150
视线分析
MASK
二层布局
最公共的空间
四层 较私密 半开放，用于客房，工作室
三层 私密 较私人空间，用于就寝
二层 开放 用于被服务的空间，用于家庭活动，接待客人的空间
一层 私密 用于服务的空间，较私密，设储物间，佣人房等

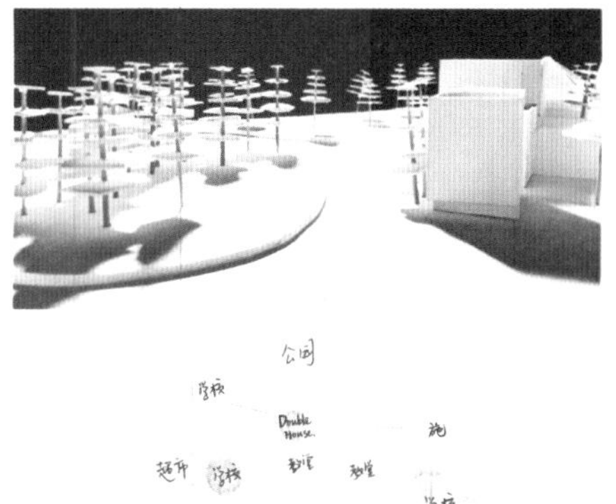

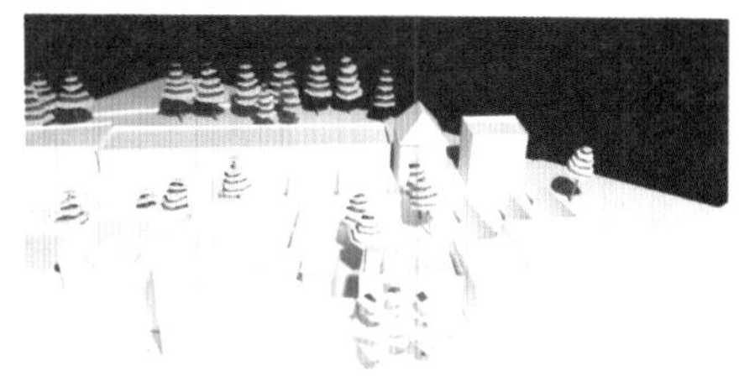

DOUBLE HOUSE IN UTRECHT
MVRDV

项目信息

年份 1995–1997 年
地点 荷兰，乌得勒支，Wilhelmina公园
委托人 Koek and Wesseling Families
项目 私人住宅
面积 300m²
预算 196,540 RMB

在乌得勒支郊区一座锦绣的19世纪公园旁，两个不相关的家庭共享一块基地。两个家庭都想把公园的美景和便捷到达街、花园和屋顶的通路结合。提供的方案保持了最小的建筑合理进深，建筑功能可以被向上拉伸到四到五层，这样可以同时使得公寓花园拥有可能的最大面积。

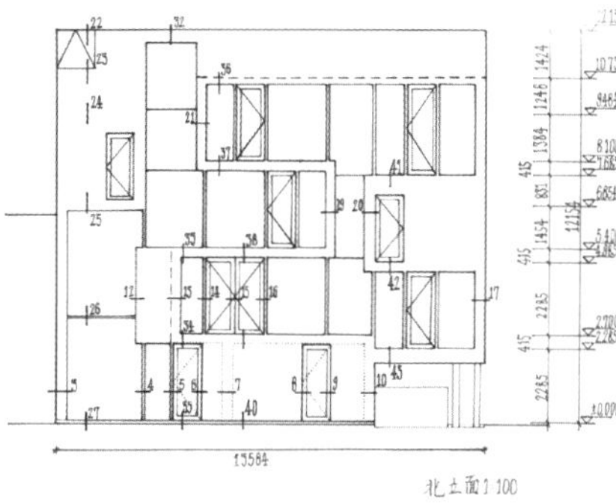

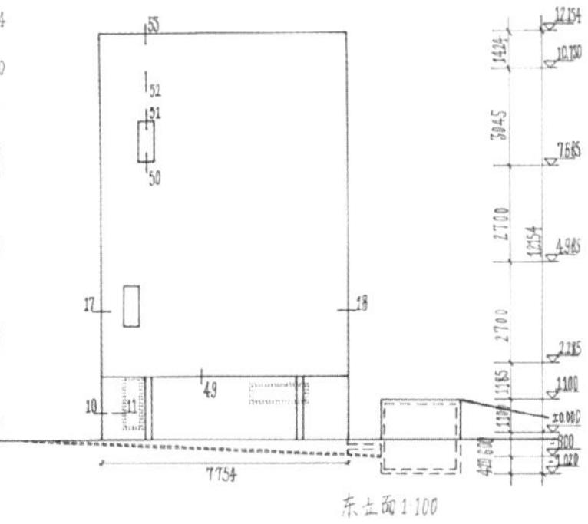

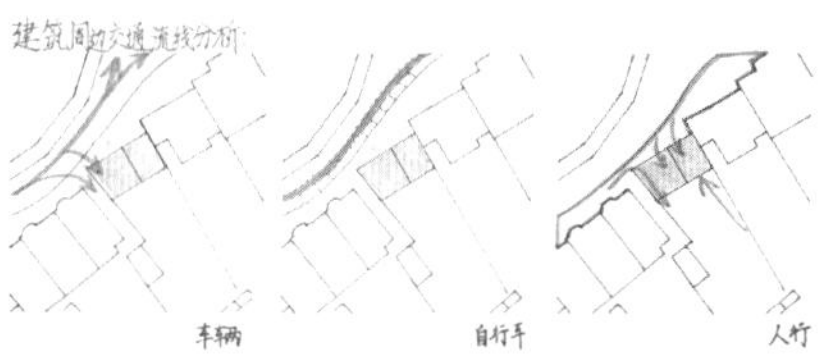

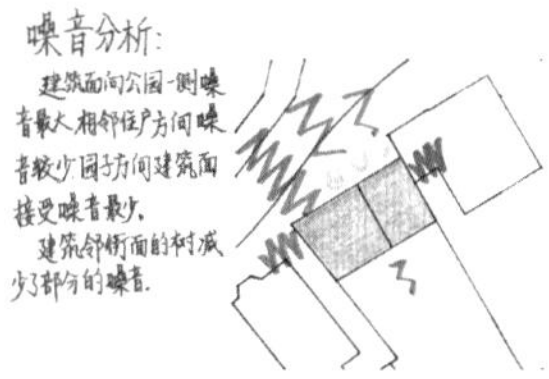

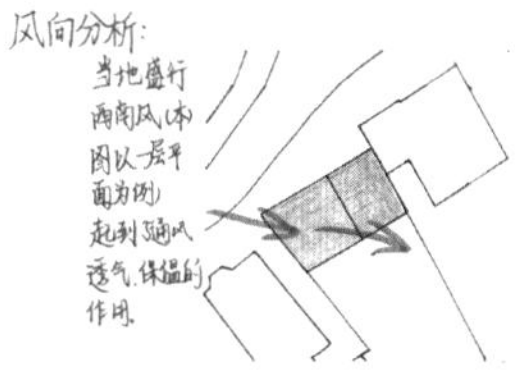

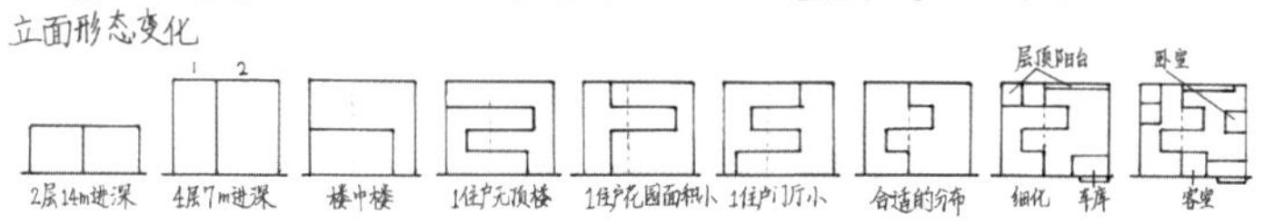

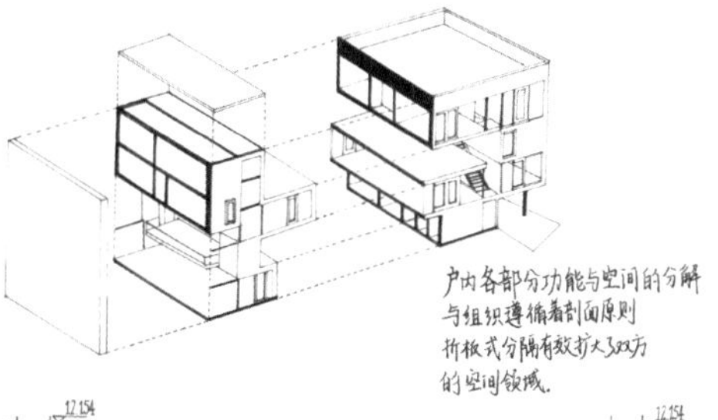

北立面 1:100

东立面 1:100

噪音分析：

建筑面向公园一侧噪音较大，相邻住户方向噪音较少，因此方向建筑面接受噪音最少。建筑分析面的树减少了部分的噪音。

风向分析：

当地盛行西南风，本图以一层平面为例，起到了通风透气、降温的作用。

立面形态变化

2层14m进深 | 4层7m进深 | 楼中楼 | 1住户无顶楼 | 1住户花园面积小 | 1住户1厅小 | 合适的分布 | 细化 | 车库 | 客室

户内各部分功能与空间的分解与组织遵循着剖面原则，折板式分隔有效扩大了双方的空间领域。

剖面2-2 1:100

剖面1-1 1:100

剖面3-3 1:100

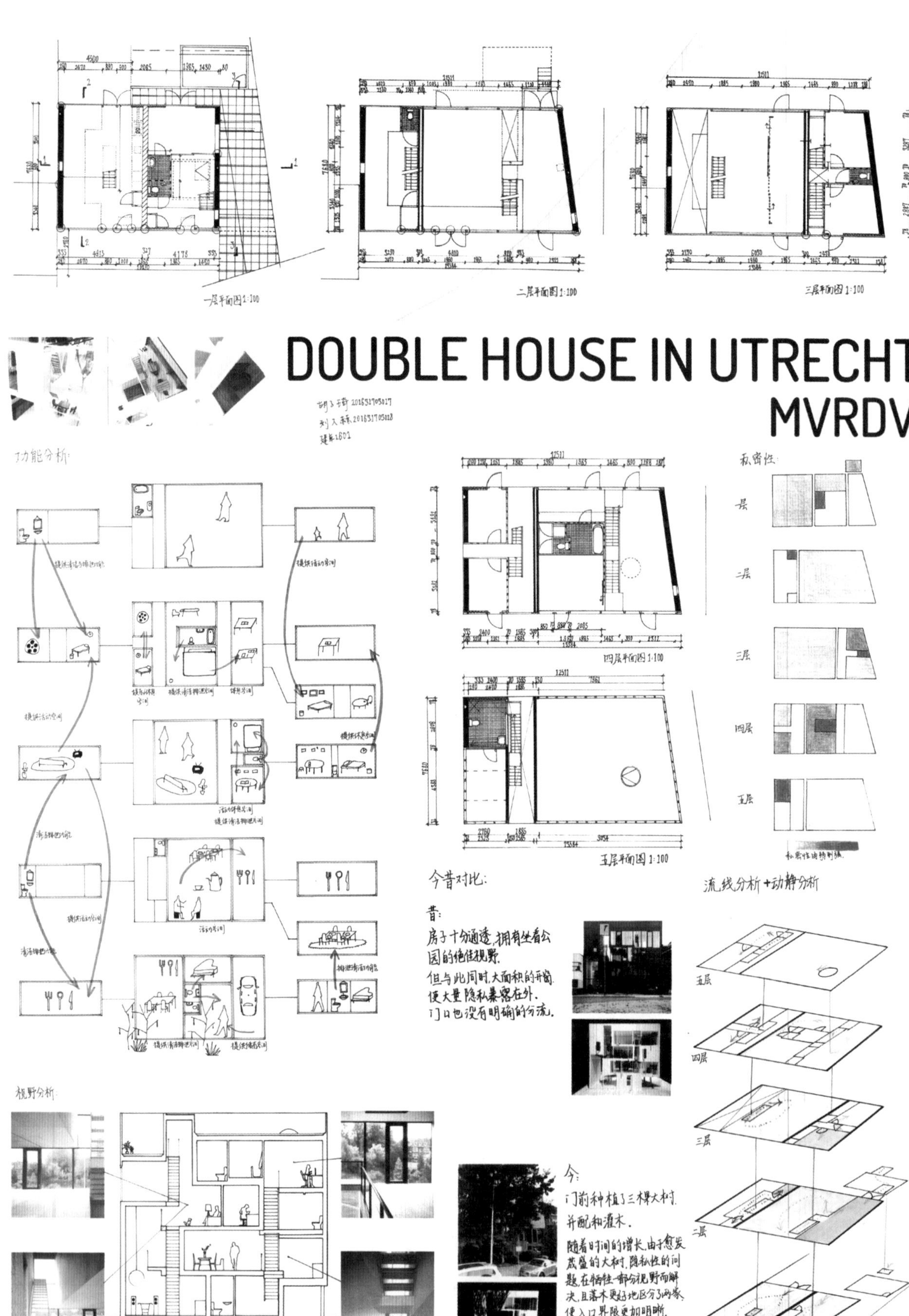
一层平面图 1:100
二层平面图 1:100
三层平面图 1:100
DOUBLE HOUSE IN UTRECHT
MVRDV
功能分析:
视野分析:
四层平面图 1:100
五层平面图 1:100
私密性:
一层
二层
三层
四层
五层
今昔对比:
昔:
房子十分通透,拥有坐看公园的绝佳视野.
但与此同时,大面积的开窗.
使大量隐私暴露在外.
门口也没有明确的分流.
今:
门前种植了三棵大树.
并配和灌木.
随着时间的增长,由于愈发茂盛的大树,隐私性的问题,在牺牲一部分视野而解决,且落木更好地区分了两家.
使入口界限更加明晰.
流线分析+动静分析
五层
四层
三层
二层
一层
动——静

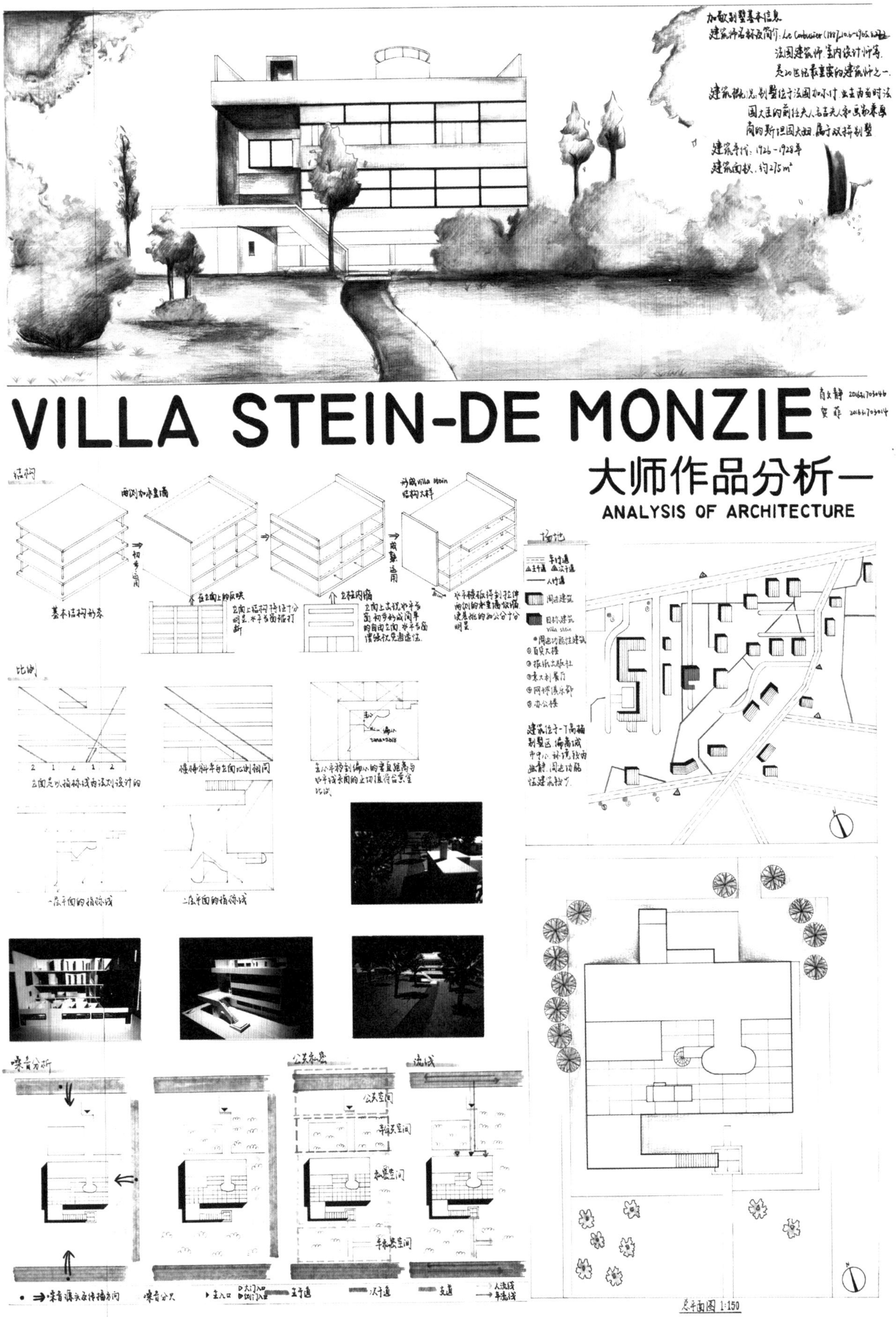

VILLA STEIN-DE MONZIE

大师作品分析一

ANALYSIS OF ARCHITECTURE

结构

比例

场地

噪音分析

公共私密

流线

总平面图 1:150

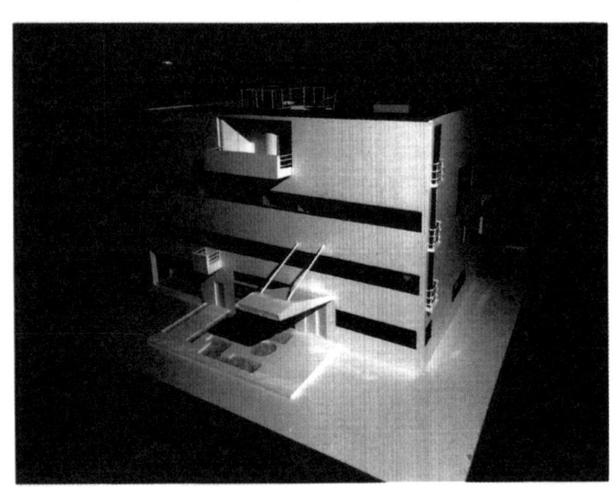

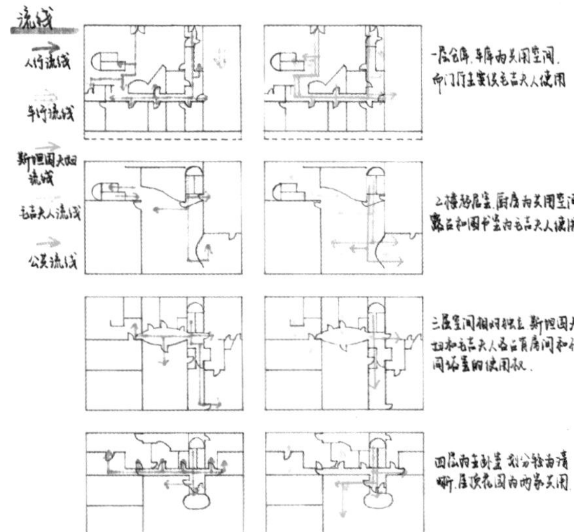

VILLA STEIN-DE MONZIE

大师作品分析二

ANALYSIS OF ARCHITECTURE

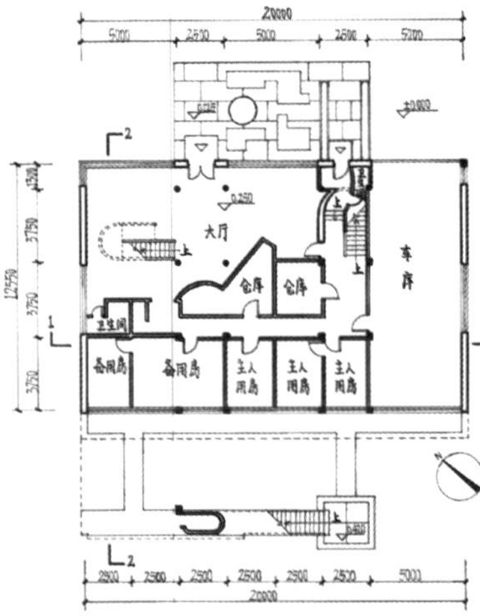

功能

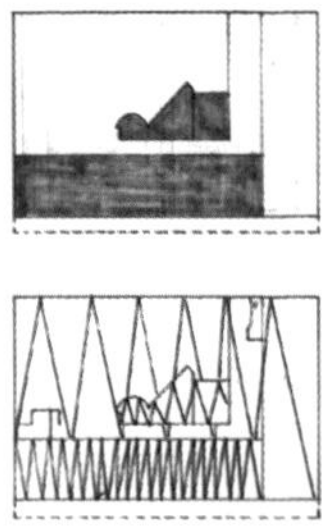

一层大厅较开阔，有较为明显的由房间排开所分成的通道

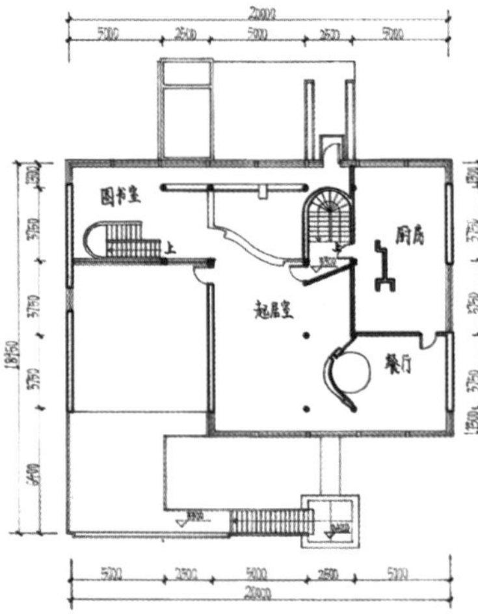

一层平面图 1:150

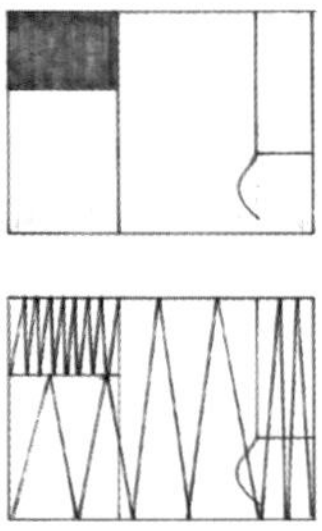

二层各功能区相连，营造了线状的运动路径

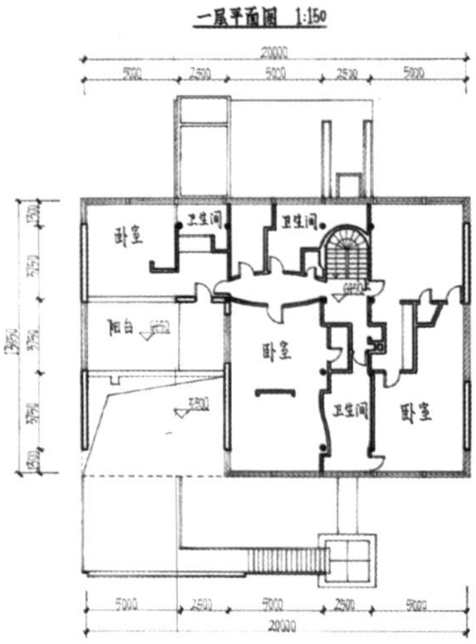

二层平面图 1:150

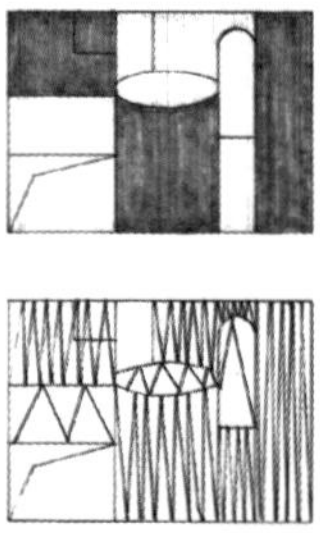

三层空间较丰富，走廊到浴室的路径也是为了营造线状的运动路径。

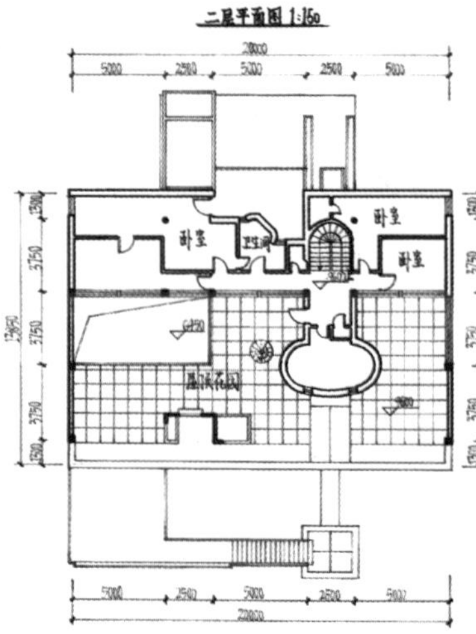

三层平面图 1:150

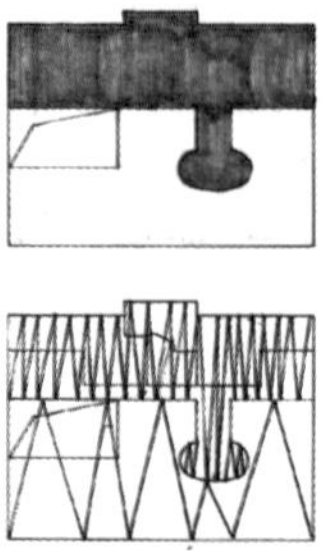

屋顶花园与主卧位于四层，具有较好的环境与视野

四层平面图 1:150

静区 动区

私密 公共

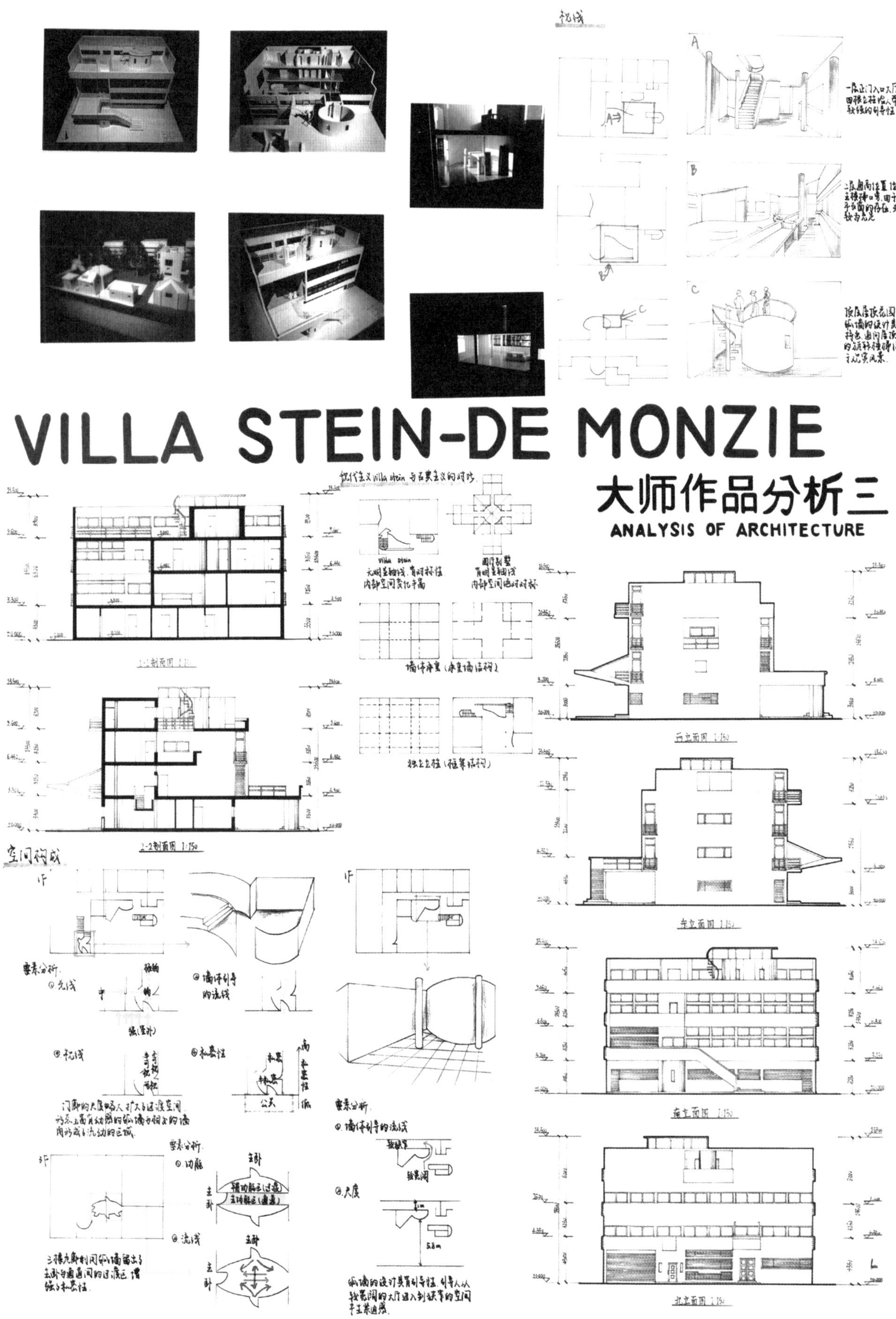

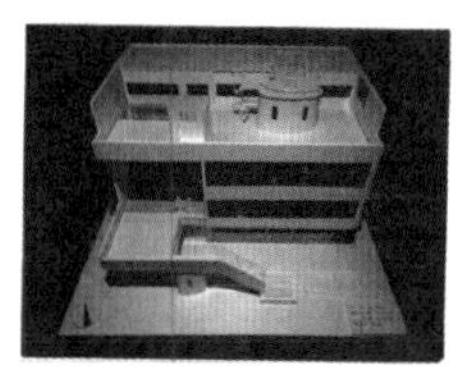
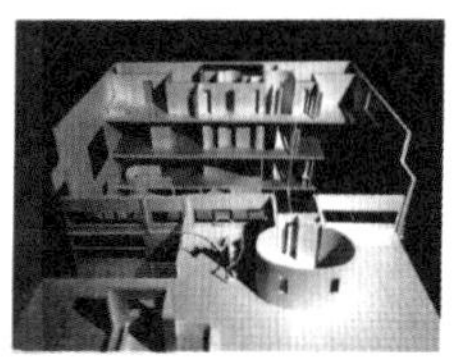

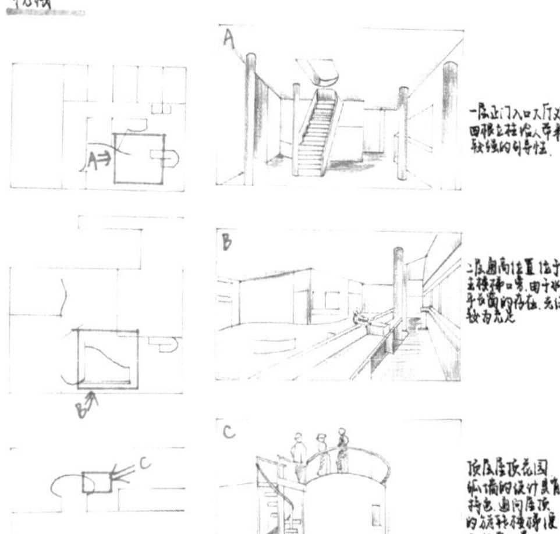

VILLA STEIN-DE MONZIE

大师作品分析三

ANALYSIS OF ARCHITECTURE

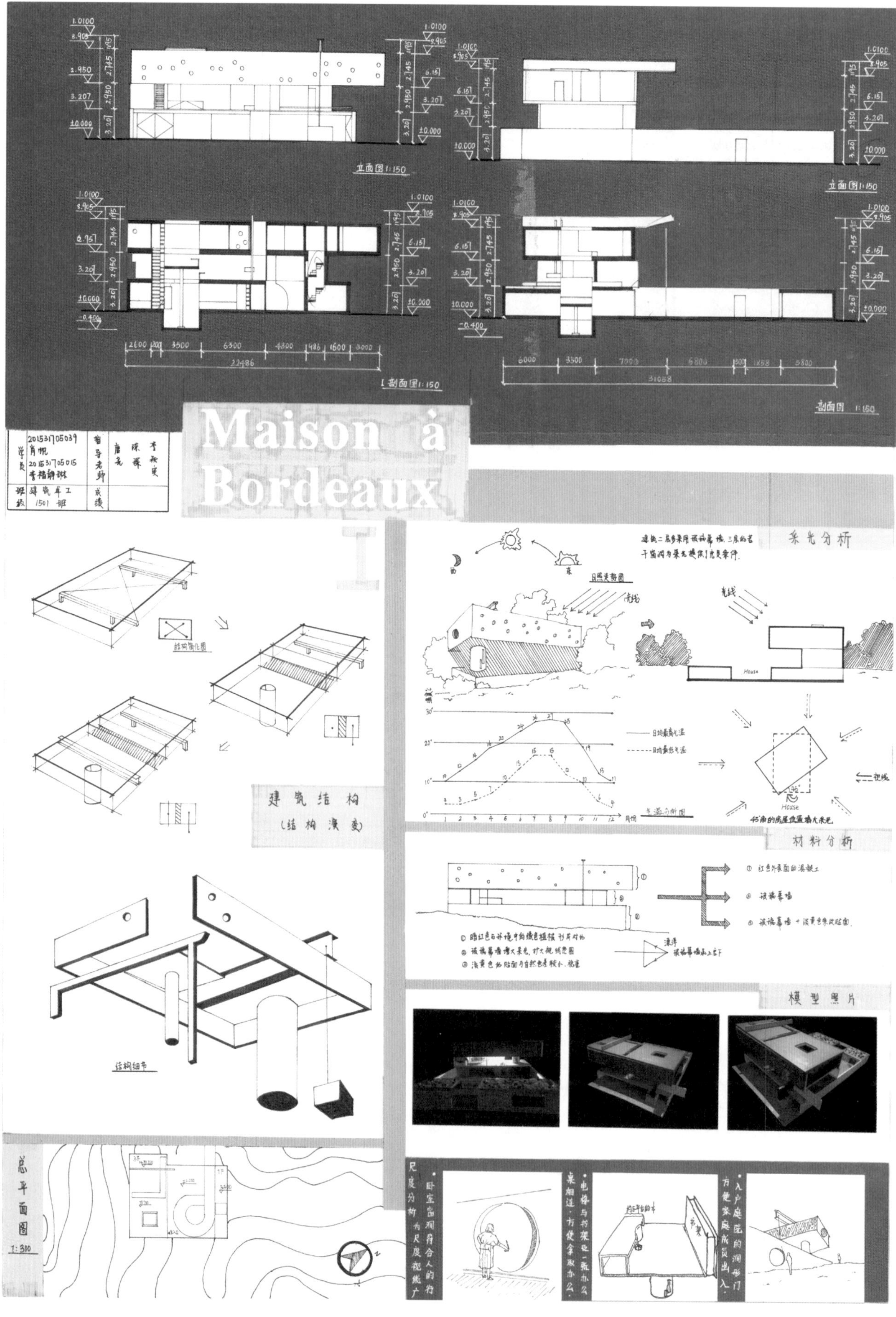
立面图 1:150
立面图 1:150
剖面图 1:150
剖面图 1:150
Maison à Bordeaux
学号 201531705039 肖帆
201531705015 李福静林
班级 建筑本工 1501班
指导老师 唐亮 张辉 李秋爽
成绩
建筑结构
(结构演变)
结构简化图
结构细节
采光分析
日照走势图
光线
House
45°角的房屋位置增大采光
材料分析
① 红色外表面的混凝土
② 玻璃幕墙
③ 玻璃幕墙 + 浅黄色木质贴面
模型照片
总平面图 1:300
尺度分析
卧室当洞符合人的尺度视觉为广
电梯与书架设一整办公桌相连，方便拿取办公
入户庭院的洞形门方便家庭成员出入

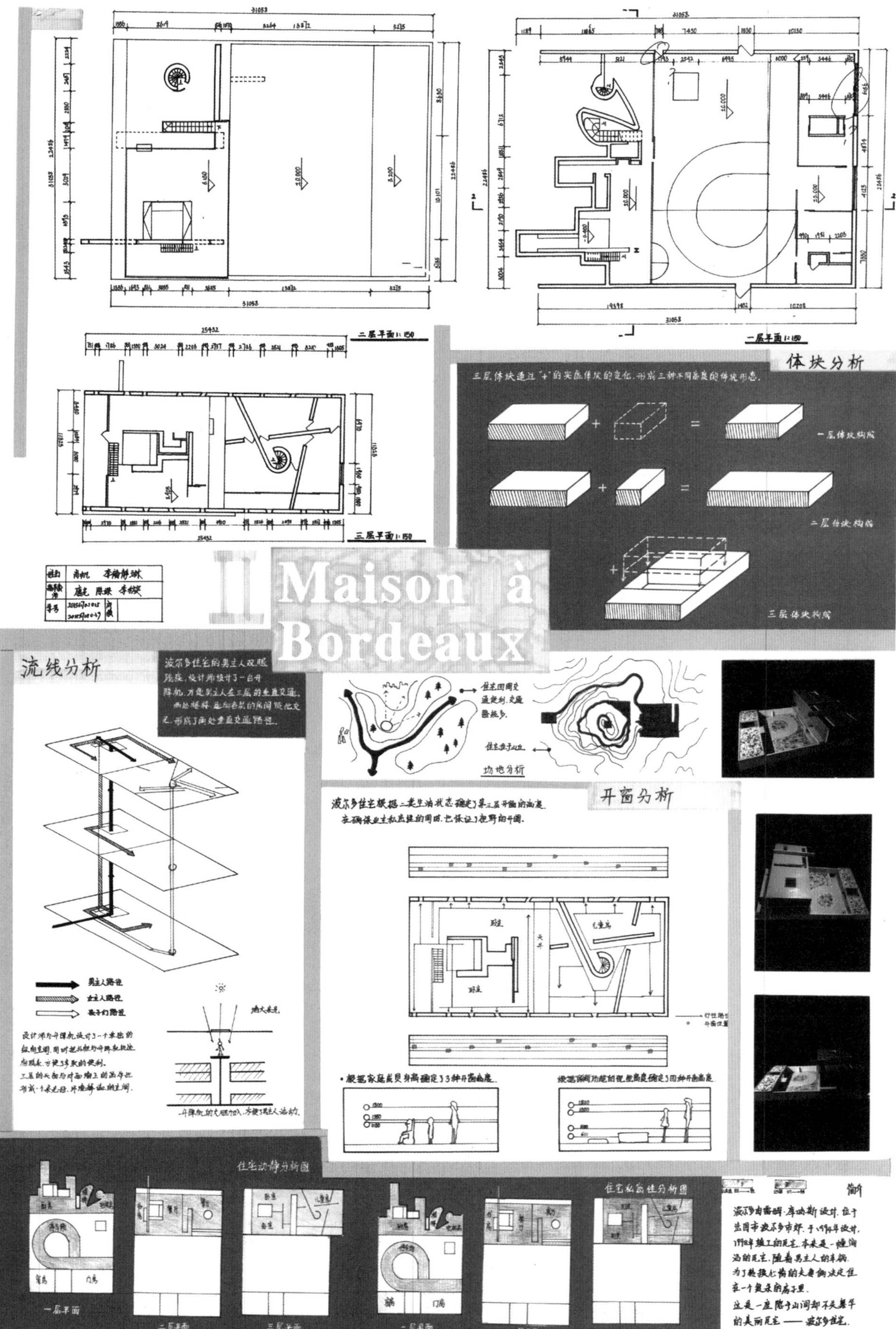
二层平面 1:150
一层平面 1:150
三层平面 1:150
体块分析
三层体块通过"+"的实体体块的变化，形成三种不同高度的体块形态。
一层体块构成
二层体块构成
三层体块构成
II Maison à Bordeaux
流线分析
男主人路径
女主人路径
孩子们路径
场地分析
开窗分析
住宅动静分析图
住宅私密性分析图
一层平面
二层平面
三层平面

建筑学本科二年级 | 下店上宅设计

一、教学目的

1. 在经典住宅设计案例的分析基础之上，反思与借鉴设计案例的建筑语汇，尝试运用到此次小住宅的设计中。
2. 掌握和小住宅设计相关的基本规范、功能、尺寸、空间要求，了解人体工程学与建筑空间、家具尺度的密切关系。
3. 培养探索建筑与周边生活环境辩证关系的场所意识。在自己所熟识的生活环境中，探索如何通过一个商住单体建筑的设计，对外改善建筑基地与周边城市空间的关系，塑造积极的城市界面，对内营造适宜居住和经营的内部空间环境。

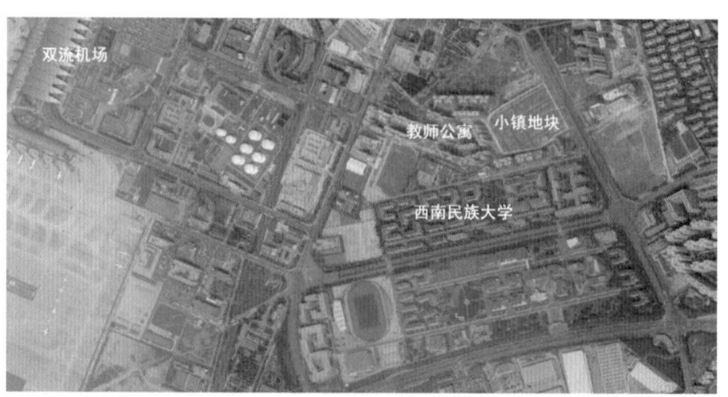

二、设计要求

项目背景：

该项目基地紧邻西南民族大学航空港校区北区，位于当地失地农民安置区内。该区内的原始建筑均为2层联排式小楼，成行列式布局，一二层多为商业用房，业态丰富多样，人气兴旺，现大多数建筑被加建到4层甚至5层。目前该区已成为西南民族大学师生和附近居民的重要生活服务配套。在给出的5个地块中，选择其中一块设计下店上宅的独栋建筑。据现场调研情况锁定真实业主，根据各业主需求生成具体的任务书。

宅基地用地面积为154m^2，补偿建筑面积约为350m^2。其中商业面积100m^2，住宅建筑面积250m^2。总建筑面积上下可浮动10%。建筑层数3层，局部可有4层。

设计要求：

住宅部分：建筑面积350m^2。

商业部分：建筑面积80~100m^2。

商业形态自主选择，但需要考虑营业部分不得对住宅造成干扰。

经济指标：

建筑覆盖率：不小于70%。

其他说明：

需考虑至少一辆机动车停车。住宅和商业区需使用不同出入口。建筑沿街立面需与周边建筑建筑和环境保持适当的对话。

三、教学阶段安排

阶段一

设置住宅概论专题讲座一节。

训练目的：

进一步思考经典住宅案例的设计语汇与空间形态。熟悉小住宅设计的功能和空间要求、熟悉国内住宅规范和空间尺寸。

作业布置：

1. 经典设计案例的设计语汇与空间形态分析。
2. 分组，现场调研，作调研汇报，业主需求挖掘与任务书整理。

作业要求：

1. 经典案例与国内规范、本地住户使用习惯的比较。
2. 基于调研报告生成各自的详细任务书。

设置业主的需求讲座一节。

作业布置：

在基地调研基础上，充分理解基地特质和业主需求，从中寻求两个以上的方案构思，比较选择优化方案，展开一草设计。

作业内容：

1. 总平面图（包括建筑外部流线、外部空间设计、建筑布局、建筑层数、第五立面表达等，要求符合总图设计规范，1∶300）。
2. 各层平面图（包括内部功能空间划分，家具布局示意，一层平面要表达室外环境，1∶100）。
3. 剖面图（场地剖面及建筑单体剖面各不少于一个，1∶100）。
4. 工作模型（通过工作模型推敲住宅单体与场地关系，内部空间与外部形体关系等，1∶100）。
5. 分析图若干。

作业格式：

手绘A3图纸，不限张数。

阶段二

训练目的：

了解业主需求、使用行为、空间设计三者之间的关系，选取适宜的结构形式与方案的空间形态、体量关系进行匹配与整合，并在此基础上推敲流线、功能、空间的相互关系。完成一草设计。

作业内容：

1. 确定各层平面图（1∶100）。
2. 2个以上剖面图（1∶100）。
3. 工作模型若干（1∶100）用于推敲"功能—空间—形式"的关系。

作业格式：

不同作用的推敲草模若干，手绘A3图纸不限张数。

阶段三

设置住宅人体工程学与空间、家具尺度关系专题理论课一节。

训练目的：

结合详细任务书要求，学习住宅设计中空间尺度、房间尺寸、家具尺度设计的基本原则，在设计中通过亲身体验和实物比对建立尺度感。

作业布置：

熟悉国家标准设计规范中的尺度要求；到宜家调研家具尺度，分组完成尺度调研报告；与经典设计案例做比较分析，将比较结论转化到具体的空间家具尺度设计中。

作业内容：

1. 观察：参观宜家的居住样板空间，观察不同功能居住空间的家具布置，观察并体会人对家具及空间的使用方式。
2. 测绘：每个小组选取一组完整的居住样板空间进行测绘，包括客厅、餐厅、卧室、书房中的家具电器，以及厨房中的厨具、卫生间中的洁具尺寸和布置方式。
3. 比较分析：将经典住宅案例的房间尺寸和家具布置与国家标准设计规范做比较分析，并转化到具体的空间家具尺度设计中。

作业格式：

1. 宜家样板间中的空间与家具尺度测绘报告。
2. 经典住宅案例与国标比较分析。
3. 布置了家具、电器、厨具、洁具的各层平面图（1∶50）和若干剖面图（1∶50）。

阶段四

设置建筑立面及城市外部空间营造专题理论课一节；建筑形式手法和空间操作专题理论课一节。

训练目的：

学习营造积极的城市界面和外部空间手法、与宜居的内部空间特征之间的关系，并将内外空间设计观念与经典设计案例的建筑语汇特征相结合，转化到方案的形式语汇设计中。

作业布置：

进行方案深化设计，考虑结构与空间、形态的结合，要求对构造细节、立面材质选取有所思考和表达，完成二草和三草。

作业内容：

1. 总平面图（包括精细的外部空间设计、建筑第五立面的详细表达等，要求符合总图设计规范，1∶300）。
2. 各层平面图（包括明确的内部功能空间划分，精确尺度的家具布局，不同地坪标高，适当的地面铺装表达等，要求线型清晰，符合制图规范要求，1∶50）。
3. 剖面图（需表达最能反映内部空间特征的剖切位置，不少于2个，1∶50）。
4. 立面图（包括立面虚实关系，立面材质和颜色，光影关系等，不少于2个，1∶50）。
5. 二草工作模型若干（通过工作模型调整住宅内部空间，推敲结构与内部空间、外在界面的关系，探索材质表达等）。
6. 分析图若干。

作业格式：

工作模型若干，手绘A3图纸不限张数。

阶段五

选取优秀设计方案，邀请校外建筑师、教师进行公开评图。

训练目的：

学生通过参与和观摩评图，学习如何在有限时间内进行条理清晰、重点突出、表达充分的方案汇报。通过评图老师的指点，学生能够拓宽视野，感受建筑设计行业的现实要求。

作业内容：

1. 总平面图（包括精细的外部空间设计、建筑第五立面的详细表达等，要求符合总图设计规范，1∶300）。
2. 各层平面图（包括明确的内部功能空间划分，精确尺度的家具布局，不同地坪标高，适当的地面铺装表达等，要求线型清晰，符合制图规范要求，1∶50～1∶100）。
3. 剖面图（需表达最能反映内部空间特征的剖切位置，不少于2个，1∶50～1∶100）。
4. 立面图（包括立面虚实关系，立面材质和颜色，光影关系等，不少于2个，1∶50～1∶100）。
5. 成果模型（内外空间、细部设计、家具布置、适当材质表达，1∶50）一个；体量模型一个（可放入基地环境模型，1∶200）。
6. 分析图若干。

作业格式：

手绘A1图幅正图，不少于2张。

四、课程时间安排：9～17周

第1课（9周）：任务书讲解与现场调研。

第2课（9周）：调研成果汇报、详细任务书生成。

第3课（10周）：任务书敲定、概念设计。

第4课（10周）：至少完成两个方案构思，一草设计。

第5课（11周）：完成构思草图，制作工作模型，进行方案比较；布置家具尺度调研任务（时间段5～8课）。

第6课（11周）：一草完成，草模及一草图纸评图。

第7课（12周）：功能流线、空间组织、环境关系、形态体量的初步设计，进入二草设计。

第8课（12周）：功能与空间、结构与形态深入设计；尺度调研汇报。

第9课（13周）：功能明确、空间细化、结构选型、材质探索，深化二草设计。

第10课（13周）：二草完成，模型及图纸草汇报。

第11课（14周）：带周边环境的平、立、剖面图（尺规）；结构与空间整合设计；平面、剖面、立面细部推敲，三草绘制。

第12课（14周）：所有图纸定稿，三草完成。

第13课（15周）：绘制正图，完成排版小样；制作正模。

第14课（15周）：绘制正图，制作正模。

第15课（16周）：绘制正图，制作正模。

第16课（16周）：正图正模提交。

第17课（17周）：分班预评图，从所有作业中筛选出优秀作业，公开评图布展。

第18课（17周）：邀请校外专家进行公开评图。

maymay 的家 | 美美的家
设计师是如何帮我实现居住需求的?
主讲 - maymay
| 银行管理咨询顾问
业主
设计师
面积
户型
| maymay
| 李 愉
| 175 平方米
| 3 房 2 厅 2 卫
2017 年 11 月 4 日
| 周六 | 14:00-15:30
西南民族大学 航空港校区
| 敬文苑 B 区 101

居住空間中的人體尺度
主 讲 人 | 齐琳
独立建筑师 | 饮水村咖啡馆创始人
2017. 11. 17 | 周 五 | 13:00–14:00
西南民族大学航空港校区敬文园 A 区 101

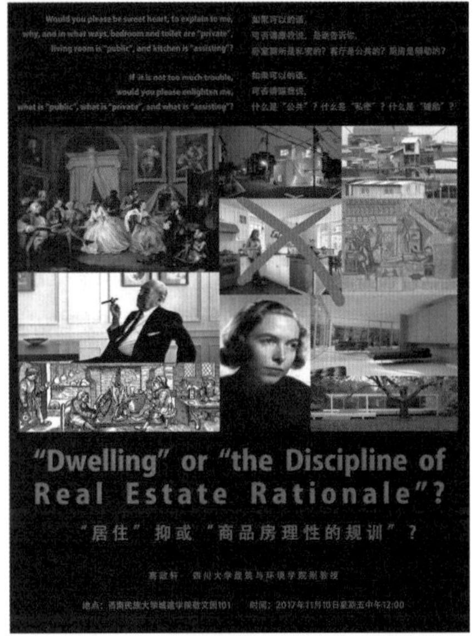
Would you please be sweet heart, to explain to me,
why, and in what ways, bedroom and toilet are "private",
living room is "public", and kitchen is "assisting"?
If it is not too much trouble,
would you please enlighten me,
what is "public", what is "private", and what is "assisting"?
"Dwelling" or "the Discipline of Real Estate Rationale"?
"居住" 抑或 "商品房理性的规训" ?

小镇里的下店上宅
建筑系二年级教改成果 | 公开评图 | 作业展
评图嘉宾
主持人
指导老师
上午场：9:00-12:00
下午场：14:00-17:00
评图时间：2015.12.25（星期五）；上午场 9:00-12:00；下午场 14:00-17:00
作业展地点：西南民族大学航空港南校区敬文园 128、132、136

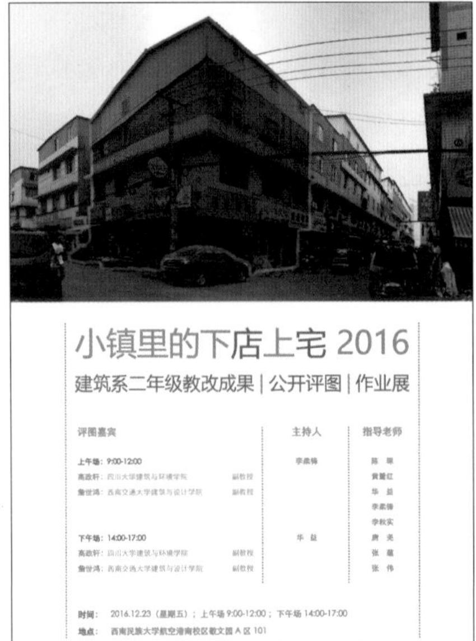
小镇里的下店上宅 2016
建筑系二年级教改成果 | 公开评图 | 作业展
评图嘉宾
主持人
指导老师
上午场：9:00-12:00
下午场：14:00-17:00
时间：2016.12.23（星期五）；上午场 9:00-12:00；下午场 14:00-17:00
地点：西南民族大学航空港南校区敬文园 A 区 101

house Π 住宅

设计者：梁婉诗（风景园林 1401）
指导教师：陈琛

拿到任务书，我们开始场地分析，各种既定因素促成了我的第一个草模，几个被切了几刀的盒子叠在一起。只有合理性，但是没有家的味道，也看不到之前大师作品的踪影。

开始心系我的大师——藤本壮介。他常常用原始来形容他的作品，我也希望我的作品能回到原始。就像小时候老师让我们画我们的家一样，三角形放在正方形上面。恰好三角形的坡屋顶使我合理地回应了第五个立面屋顶。藤本壮介在北海道宽阔的土地上长大，心也一样宽广。

从house N到布达佩斯音乐森林，他从来不满足于给定的那一方小土地里，他的眼界总是跳出已有的限定。为了让我设计的空间也能跳出老师们给的基地，使室内外的界限变得模糊，我选择把立面做成剖面，让立面像圆周率一样可以无限延伸。我给他起名house Π，和house N如出一辙。同时也体现了"立面剖面化"的概念。

不过上帝视角当然不是人们最关心的问题，人们最关心的是自己看到的东西，就像从二楼挑出来的这些檐沟。如果突然消失，会显得别扭。于是我在山墙的部分做了一个木构架，用结构外露的方式消化檐沟、增加剖面的延伸感。同时也是我对建筑山墙面的回应。还有脏兮兮的小巷，为了让小巷成为人们愿意停留的地方，我将一层退后并增加了座位。到这个阶段，我的房子已经有了一个雏形。我又萌生了新的想法：不只是立面的延伸，也可以嵌套成多面的延伸。为了达到预想的效果，我在顶层增加了一个内部的盒子，它和外壳分离。立面上，西南立面和西北、东南立面形成虚实对比。立面的做法，乱而有序，和小镇的布局看似混乱实则形成了相同语言。为满足不同的房间的功能需求，我调整了内部各交叠盒子的高度。并用天窗、窗前加植物墙等方式平衡采光和隐私的问题。

缺点：商业流线和业主人行流线交叉。

改进：将人行入口改到车行入口旁，连通两个商业区。

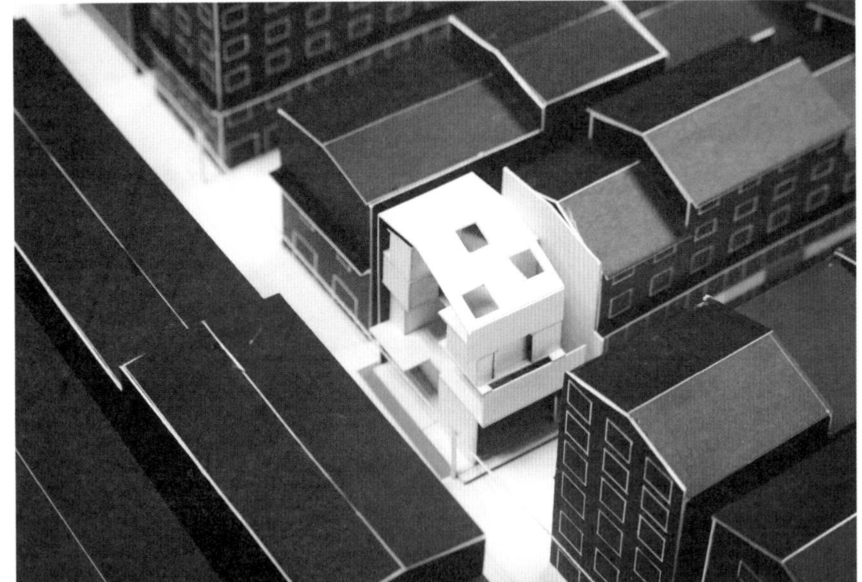

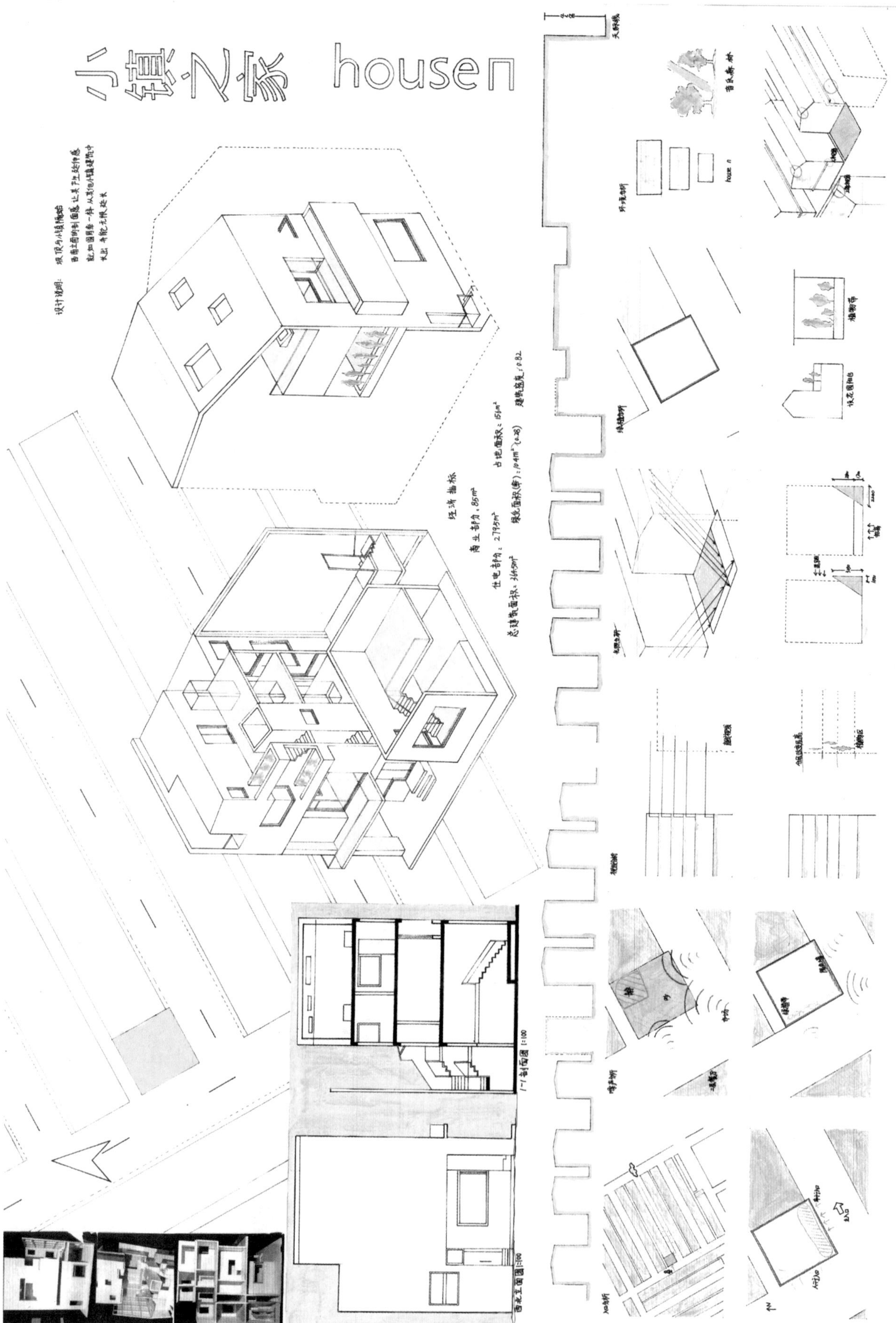
小镇之家 housen
设计说明：
经济指标
商业部分：85m²
住宅部分：279.5m²
占地面积：156m²
总建筑面积：364.5m²
绿化面积(率)：104m²(0.28)
建筑密度：0.82
1-1剖面图 1:100
西北立面图 1:100

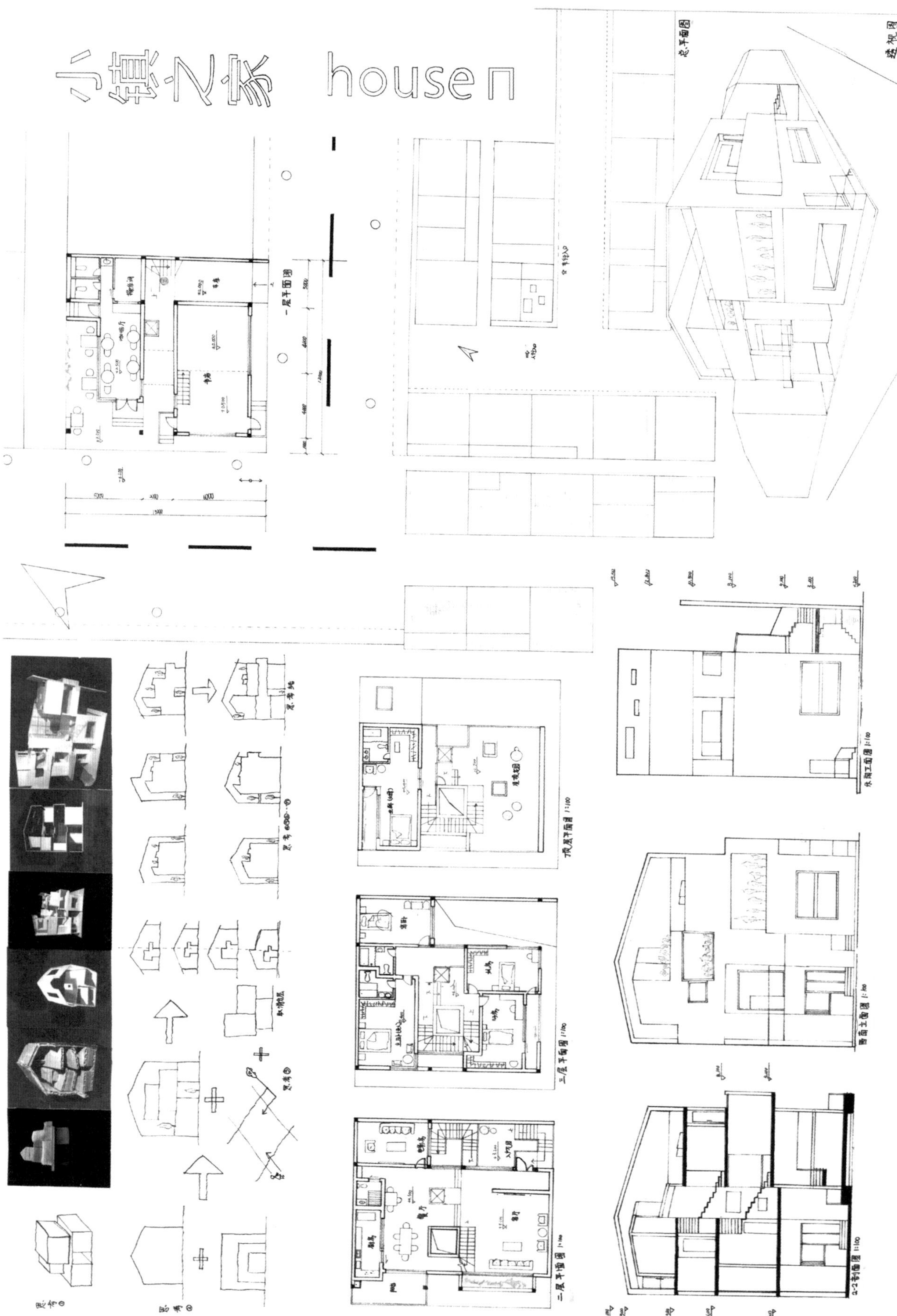
小镇之家 house n

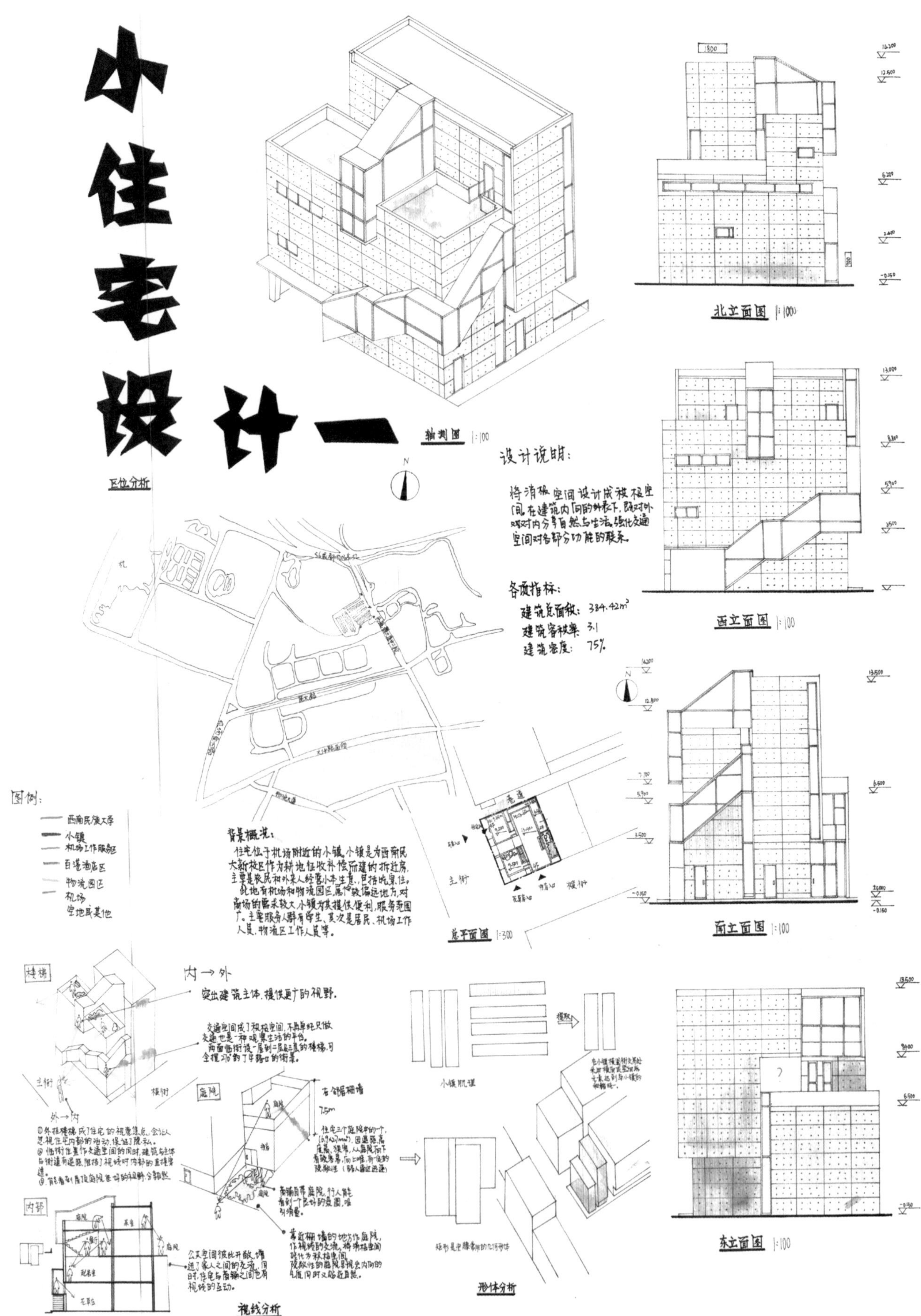
小住宅设计一
轴测图 1:100
北立面图 1:100
设计说明：
将消极空间设计成积极空间，在建筑内向的外表下，既对外又对内分享自然与生活，强化交通空间对各部分功能的联系。
各项指标：
建筑总面积：384.42m²
建筑容积率 3.1
建筑密度：75%
西立面图 1:100
区位分析
图例：
西南民族大学
小镇
物流园区
机场
空地或其他
背景概况：
住宅位于机场附近的小镇。小镇是为西南民大新校区作为耕地征收补偿而建的拆迁房，主要是农民和外来人经营小本生意，包括吃穿住。
此地有机场和物流园区，属于较偏远地方，对商场的需求较大，小镇为其提供便利，服务范围广。主要服务人群有学生，其次是居民、机场工作人员，物流区工作人员等。
总平面图 1:300
南立面图 1:100
楼梯
内→外
突出建筑主体，提供更广的视野。
外→内
庭院
内部
视线分析
形体分析
东立面图 1:100

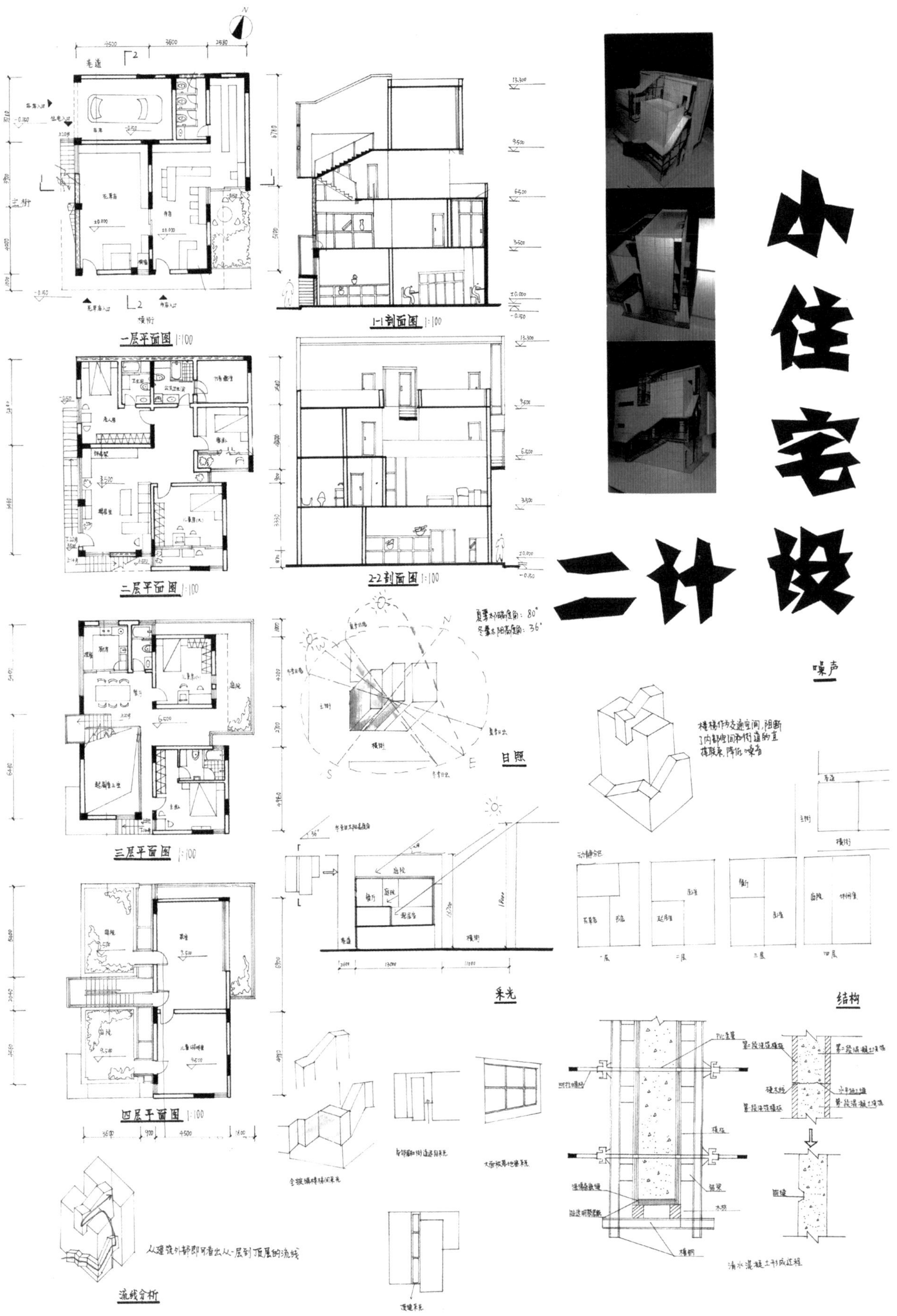
小住宅设计二
一层平面图 1:100
二层平面图 1:100
三层平面图 1:100
四层平面图 1:100
1-1剖面图 1:100
2-2剖面图 1:100
日照
采光
噪声
结构
流线分析
从建筑外部即可看出从一层到顶层的流线
楼梯作为交通空间，阻断了内部空间和街道的直接联系，降低噪音
清水混凝土形成过程

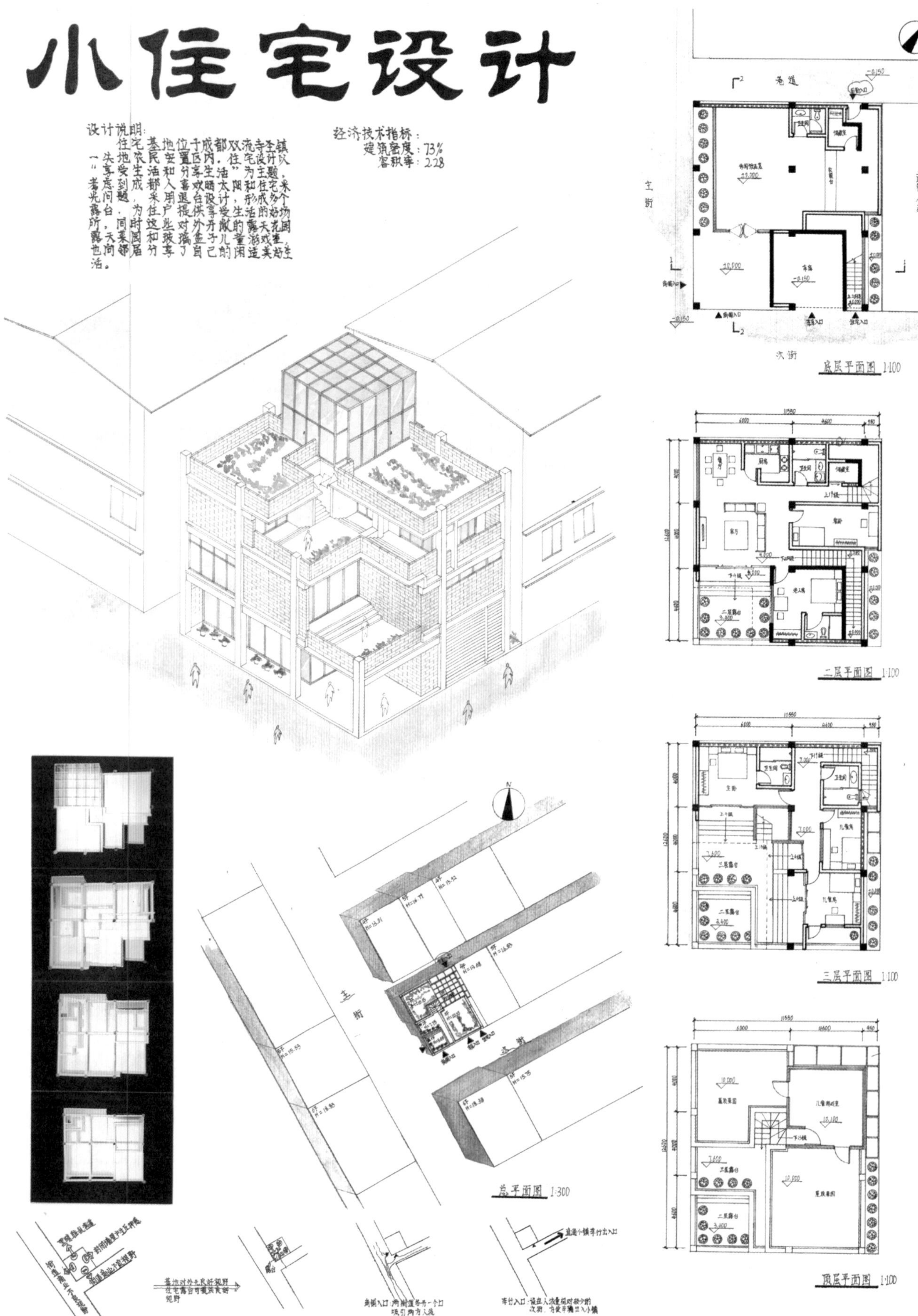
小住宅设计
设计说明：
住宅基地位于成都双流寺圣镇一失地农民安置区内。住宅设计以“享受生活和分享生活”为主题，考虑到成都人喜欢晒太阳和住宅采光问题，采用退台设计，形成多个露台，为住户提供享受生活的好场所。同时这些对外开敞的露天花园、露天菜园和玻璃盒子儿童游戏室，也向邻居分享了自己的闲适美好生活。
经济技术指标：
建筑密度：73%
容积率：2.28
主街
次街
巷道
底层平面图 1:100
二层平面图 1:100
三层平面图 1:100
顶层平面图 1:100
总平面图 1:300
基地对外无良好视野
住宅露台可提供良好视野
露台
角铺入口：两街道各开一个口吸引两方人流
直通小镇半村出入口

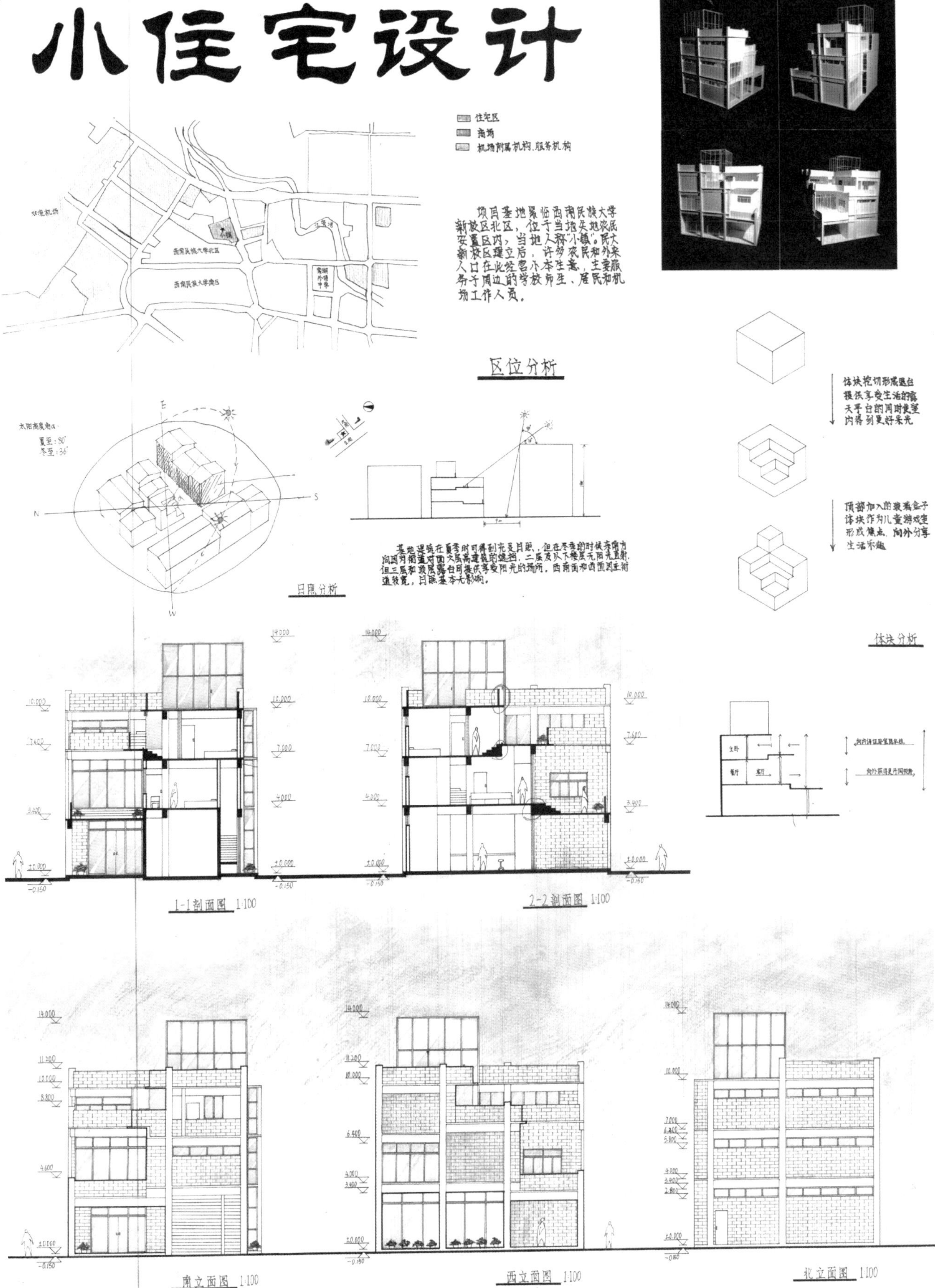
小住宅设计
住宅区
商场
机场附属机构、服务机构
项目基地紧临西南民族大学新校区北区，位于当地失地农民安置区内，当地人称"小镇"。民大新校区建立后，许多农民和外来人口在此经营小本生意，主要服务于周边的学校师生、居民和机场工作人员。
区位分析
太阳高度角α
夏至：80°
冬至：36°
基地建筑在夏季时可得到充足日照，但在冬季的时候东南方向因对街道对面六层高建筑的遮挡，二层及以下楼层无阳光直射，但三层和顶层露台可提供享受阳光的场所。西南面和西面因主街道较宽，日照基本无影响。
日照分析
体块挖切形成退台提供享受生活的露天平台的同时使室内得到更好采光
顶部加入的玻璃盒子体块作为儿童游戏室形成焦点，向外分享生活乐趣
体块分析
1-1剖面图 1:100
2-2剖面图 1:100
南立面图 1:100
西立面图 1:100
北立面图 1:100

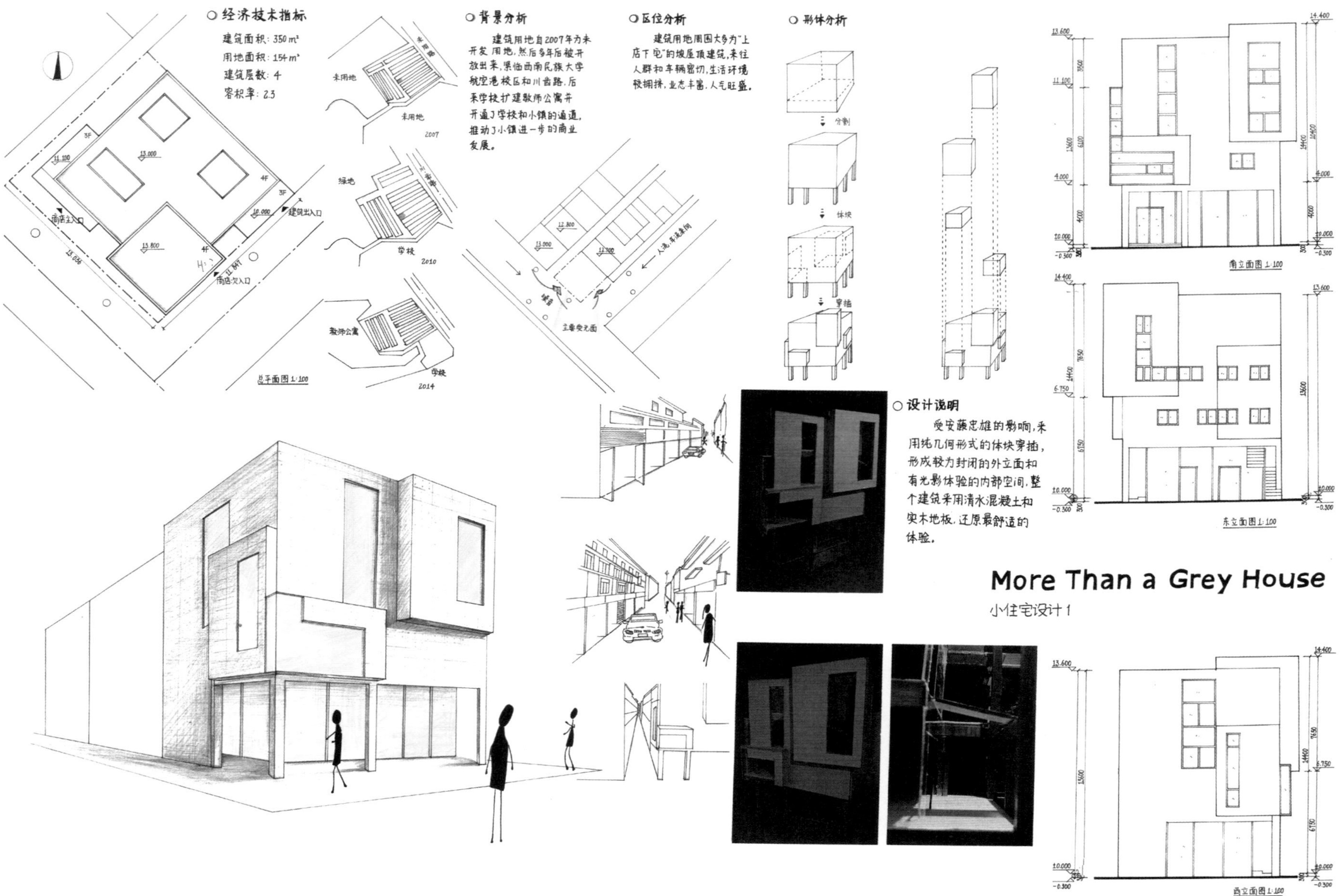
More Than a Grey House
小住宅设计1
○经济技术指标
建筑面积：350 m²
用地面积：154 m²
建筑层数：4
容积率：2.3
总平面图 1:100
○背景分析
建筑用地自2007年为未开发用地，然后多年后被开放出来，紧临西南民族大学航空港校区和川甸路，后来学校扩建教师公寓并开通了学校和小镇的通道，推动了小镇进一步的商业发展。
○区位分析
建筑用地周围大多为"上店下宅"的坡屋顶建筑，来往人群和车辆密切，生活环境较拥挤，业态丰富，人气旺盛。
○形体分析
分割
体块
穿插
○设计说明
受安藤忠雄的影响，采用纯几何形式的体块穿插，形成较为封闭的外立面和有光影体验的内部空间，整个建筑采用清水混凝土和实木地板，还原最舒适的体验。
南立面图 1:100
东立面图 1:100
西立面图 1:100

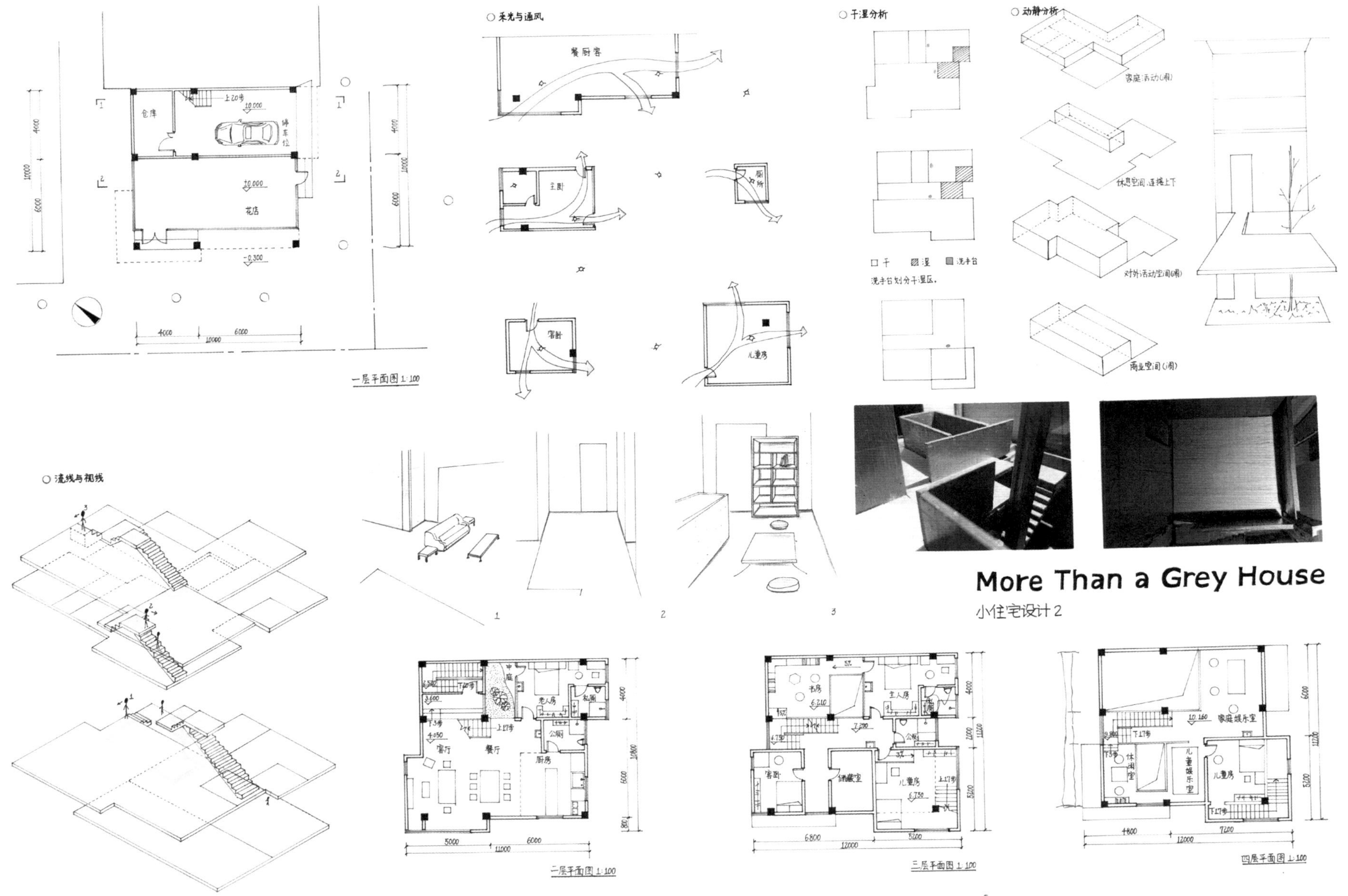
一层平面图 1:100
采光与通风
干湿分析
动静分析
流线与视线
More Than a Grey House
小住宅设计 2
二层平面图 1:100
三层平面图 1:100
四层平面图 1:100

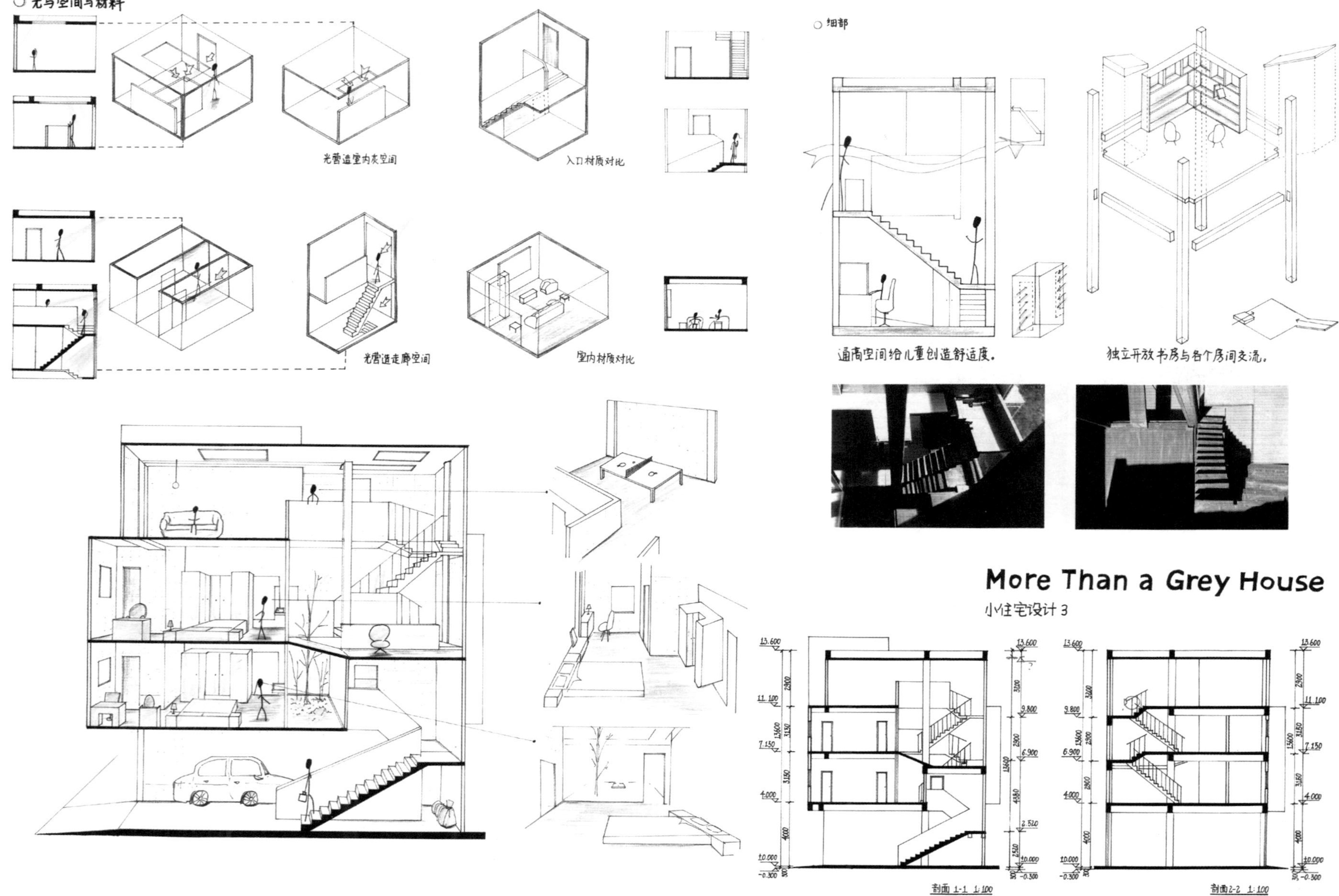
○ 光与空间与材料
光营造室内灰空间
入口材质对比
光营造走廊空间
室内材质对比
○ 细部
通高空间给儿童创造舒适度。
独立开放书房与各个房间交流。
More Than a Grey House
小住宅设计 3
剖面 1-1 1:100
剖面 2-2 1:100

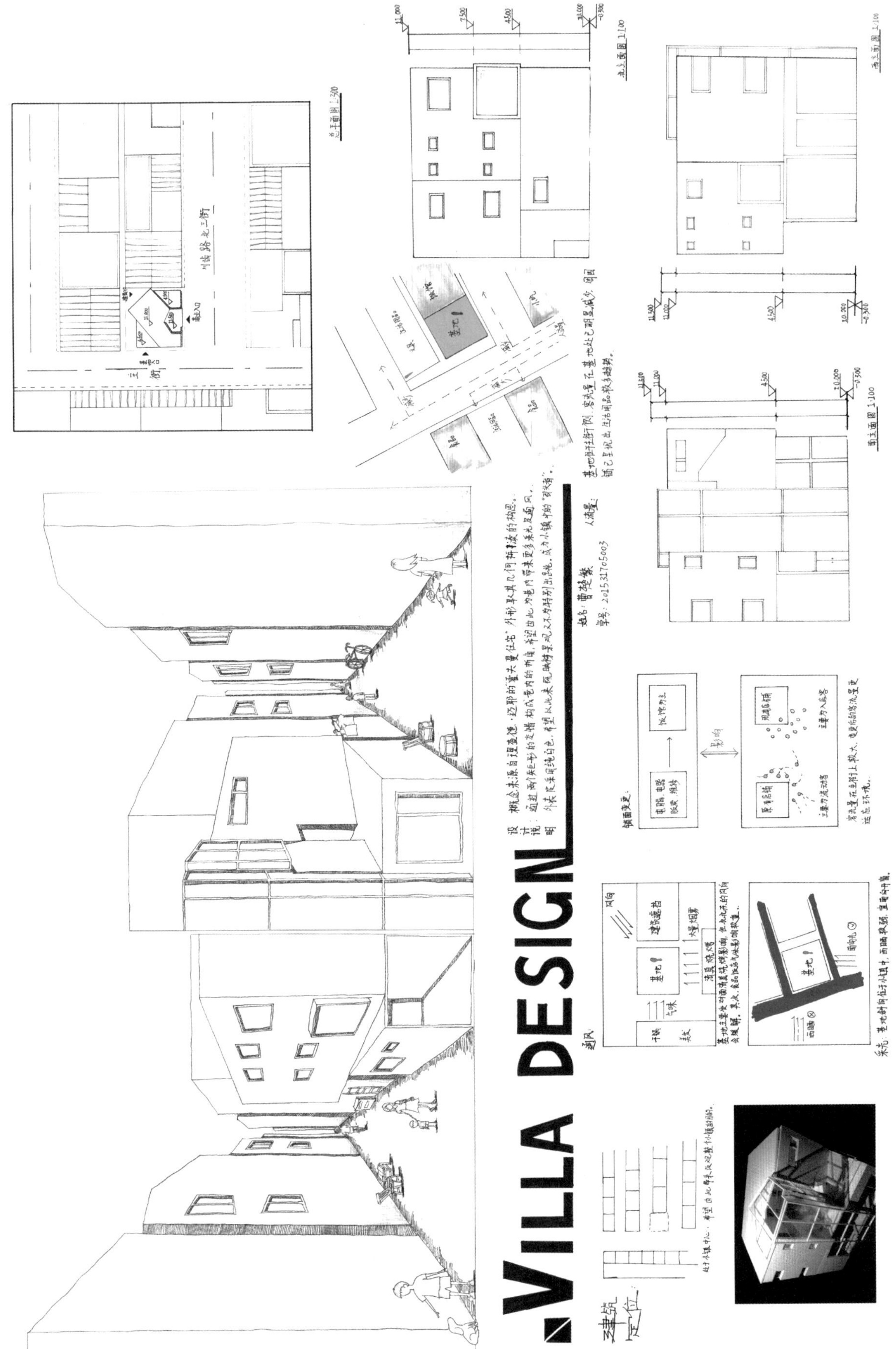
VILLA DESIGN

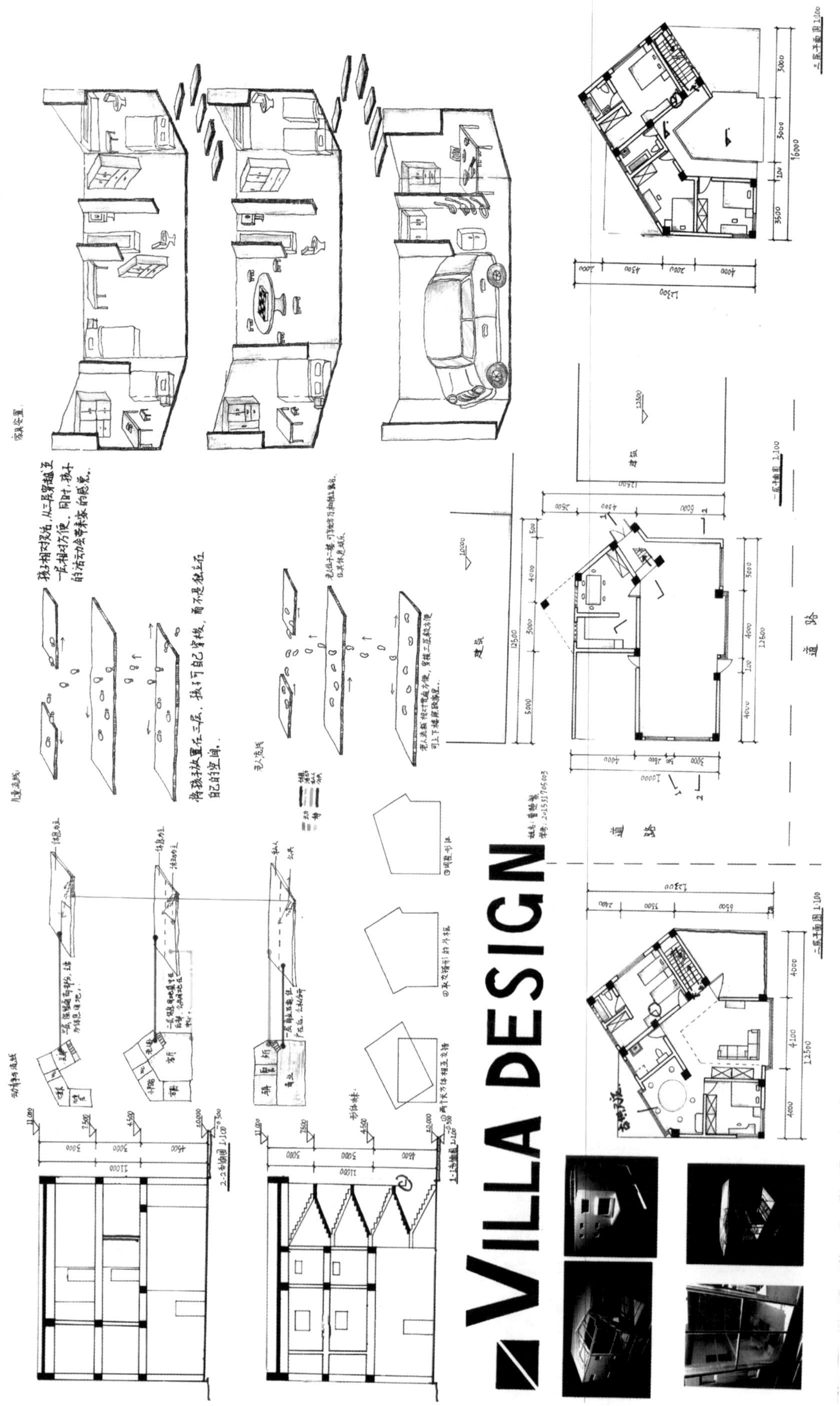
VILLA DESIGN
道路

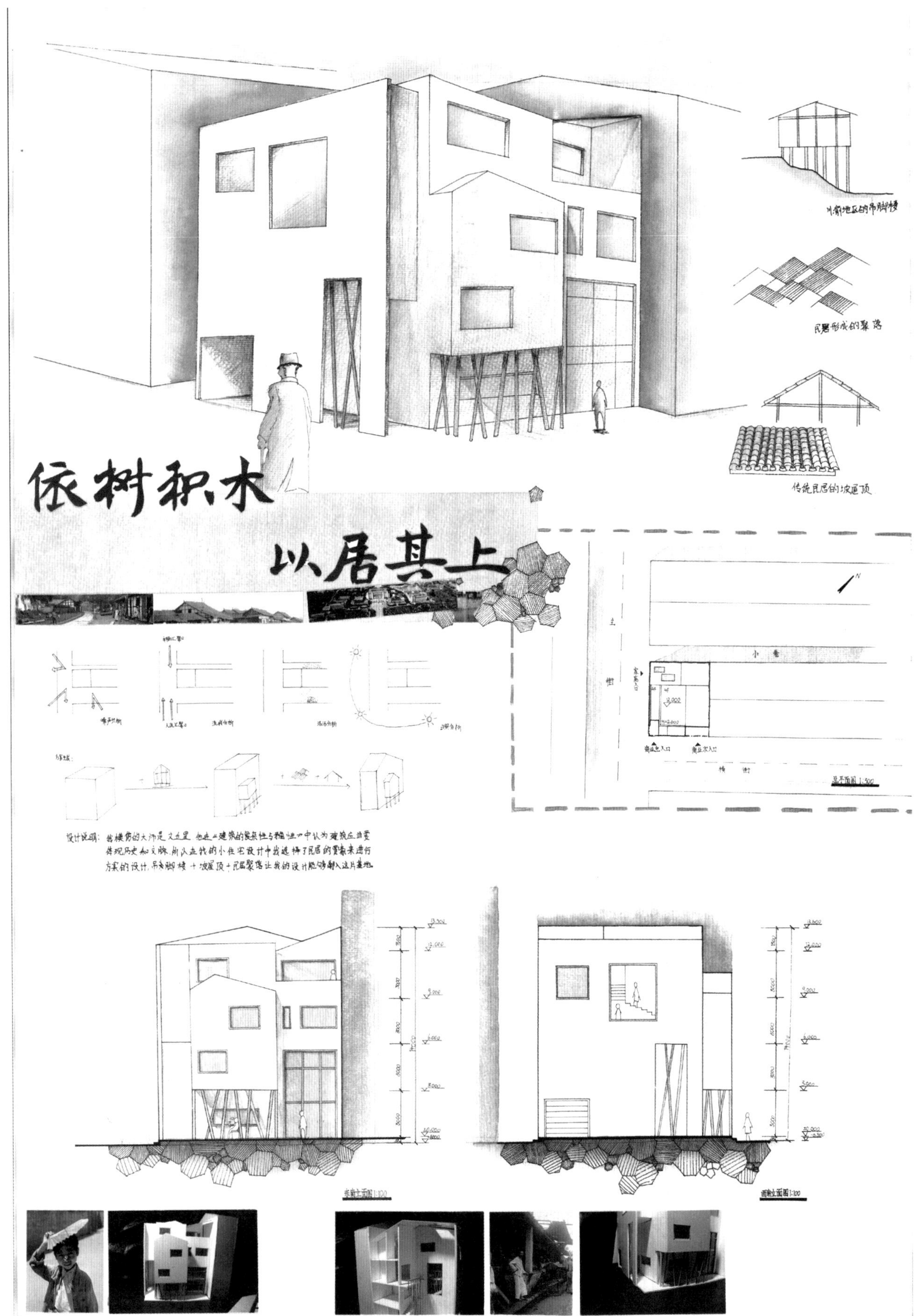

依树积木
以居其上
川渝地区的吊脚楼
民居形成的聚落
传统民居的坡屋顶
设计说明：我模仿的大师是文丘里，他在《建筑的复杂性与矛盾性》中认为建筑应当要体现历史和文脉，所以在我的小住宅设计中我选择了民居的要素来进行方案的设计，吊脚楼＋坡屋顶＋民居聚落让我的设计能够融入这片基地。

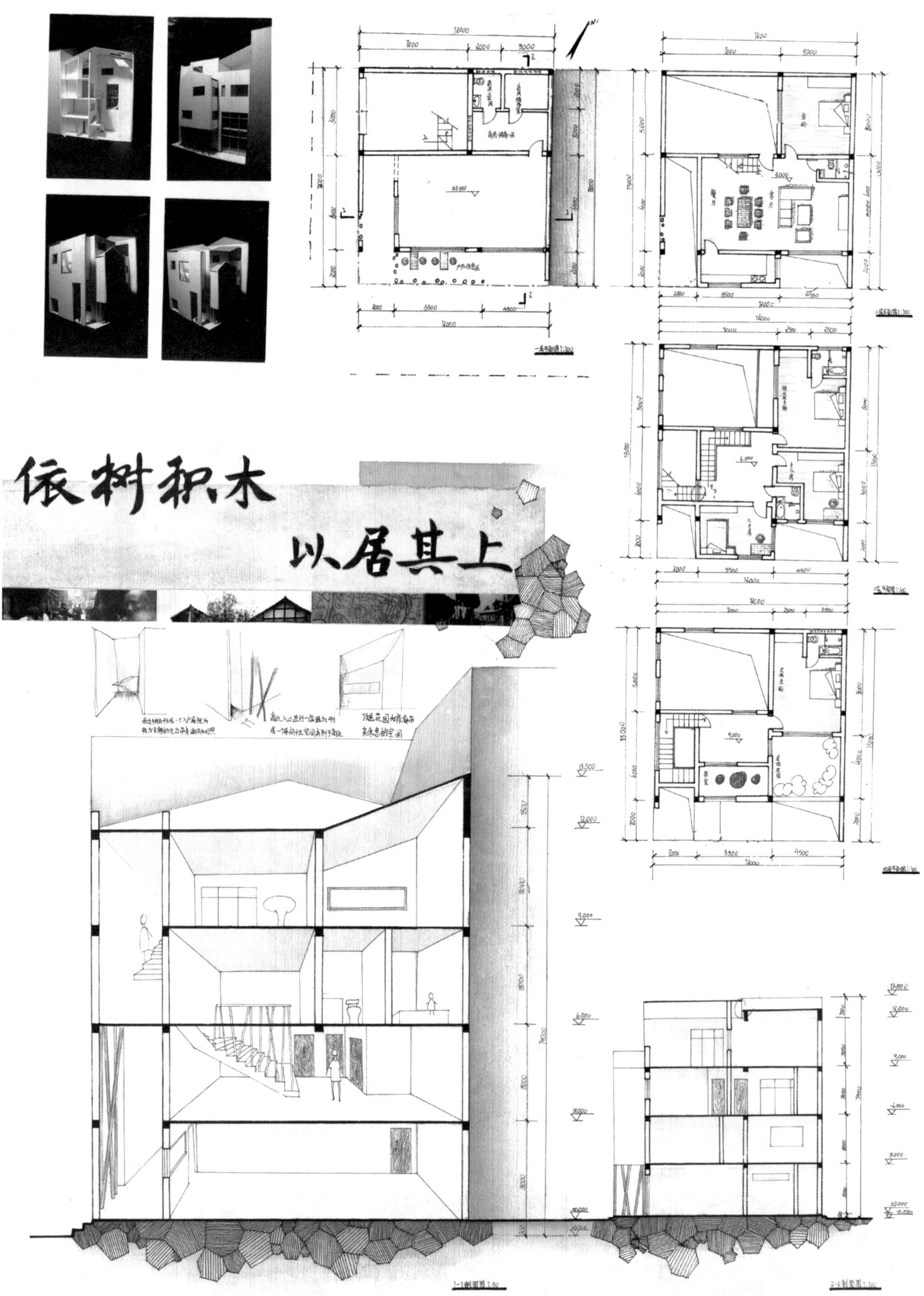
依树积木
以居其上

建筑学本科二年级 | 幼儿园设计

一、项目名称

自贡市高新区南湖第一幼儿园。

二、项目位置

自贡市南湖生态城东区南湖公园东南角。

三、项目概述

该项目占地面积约19亩，基地呈长方形，用地东、南侧分别临南湖生态城主干道通达街南延线、汇南路，北靠自贡市老年大学，西北侧紧临南湖公园，基地周边为在建和拟建居住小区，环境优美，交通便利。

四、建筑设计要求

该幼儿园各功能用房数量、使用面积和户外场地建议作如下考虑，供设计参考：

1. 各班活动用房（15个幼儿班）1500m^2。
2. 素质教育功能室（艺体楼）1110m^2。
3. 行政办公用房245m^2。
4. 生活辅助用房362m^2 。
5. 场地规划条件：

（1）沿该园用地红线用栅栏、艺术围墙或绿篱围合为独立的活动空间。

（2）户外场地拟建儿童戏水池、沙池、种植园、人造草坪或EPDM塑胶儿童活动场地，其中公共操场设30m塑胶跑道、升旗台（3根不锈钢旗杆），周边有大树并有绿地，主入口设有独立保安岗亭。

（3）供幼儿园使用的5个中巴校车车位和供家长接送的15个小车位。

（4）该幼儿园设计建筑密度不大于30%，建筑层数原则上不超过3层。规划建筑退让通达街南延线道路红线不得小于5m，退让汇南路道路红线不得小于6m。

（5）建筑设计应简洁、大方，体现功能特色，色彩运用得当，与周边环境和建筑相协调。

（6）做好室外场地环境设计，在满足幼儿园教学功能前提下，处理好与南湖公园景观环境的协调性，与南湖公园山体绿化形成自然过渡，避免大开大挖。

（7）在确保安全、便捷的前提下，合理确定幼儿园人行、车行出入口和后勤出入口。

五、进度安排

第1周：讲授幼儿园建筑设计任务书，讲解幼儿园设计的基本概念及内容，制定调研计划和安排。课后同学们查阅相关资料，进行实地参观调研。每人选择2个幼儿园实例进行分析。

第2周：完成实地调研，进行小组调研汇报，进行案例分析汇报。

第3周：完成调研汇报和案例汇报，进入场地分析，制作场地模型。

第4周：一草阶段，进行方案构思，完成至少两个构思方案，制作工作模型。

第5周：一草深化，进行方案比较，优选其中一个方案，进行深入构思。

第6周：一草完成，进行一草评分。

第7周：二草阶段，细化场地布局、功能流线、空间组织等，讲解幼儿园尺度理论课。

第8周：二草深化，进一步明确功能关系，空间尺度，家具布置，环境设计、初步结构关系、建筑形态，制作二草模型。

第9周：二草完成，进行全年级中期评图。

第10周：三草阶段，深入设计整体环境、结构技术与建筑空间整合，讲解建筑立面及细部设计。

第11周：三草深化，造型语汇提炼，材质及构造细部推敲，构造节点绘制，制作三草模型。

第12周：三草完成，三草评分。

第13周：开始制作正模。

第14周：完成正模，正模评分。

第15周：正图绘制（绘制前进行样图排版）。

第16周：正图绘制，完成正图。

第17周：邀请专家进行年级评图。

场地分析
中国，四川
自贡市，沿滩区
过去
现在
周围环境
交通状况
经济技术指标
用地面积：19亩
总建筑面积：6381m²
建筑占地面积：2650m²
容积率49.3%
建筑密度22.3%
绿地率43.5%
通
达
街
汇 南 路
总平面图 1：800
家之外的家——幼儿园建筑设计 01
设计概念
典型"家"的形象
对不同材质、形状的区分
以不同形状屋顶和材质区分单元体
每个孩子都能找到属于自己的特别的房子
体块生成
剪切
分散
加入素质教育功能块，保证各个单元体到素质教育活动室的距离都比较近
加入行政后勤等功能块，保证其尽量远离单元体，同时方便工作人员进行办公
顺应沿街面方向，调整各功能块布局
通过廊道等形成的交通体系连接各个功能体块，形成完整幼儿园
通
达
街
汇 南 路
一层平面图 1：500
设计说明
设计从幼儿本身出发，本着创造属于幼儿的空间记忆的目的，希望他们能在幼儿园找到家一般的归属感，
以"家"的典型形象中双坡屋顶为主体，以不同倾斜坡度的屋顶，结合外立面的不同材质，
使幼儿能对不同单元体进行区分，进而找到属于自己的特别的"家"。

家之外的家 ——幼儿园建筑设计 02

空间视线与行为分析

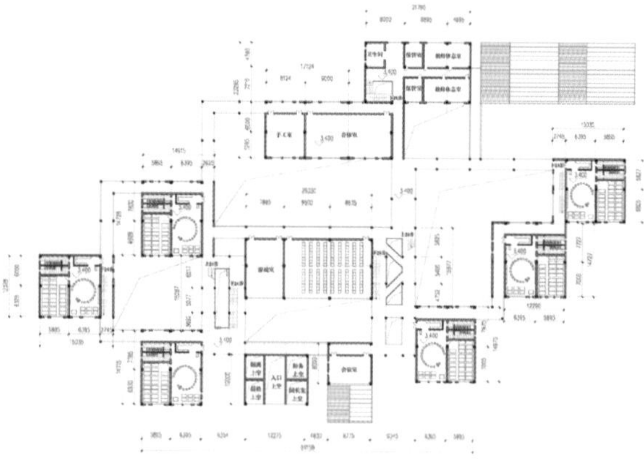

二层平面图 1：500

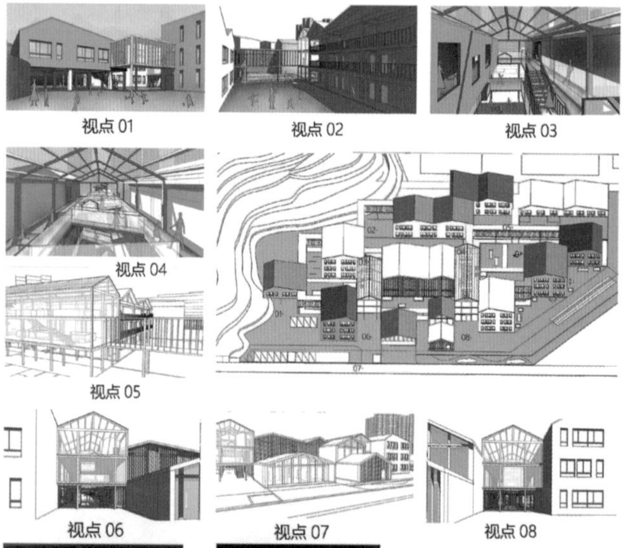

视点 01

视点 02

视点 03

视点 04

视点 05

视点 06

视点 07

视点 08

二层平面图 1：500

结构体系

屋面层级

结构层级

路径层级

楼板层级

墙身层级

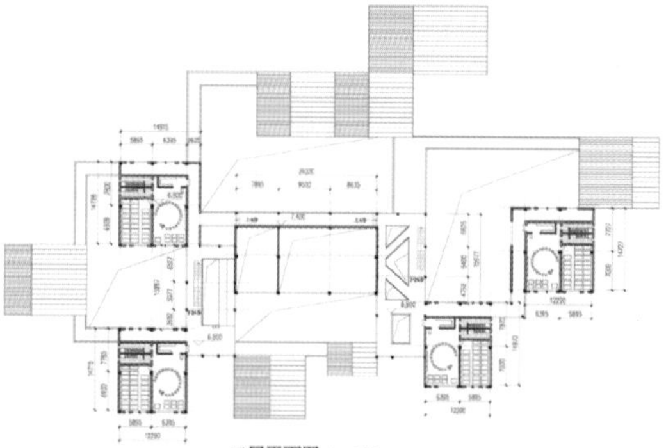

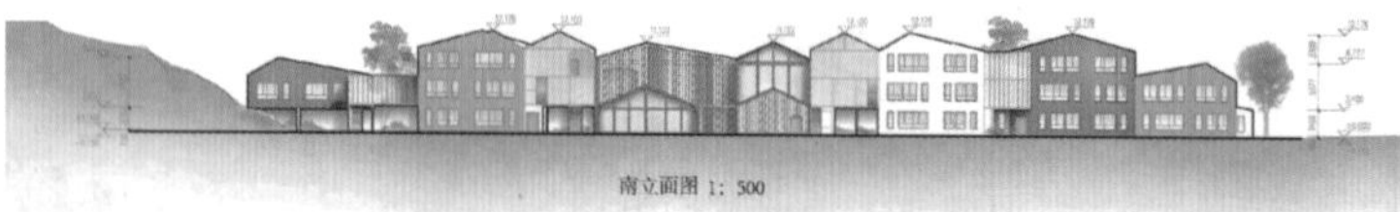

南立面图 1：500

东立面图 1：500

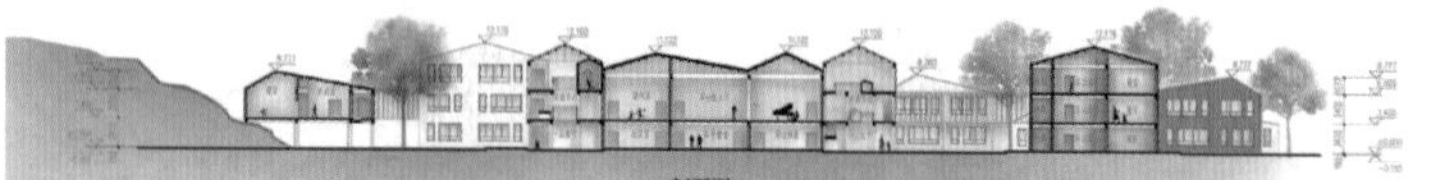

1-1 剖面图 1：500

2-2 剖面图 1：500

拆解－园趣

—— 幼儿园建筑设计

姓名：翟含放　指导教师：华益 陈琛 李秋实
班级：建筑 1501　学号 201531705044

基地介绍：

基地位于四川省自贡市占地 19 亩（12666.666 m^2）。东、南侧分临南湖生态城主干道通达街南沿线、汇南路，北靠自贡市老年大学，西北侧紧邻南湖公园，基地周边为高级住宅小区。

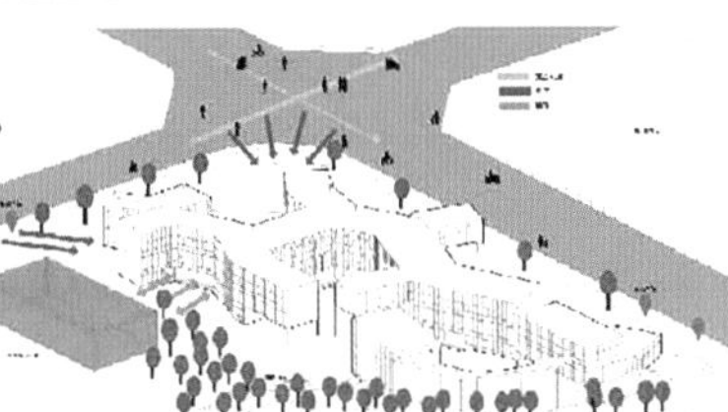

基地分析

总平面图 1：800

一层平面图 1：500

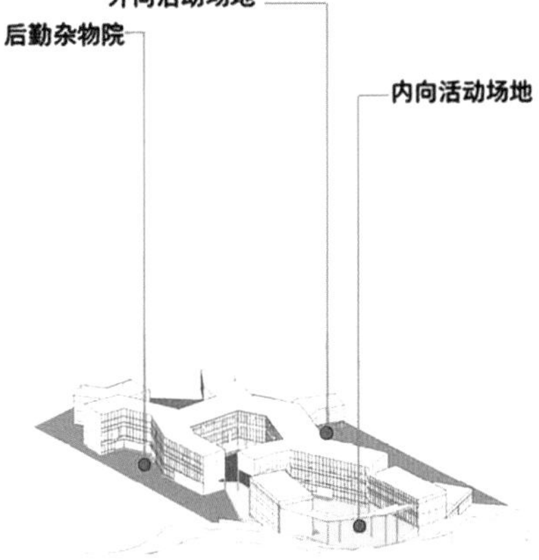

场地布置分析

经济技术指标：

基底面积：2556.9 m^2

基地面积：12666.7 m^2

总建筑面积：5796.8 m^2

容积率：0.45

建筑密度：20.2%

绿地率：44.4%

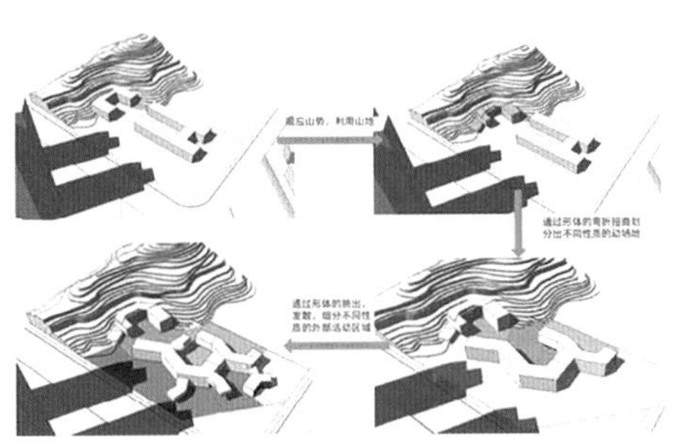

形体生成分析

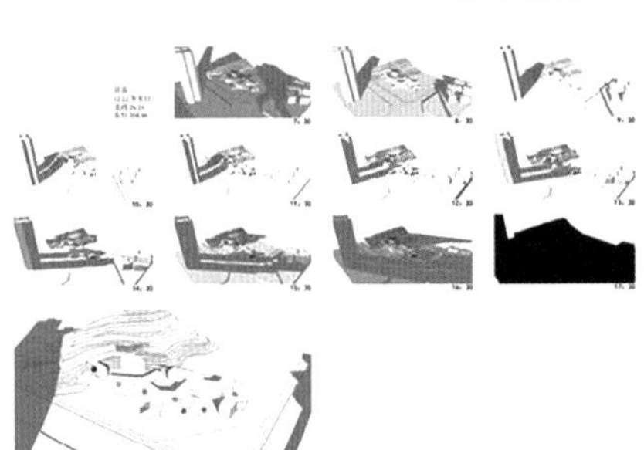

日照分析

1-1 剖面图 1：500

2-2 剖面图 1：500

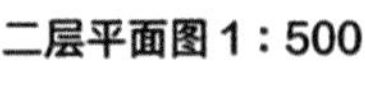

二层平面图 1：500

设计说明：

本方案是一个 15 班大型幼儿园，占地约 19 亩，方案以场地出发，希望在空旷的场地中包含性质不同的活动场地方便幼儿活动。建筑形体像树枝状展开，划分了不同性质的场地，挑出的建筑体量下形成的灰空间也成了充满趣味的幼儿活动场地。

三层平面图 1：500

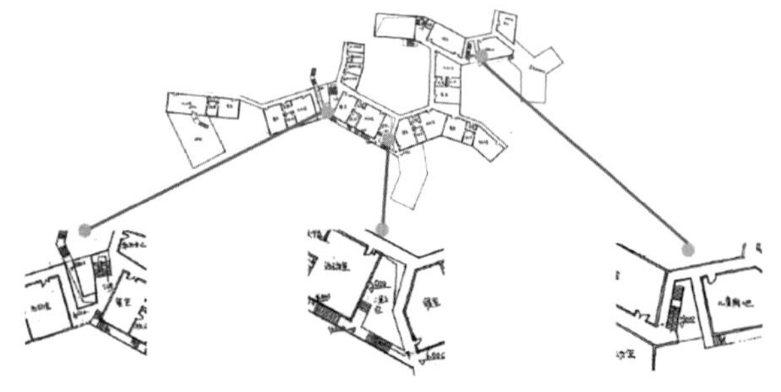

结点分析

正立面图 1：500

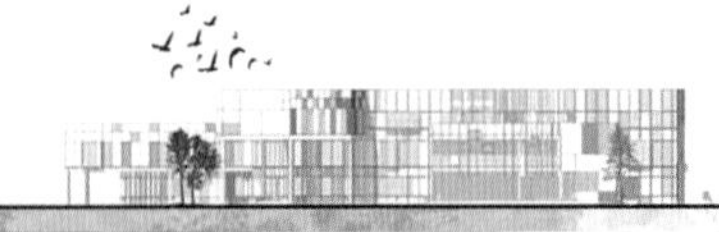

侧立面图 1：500

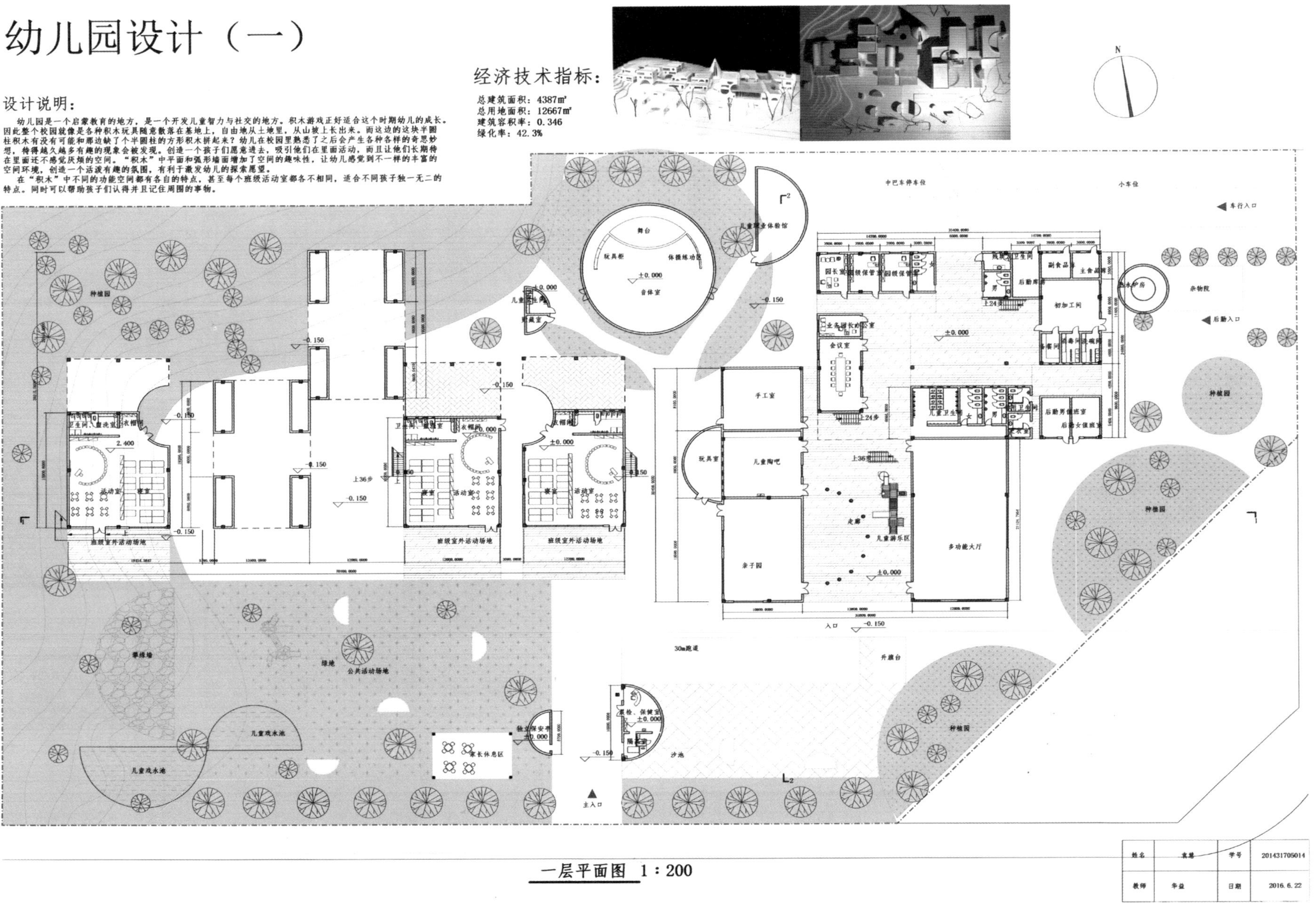
幼儿园设计（一）
设计说明：
幼儿园是一个启蒙教育的地方，是一个开发儿童智力与社交的地方。积木游戏正好适合这个时期幼儿的成长。因此整个校园就像是各种积木玩具随意散落在基地上，自由地从土地里，从山坡上长出来。而这边的这块半圆柱积木有没有可能和那边缺了个半圆柱的方形积木拼起来？幼儿在校园里熟悉了之后会产生各种各样的奇思妙想，待得越久越多有趣的现象会被发现。创造一个孩子们愿意进去，吸引他们在里面活动，而且让他们长期待在里面还不感觉厌烦的空间。“积木”中平面和弧形墙面增加了空间的趣味性，让幼儿感觉到不一样的丰富的空间环境，创造一个活泼有趣的氛围，有利于激发幼儿的探索愿望。
在“积木”中不同的功能空间都有各自的特点，甚至每个班级活动室都各不相同，适合不同孩子独一无二的特点。同时可以帮助孩子们认得并且记住周围的事物。
经济技术指标：
总建筑面积：4387㎡
总用地面积：12667㎡
建筑容积率：0.346
绿化率：42.3%
一层平面图 1：200
姓名 袁慧 学号 201431705014
教师 华益 日期 2016.6.22

幼儿园设计（二）

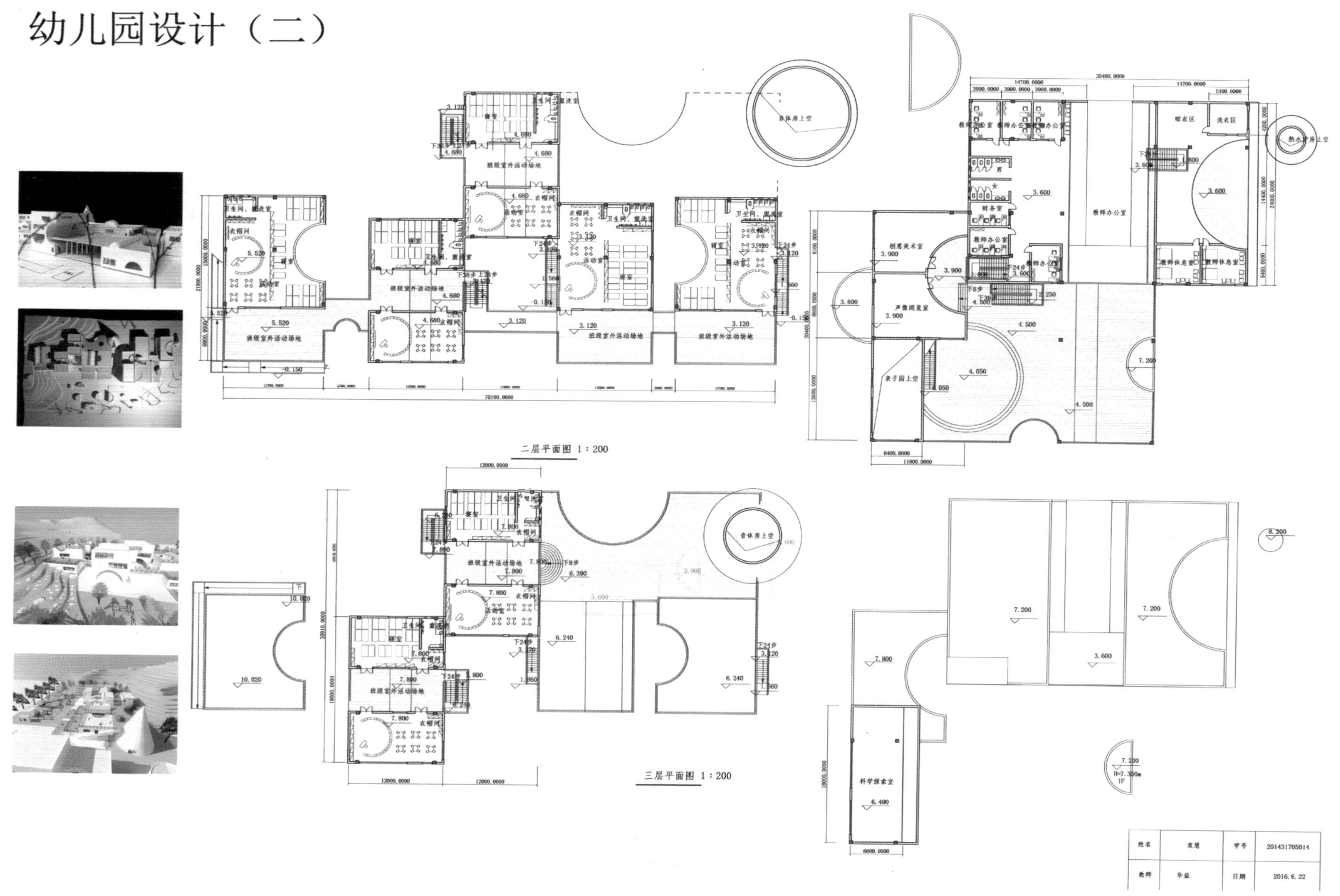

幼儿园设计（三）

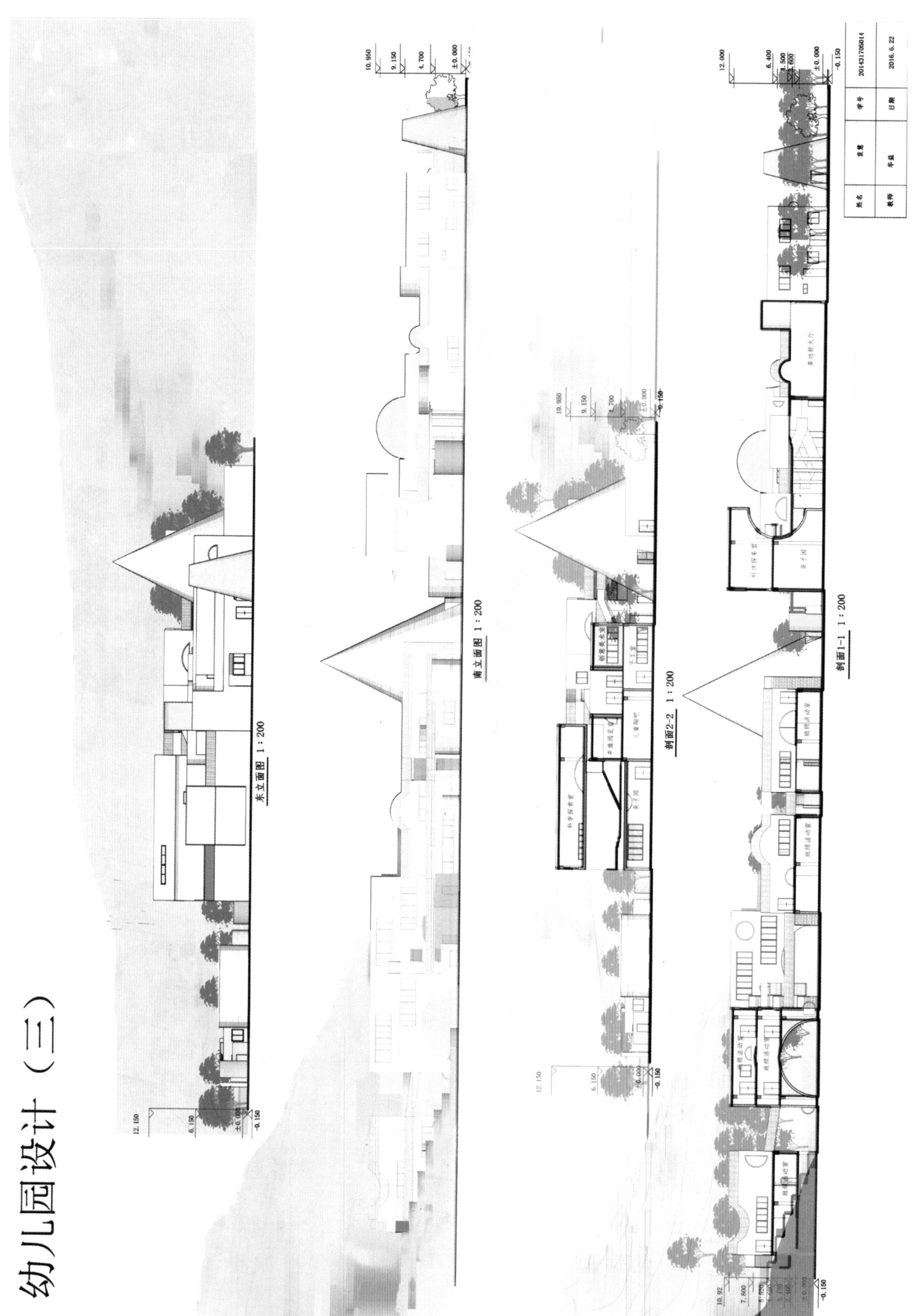
东立面图 1：200
南立面图 1：200
剖面2-2 1：200
剖面1-1 1：200
12.150
6.150
±0.000
-0.150
10.950
9.150
4.700
12.000
6.400
姓名
学号
2014317050 14
教师
日期
2016.6.22

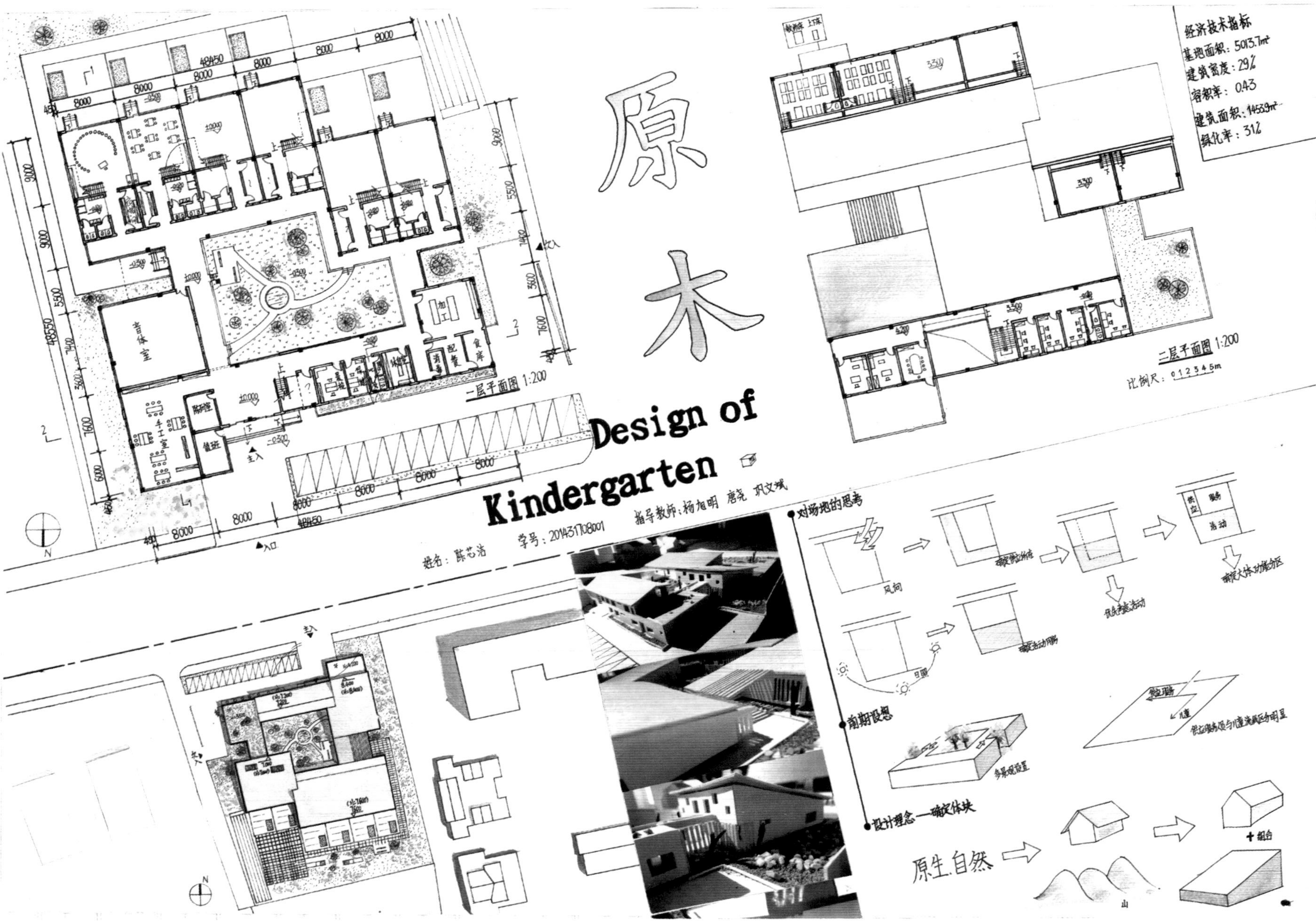
原木
Design of Kindergarten
姓名：陈芯洁
学号：201431708001
指导教师：杨旭明 唐宪 巩文斌
经济技术指标
基地面积：5013.7m²
建筑密度：29%
容积率：0.43
建筑面积：1453.9m²
绿化率：31%
一层平面图 1:200
二层平面图 1:200
比例尺：0 1 2 3 4 5m
对场地的思考
风向
日照
前期设想
设计理念——确定体块
原生.自然
山
+组合
主入
次入
入口

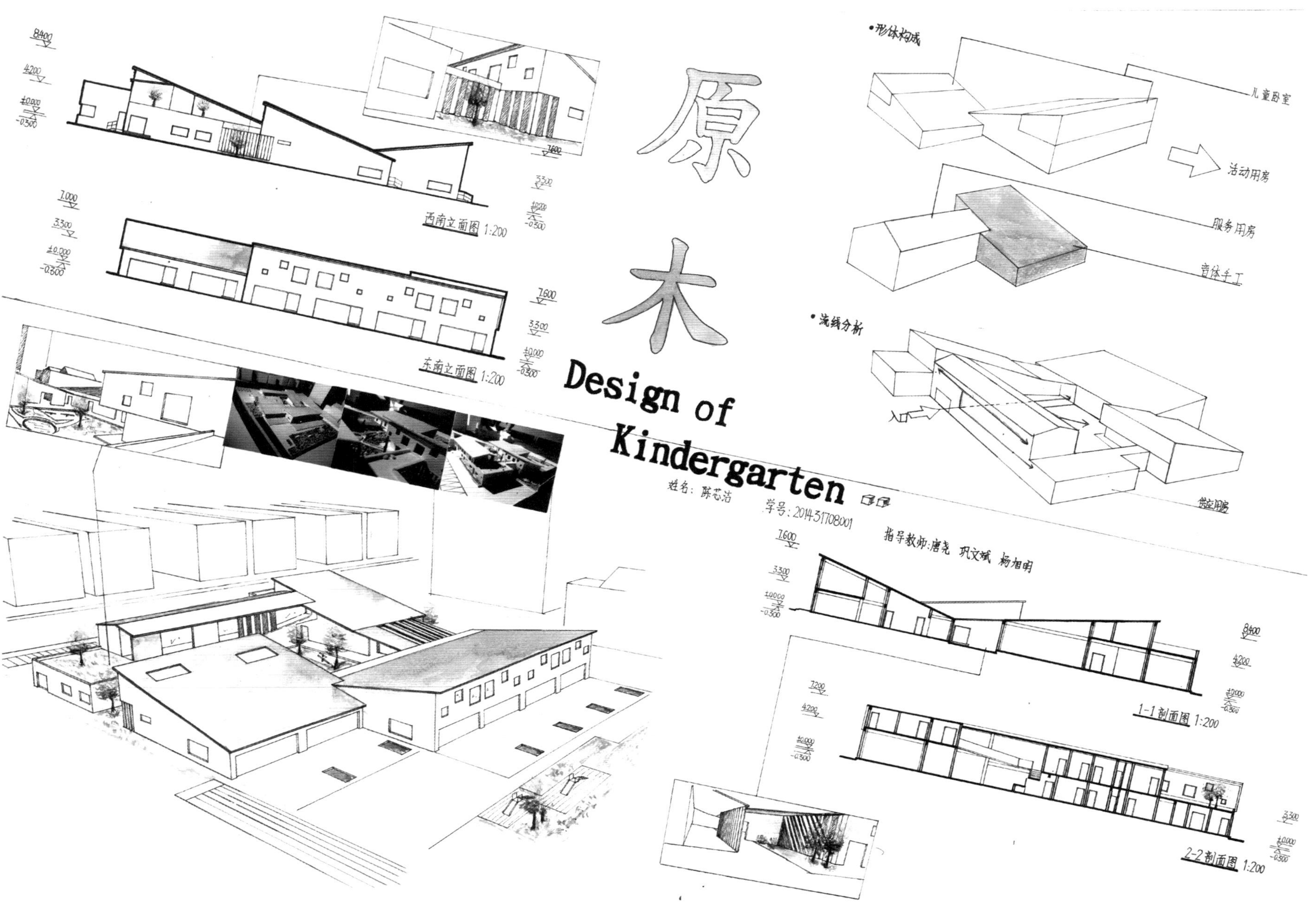

原木
Design of Kindergarten
姓名：陈芯洁
学号：2014311708001
指导教师：唐尧 巩文斌 杨相明
•形体构成
儿童卧室
活动用房
服务用房
•流线分析
西南立面图 1:200
东南立面图 1:200
1-1剖面图 1:200
2-2剖面图 1:200

建筑学本科二年级 | 社区活动中心设计

一、教学目的

1. 初步掌握公共建筑设计的一般原理。
2. 掌握活动中心类建筑设计的基本原理，了解文化建筑的一般常识，处理好建筑与特定人文环境的关系。
3. 以工作模型作为思考、构思及设计的手段，加深对建筑空间尺度及地形环境的感性认识。
4. 注意培养：（1）独立查阅并应用建筑设计规范、设计资料的能力；（2）探索多种方案可能性的能力；（3）运用手工模型和电脑绘图软件辅助设计的能力；（4）草图阶段徒手草图交流和表达方案意图的能力；(5)方案深化设计、材料与细部设计的能力；(6)正图阶段正式图纸表现能力。

设计目标：

1. 公共建筑应反映项目特定的气质，展示公共建筑形象。
2. 创造富有特色的建筑形式需以经济合理的工程造价与清晰完善的功能组织为前提和基础。
3. 设计中不仅要满足功能的需求，而且应更多地从使用者的角度去审视设计，营造良好的氛围，充分满足公众活动的空间环境。

内容要求：

1. 建筑理念需充分反映公共建筑的社会开放性，营造优美环境，注重公民关怀和场所营造的设计思考。方案设计应遵循“开放、舒适、经济、艺术”的设计原则，结合场地

现有条件和周边环境现状，处理好建筑与城市的关系。安排好内部空间组成与功能分区，争取良好朝向，使空间组合紧凑合理。平面形状宜规整，方便使用。建筑形式应考虑建筑空间与结构布置的合理性与可靠性，结合建筑领域成熟的技术及各种新材料、新工艺。

2. 注重建筑与环境的联系，以人为本，充分考虑公共活动的行为及心理特征，塑造宜人的空间与尺度。充分考虑生态效应与节能措施。
3. 对外部空间进行统一的环境设计，包括内部道路、广场、绿地、景观小品及各种室外设施(如坐椅、花台、垃圾桶等)。

二、设计任务

成都市南部新区三瓦窑片区配套公建项目——“三瓦窑社区活动中心”方案设计背景：

成都市南部新区三瓦窑片区区公建配套项目（农贸市场、公服设施、体育设施）位于原三瓦窑片区，用地规划大多为居住区，规划区内道路已基本形成，住宅项目也已全部完成，因此，该片区的公建配套建设十分紧迫，成都市XX投资有限公司作为政府确定的配套公建实施主体，将分步实施该片区公建配套设施，在建筑单体及环境整体设计的基础上，为居住区创造一个良好的公共空间。

用地规划要求

用地面积：约9400m^2，容积率0.40~0.45，建筑密度≤30%，绿地率≥30%，建筑高度≤24m，主体为二层，局部不超过三层。建筑间距及后退用地红线、道路红线等各类规划控制线距离应符合《成都市规划管理技术规定》（2008版）的有关要求。

交通规划要求

交通出入口：社区活动中心用地临南、北侧规划道路布置。开口宽度及位置应符合《成都市规划管理技术规定》（2008版）的有关要求，并在总平面中注明。

设计内容

（1）文娱活动用房（使用面积，以下均同，设计时另加走廊、楼梯等辅助面积）1300m^2。

（2）教室用房 480 m^2。

（3）室内体育用房(羽毛球场8个，乒乓球台12个）。

（4）社区办公用房264m^2。

（5）服务管理用房615m^2。

（6）其他。

可结合门厅或交通空间设置一些展示空间，面积不限。休息厅、楼梯间等面积由设计者自定。可结合需求增设相应功能用房1~2间，面积≤200m^2。考虑一定规模的屋顶花园。

室外运动场：根据场地考虑篮球场2个（其中一个可拆分为两个半场）、五人制小足球场1个、乒乓球台若干、居民健身设施一处（200m^2），结合总平设置环绕场地的健身路径。考虑地上机动车停车位30个，非机动车停车位200个。空地及隙地考虑绿化和休憩。

三、课程进度计划

调研阶段：

第1周：① 讲解设计任务书，理解设计任务书，查阅相关规范和技术资料。
② 实地调研，实例参观。

一草阶段：

第2周：① 基地调研，案例汇报，提出方案概念构思。
② 多方案概念推敲比较。

第3周：① 方案概念确定，进入一草图纸绘制。
② 一草汇报和评讲。

二草阶段：

第4周：① 功能、流线、空间组织，建筑形体设计与场地环境处理。
② 进一步明确功能流线、场地布局、环境设计、建筑空间与形态的关系。

第5周：推进和细化以上内容，二草汇报和评讲。

三草阶段：

第5周：深入设计，细化建筑平立剖尺寸和内外环境细节，进行方案深度的平、立、剖面图尺规图纸绘制。

第6周：① 进行结构形式与建筑空间整合。
② 进行建筑材料和细部设计。

成果绘制阶段：

第7周、第8周：绘制正图（平、立、剖面图，设计说明，透视小稿及分析图解）。

第8周：交正图，公开评图汇报。

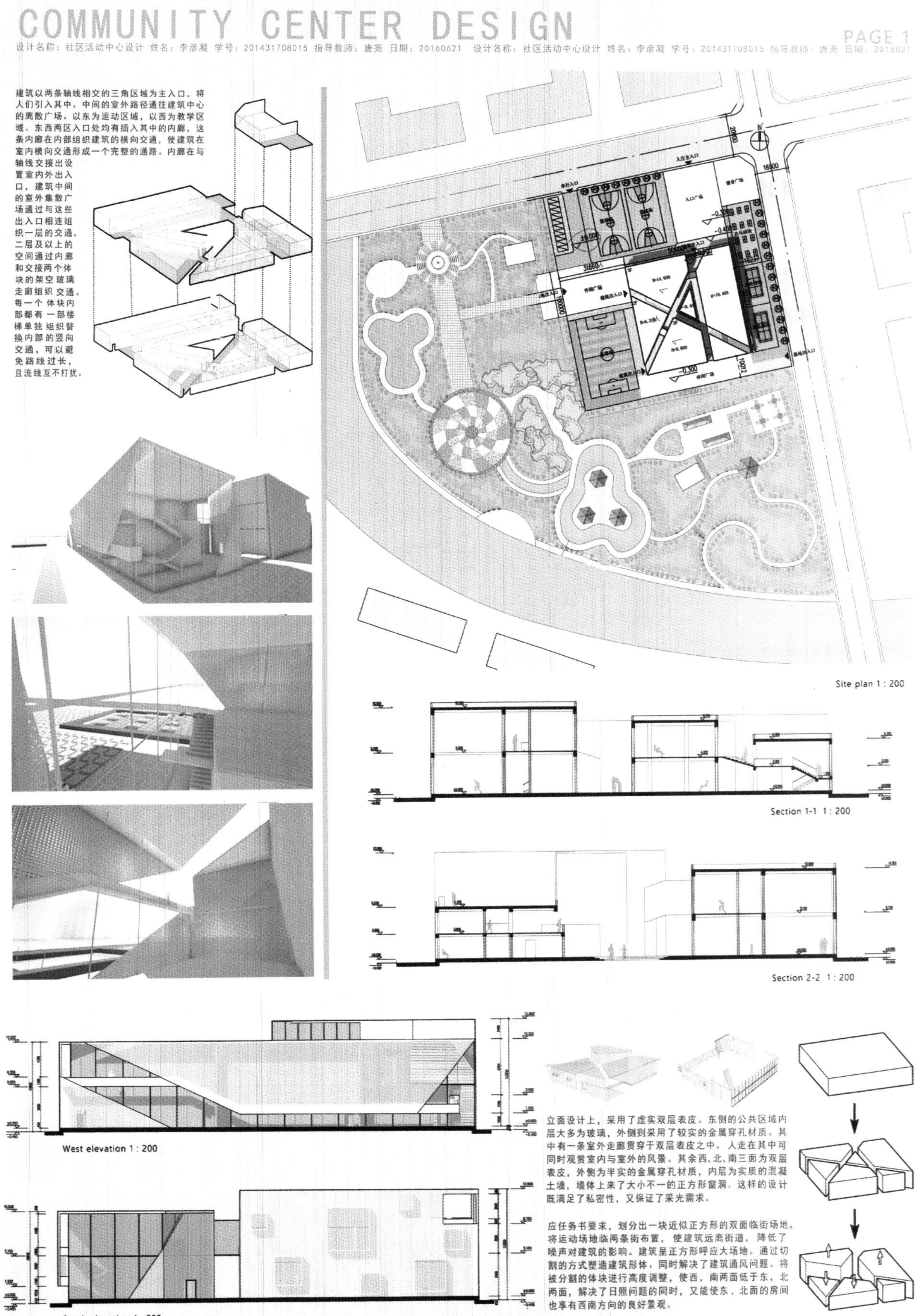
COMMUNITY CENTER DESIGN
PAGE 1
设计名称：社区活动中心设计 姓名：李彦凝 学号：201431708015 指导教师：唐尧 日期：20160621 设计名称：社区活动中心设计 姓名：李彦凝 学号：201431708015 指导教师：唐尧 日期：2016021
建筑以两条轴线相交的三角区域为主入口，将人们引入其中。中间的室外路径通往建筑中心的离散广场。以东为运动区域，以西为教学区域。东西两区入口处均有插入其中的内廊，这条内廊在内部组织建筑的横向交通，使建筑在室内横向交通形成一个完整的通路。内廊在与轴线交接出设置室内外出入口，建筑中间的室外集散广场通过与这些出入口相连组织一层的交通。二层及以上的空间通过内廊和交接两个体块的架空玻璃走廊组织交通。每一个体块内部都有一部楼梯单独组织替换内部的竖向交通，可以避免路线过长，且流线互不打扰。
Site plan 1 : 200
Section 1-1 1 : 200
Section 2-2 1 : 200
West elevation 1 : 200
South elevation 1 : 200
立面设计上，采用了虚实双层表皮。东侧的公共区域内层大多为玻璃，外侧则采用了较实的金属穿孔材质。其中有一条室外走廊贯穿于双层表皮之中。人走在其中可同时观赏室内与室外的风景。其余西、北、南三面为双层表皮，外侧为半实的金属穿孔材质，内层为实质的混凝土墙，墙体上来了大小不一的正方形窗洞。这样的设计既满足了私密性，又保证了采光需求。
应任务书要求，划分出一块近似正方形的双面临街场地。将运动场地临两条街布置，使建筑远离街道，降低了噪声对建筑的影响。建筑呈正方形呼应大场地。通过切割的方式塑造建筑形体，同时解决了建筑通风问题。将被分割的体块进行高度调整，使西，南两面低于东，北两面，解决了日照问题的同时，又能使东、北面的房间也享有西南方向的良好景观。

COMMUNITY CENTER DESIGN

PAGE 1

设计名称：社区活动中心设计 姓名：李彦凝 学号：201431708015 指导教师：唐尧 日期：20160621 设计名称：社区活动中心设计 姓名：李彦凝 学号：201431708015 指导教师：唐尧 日期：2016021

通过一条主轴，两条副轴将建筑划分成四块不同的区域：东、南、西、北分别是运动区、休闲区、办公区、教学区。以从东北到西南的三米宽的通路为主轴，将整栋建筑进行分区。以东为动，以西为静；以东为公，以西为私。出于多功能厅的使用功能需求，将其与图书馆的位置进行交换。这种交换虽然打破了完美分区的格局，却给图书馆的空间增加了趣味性。

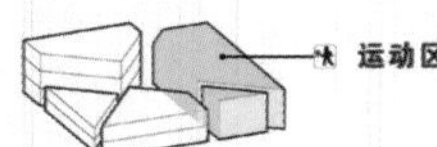

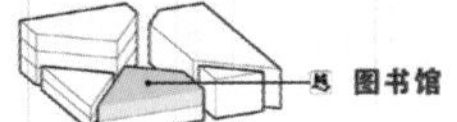

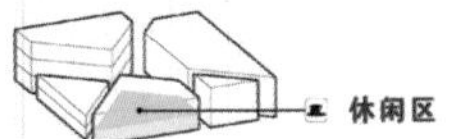

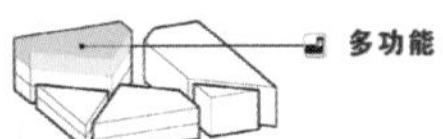

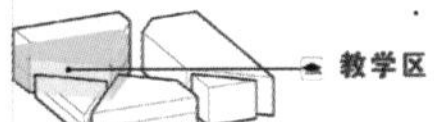

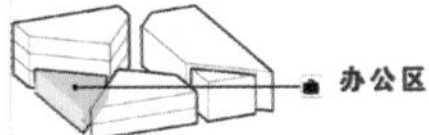

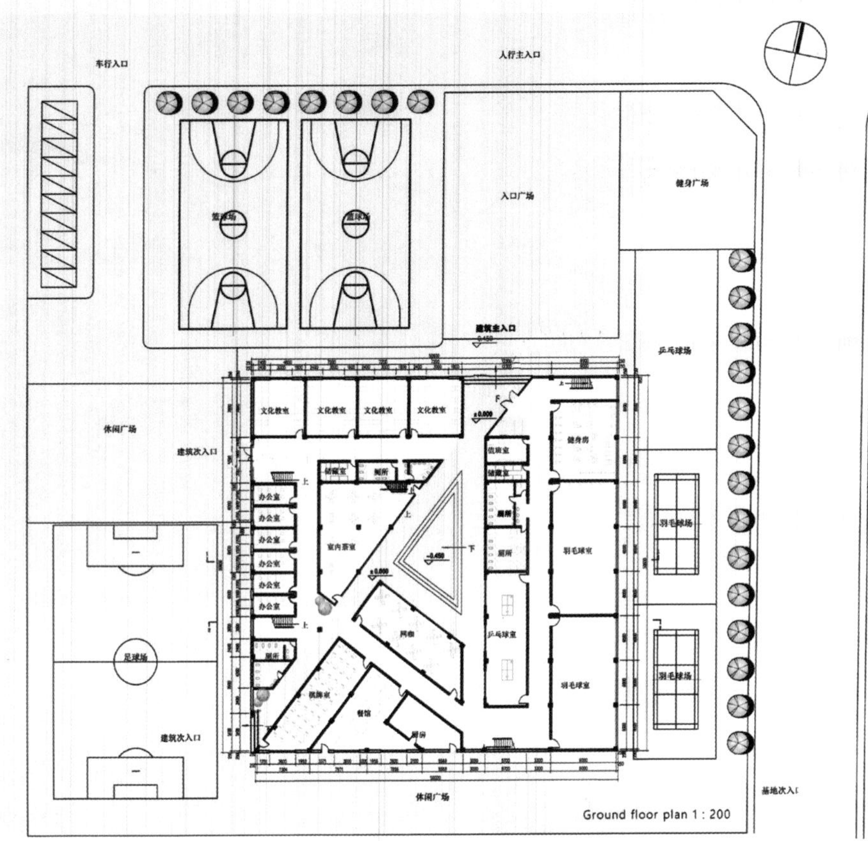

Ground floor plan 1 : 200

经济技术指标：

容积率：0.42

总建筑面积：4198.98 ㎡

建筑密度：21.2%

绿化率：29.8%

基地面积：10000 ㎡

基底面积：2118.81 ㎡

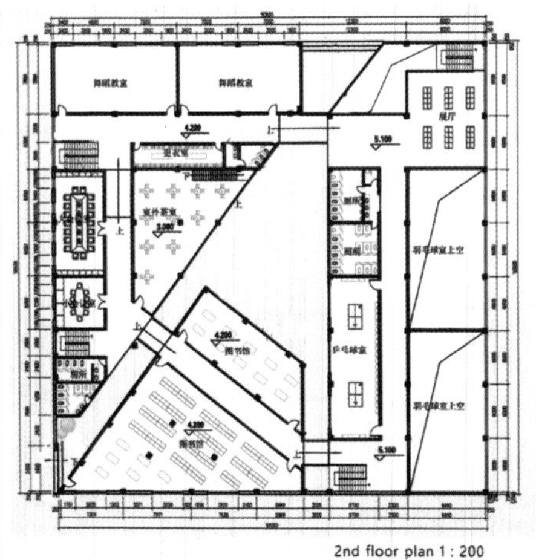

2nd floor plan 1 : 200

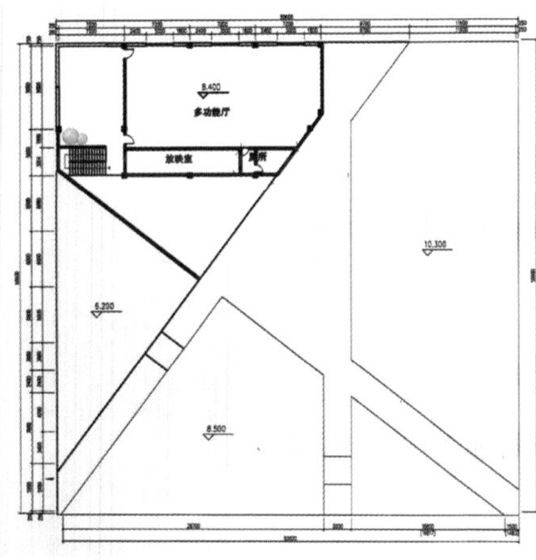

3rd plan 1 : 200

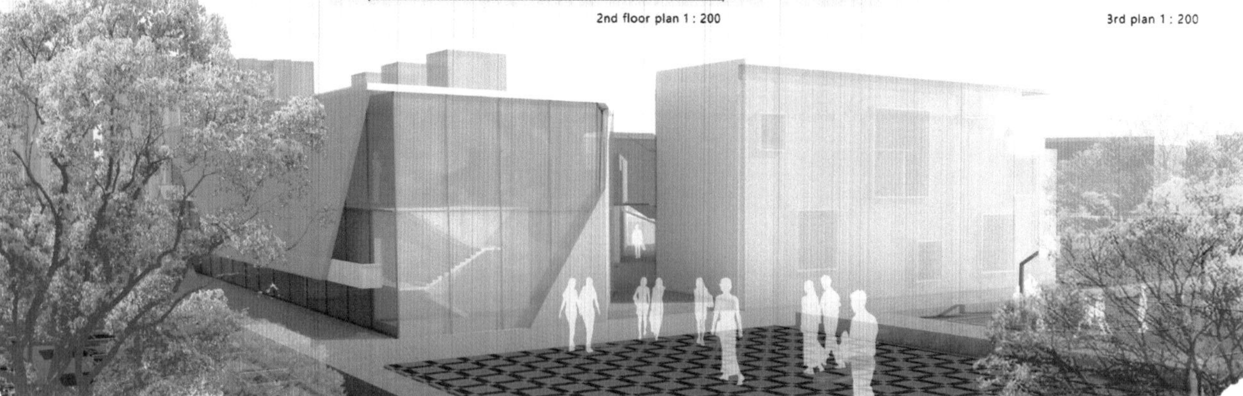

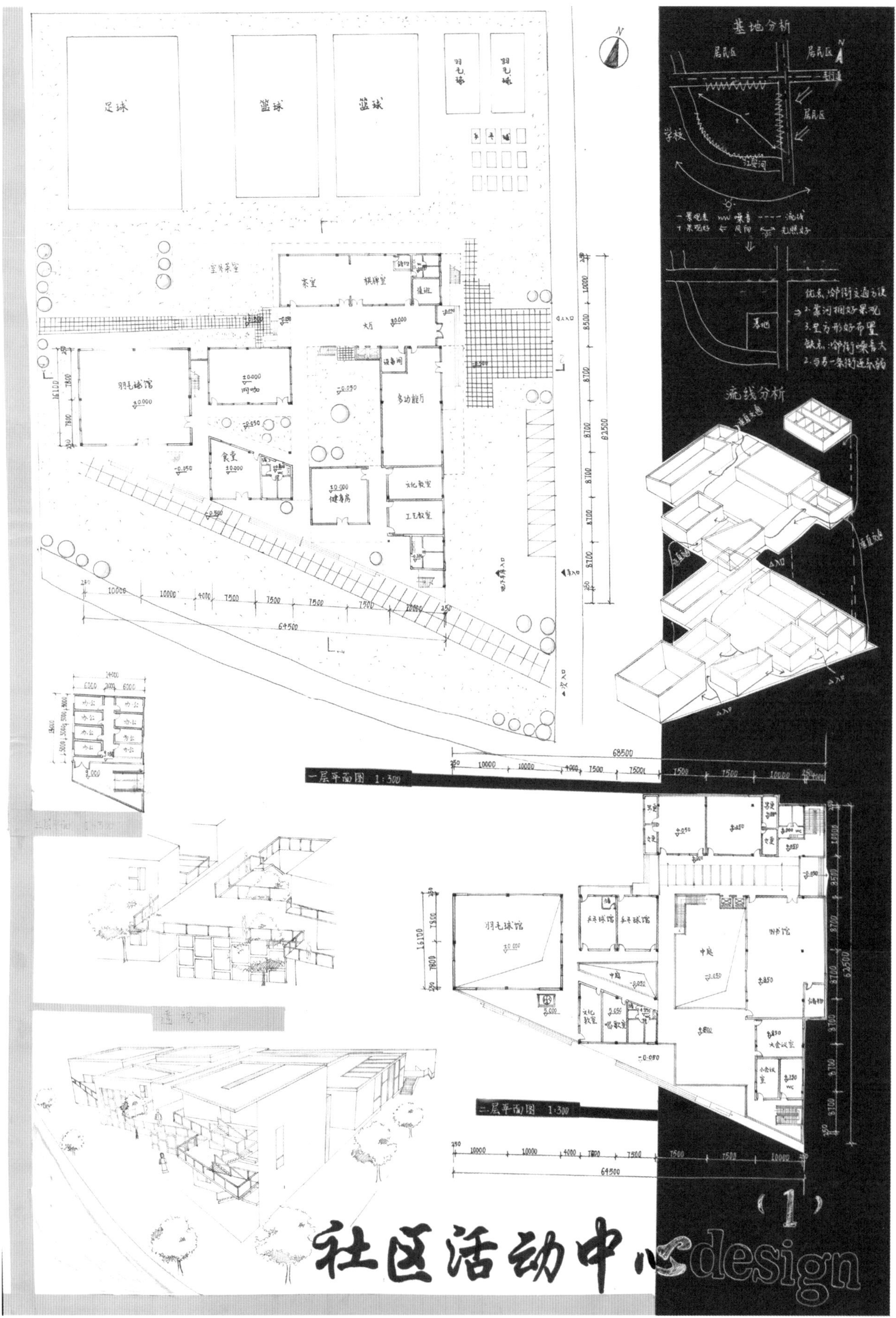

基地分析
流线分析
一层平面图 1:300
二层平面图 1:300
社区活动中心 design

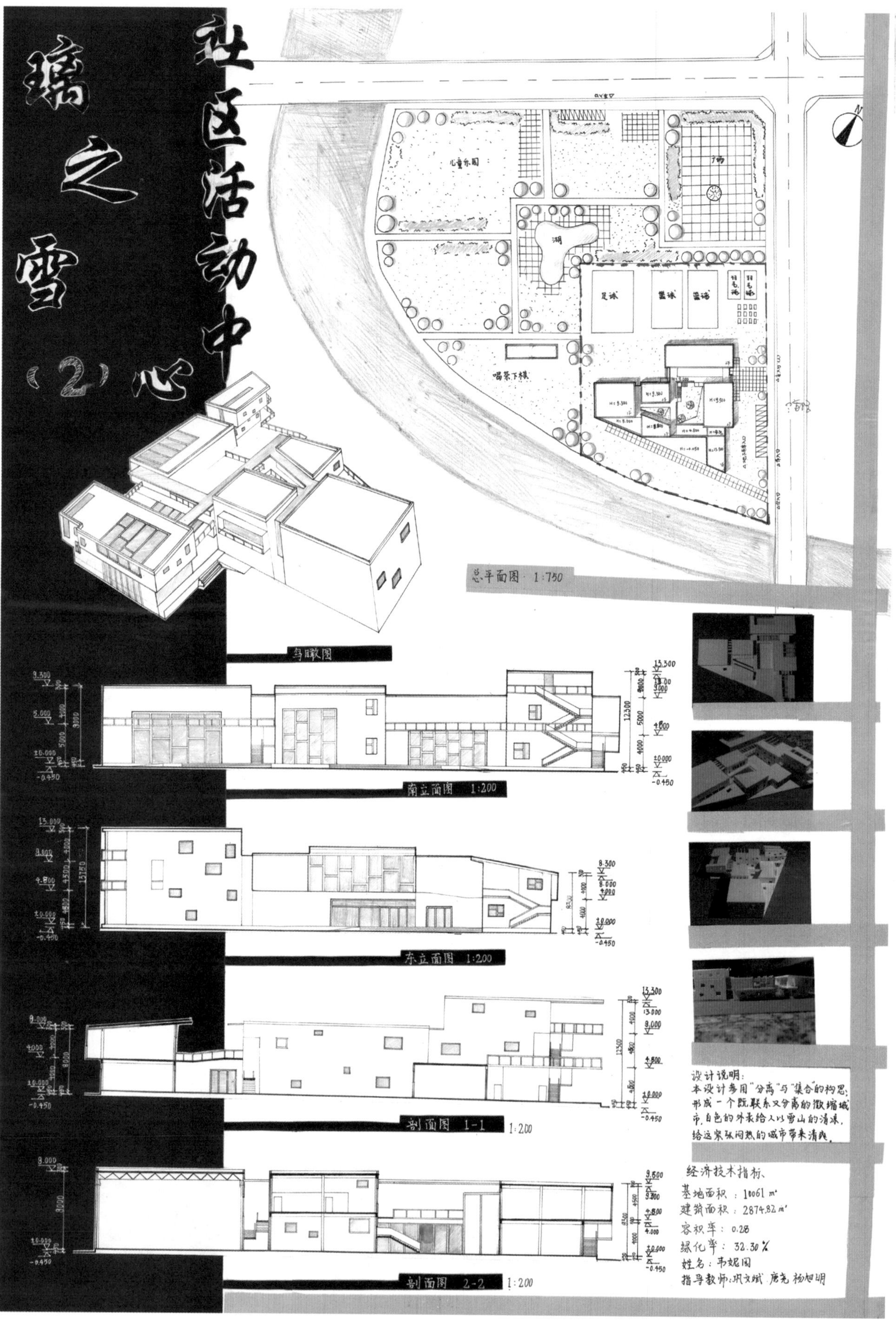
社区活动中心（2）
璃之雪
总平面图 1:750
鸟瞰图
南立面图 1:200
东立面图 1:200
剖面图 1-1 1:200
剖面图 2-2 1:200
设计说明：
本设计参用"分离"与"集合"的构思，形成一个既联系又分离的微缩城市，白色的外表给人以雪山的清冰，给这紧张闷热的城市带来清爽。
经济技术指标
基地面积：10061 m²
建筑面积：2874.82 m²
容积率：0.28
绿化率：32.30％
姓名：韦妮闺
指导教师：巩文斌 唐尧 杨旭明

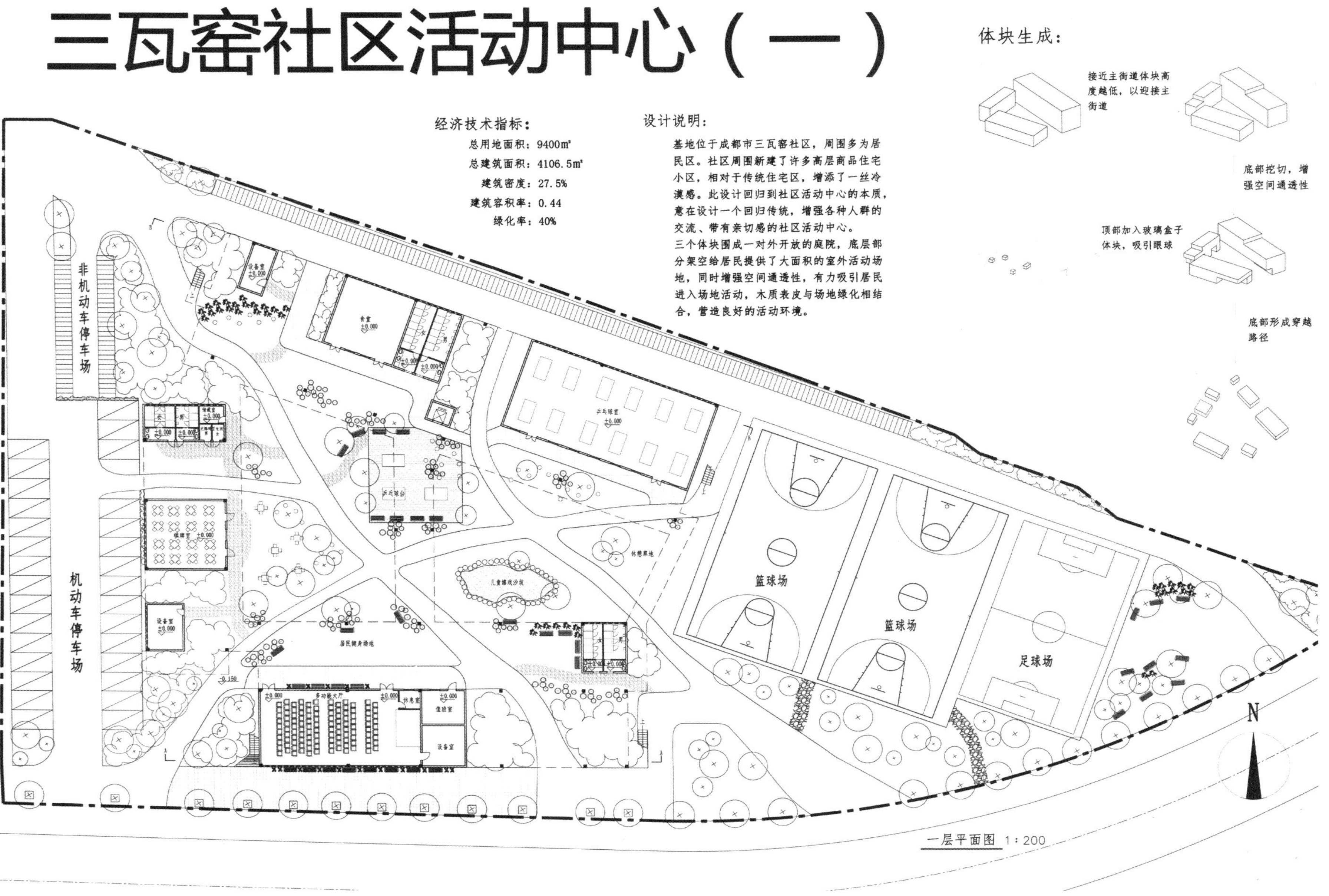

三瓦窑社区活动中心（一）
经济技术指标：
总用地面积：9400㎡
总建筑面积：4106.5㎡
建筑密度：27.5%
建筑容积率：0.44
绿化率：40%
设计说明：
基地位于成都市三瓦窑社区，周围多为居民区。社区周围新建了许多高层商品住宅小区，相对于传统住宅区，增添了一丝冷漠感。此设计回归到社区活动中心的本质，意在设计一个回归传统，增强各种人群的交流、带有亲切感的社区活动中心。
三个体块围成一对外开放的庭院，底层部分架空给居民提供了大面积的室外活动场地，同时增强空间通透性，有力吸引居民进入场地活动，木质表皮与场地绿化相结合，营造良好的活动环境。
体块生成：
接近主街道体块高度越低，以迎接主街道
底部挖切，增强空间通透性
顶部加入玻璃盒子体块，吸引眼球
底部形成穿越路径
非机动车停车场
机动车停车场
篮球场
篮球场
足球场
多功能大厅
居民健身场地
儿童游戏沙坑
休憩草地
乒乓球台
乒乓球室
食堂
设备室
N
一层平面图 1∶200

三瓦窑社区活动中心（二）

三瓦窑社区活动中心（三）

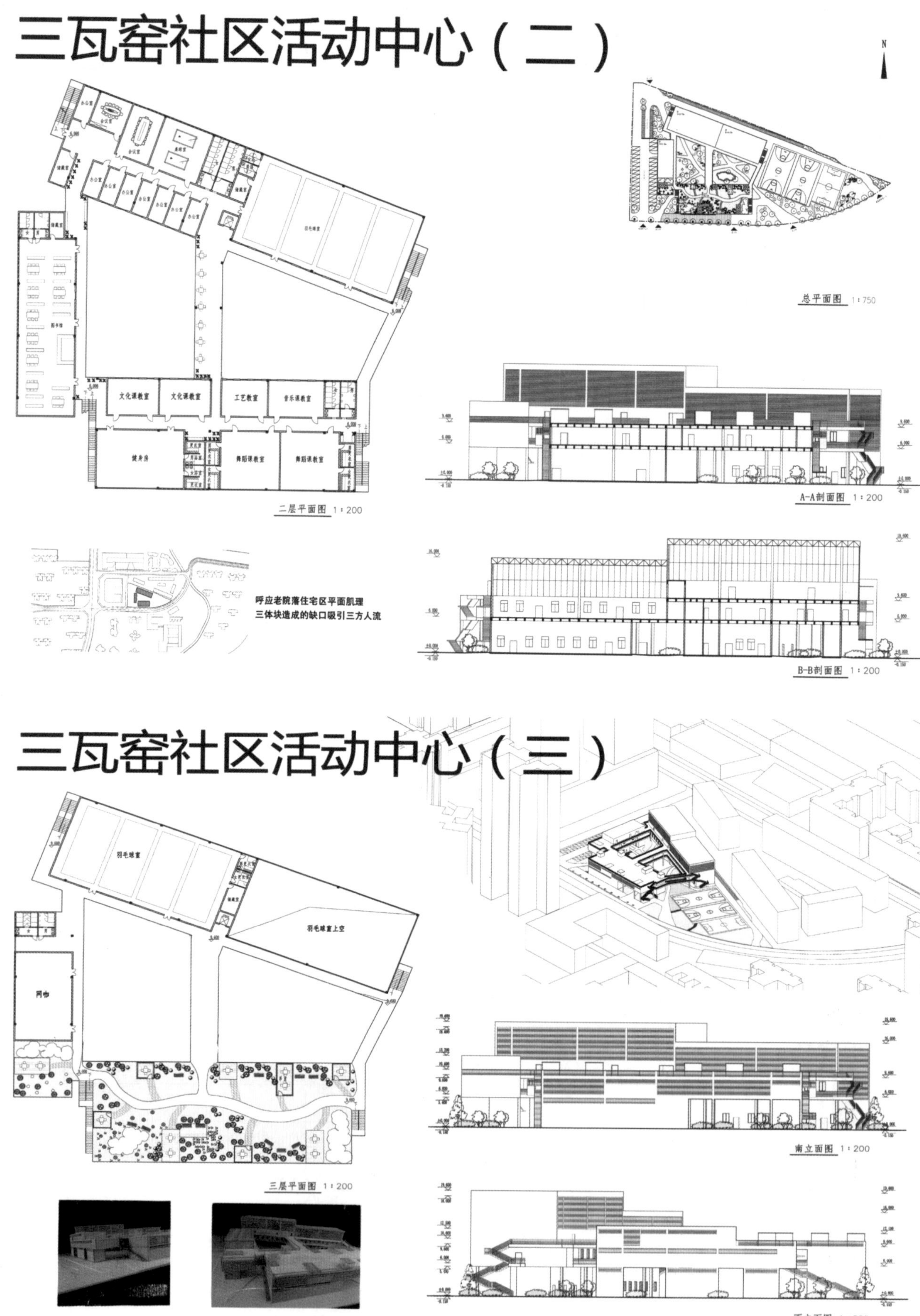

02

建筑学三年级课程教学及作业

三年级建筑设计教学简介

三年级教学组教师：刘艳梅 舒婷 闵晶 李柔峰 覃朗

一、整体思路及构架

三年级是学生全面进入专业知识和技能训练的关键时期，也是一个承上启下的过渡期。在经历了二年级设计起步阶段的训练后，开始进入设计扩展训练，同时为四年级解决复杂的综合问题打下基础。为此三年级建筑课程将以设计能力扩展为核心，在认识上，从学生建立基本的建筑功能、空间、形体、场地认识的基础上，扩展对建筑的文化观、地域观、社会观、环境观的认识。在能力上，学生从处理单体建筑的能力，扩展到处理群体建筑的能力。为此制定了三年级的整体教学目标和设计内容架构。

教学目标：

1. 提升整体的设计水平。
2. 加强建筑设计中对文化、地域、场所精神的解读和应用能力。
3. 注重建筑设计中对社会问题的思考和应对。
4. 提升场地规划及设计的能力。
5. 提升综合处理建筑环境、场所文化、功能空间、形式造型、行为心理、结构技术等多方面关系的能力。
6. 强化方案构思和创新能力的训练。

内容架构：

内容划分为文化类建筑、商业类建筑、住宅及住区规划等模块（见下图）。并对各个模块的设计要点和能力培养做了系统的规划。

进度及要求：

博物馆和商业街每个模块8周，放在第五学期，包括前期调研、一草、二草、三草、正模和正图几个阶段，从2013级开始都要求学生用电脑出图。住宅与住区规划16周放在第六学期，其中住宅设计6周，居住区详细规划10周。考虑到学生对建筑社会性的认识，在常规进度安排上加强了对调研阶段的要求。

二、教学改革

三年级设计课程讲授经历了6年时间，在不断改革和调整中形成了目前的教学框架。课程改革围绕特色建设和能力培养的核心展开，在建筑类型、场地选取、时间进度安排上几经调整。如：为了将民族特色融入课程建设中进行了博物馆设计——民族博物馆设计——民族地区博物馆设计的转变，将地块选择在了民族地区，同时将中小学设计变更为民俗商业街设计，场地选在博物馆周边并作整合设计，不仅强化了学生对民族文化的认识，还锻炼学生在建筑上回应民族性的设计能力，同时奠定了一定的整体规划意识，学会群体设计的方法，也为后面居住区规划打下基础。另

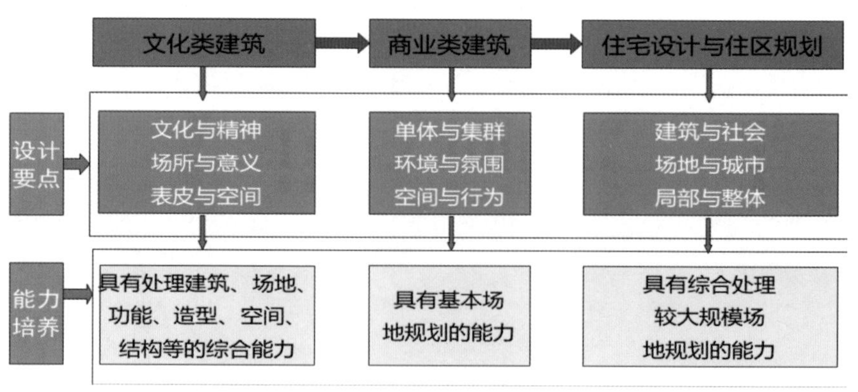

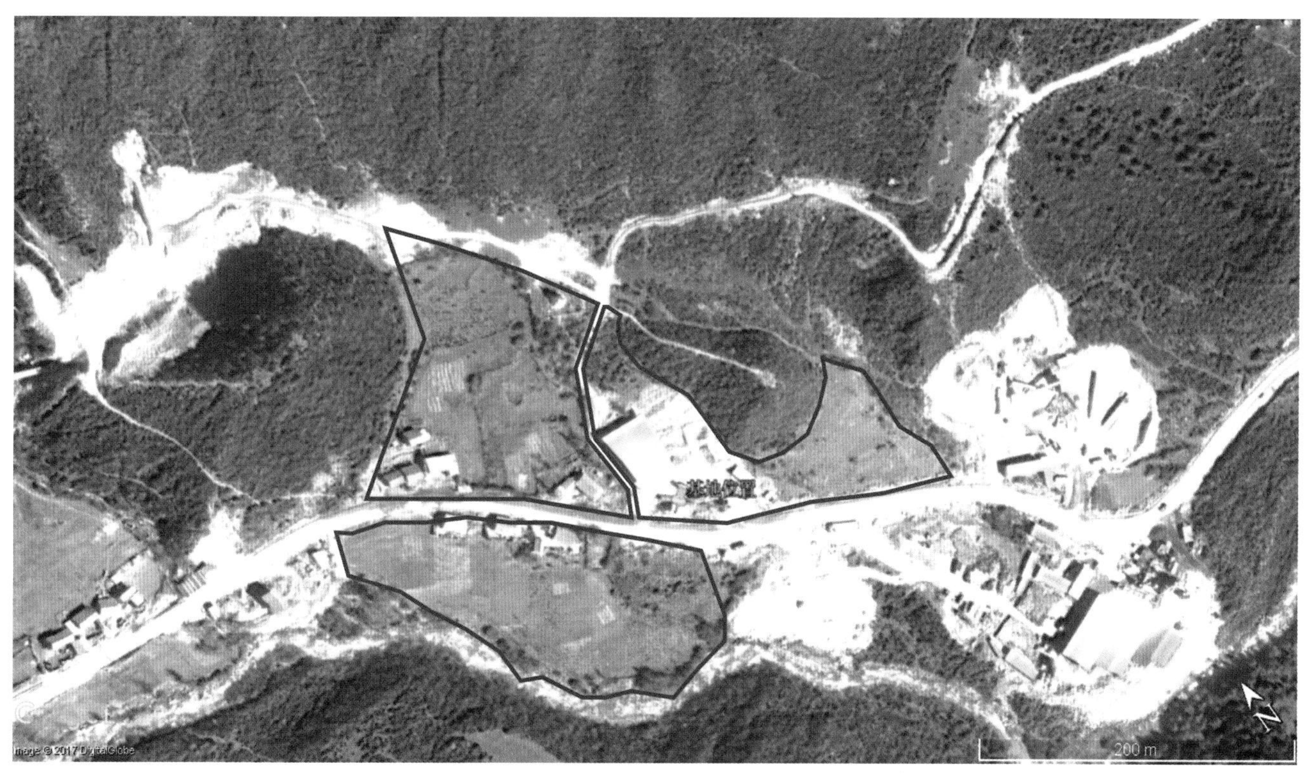

外，为加强学生创新思维和能力的培养，在2010级至2013级第六学期将竞赛引入课程设计。但经过几年的尝试，虽然对提升学生设计能力有所帮助，但由于竞赛的时间常有调整，对正常的教学秩序产生一定影响，因而从2014级开始取消了竞赛，又为了加强学生对建筑社会性的认识变换成住宅设计。

三、作业成果

本书收录了2009级到2014级学生三年级的优秀作业，包括：民族博物馆设计、民俗商业街设计、中小学设计、设计竞赛和居住区规划五种类型。

建筑学本科三年级 | 民族博物馆设计

民族博物馆设计开设在第五学期，安排8周时间。设计用地选在康定市郊的一块山地。设计旨在以康定为窗口，收藏和研究当地民族相关文物，为本地居民和外地游客展示当地民族文化、艺术、生活的民族博物馆。总建筑面积为5000m^{2}左右的中型博物馆，建筑高度不超过24m。要求学生在满足各种规范技术、功能要求的基础上，深入探讨博览建筑的专业性与民众需求之间的关系、文化类建筑的经营运作问题、博物馆建筑的性格特征等方面的内容。同时建筑必须体现康定地区特色，充分发掘康定地区传统建筑特点，并加以发展应用。另外在地块上划分了三块场地，学生可以任选其中两个场地作为博物馆和下次商业街的用地，因而在设计过程中需考虑商业街与博物馆之间的关系问题，并进行整体的场地设计。

博物馆设计二
经济技术指标

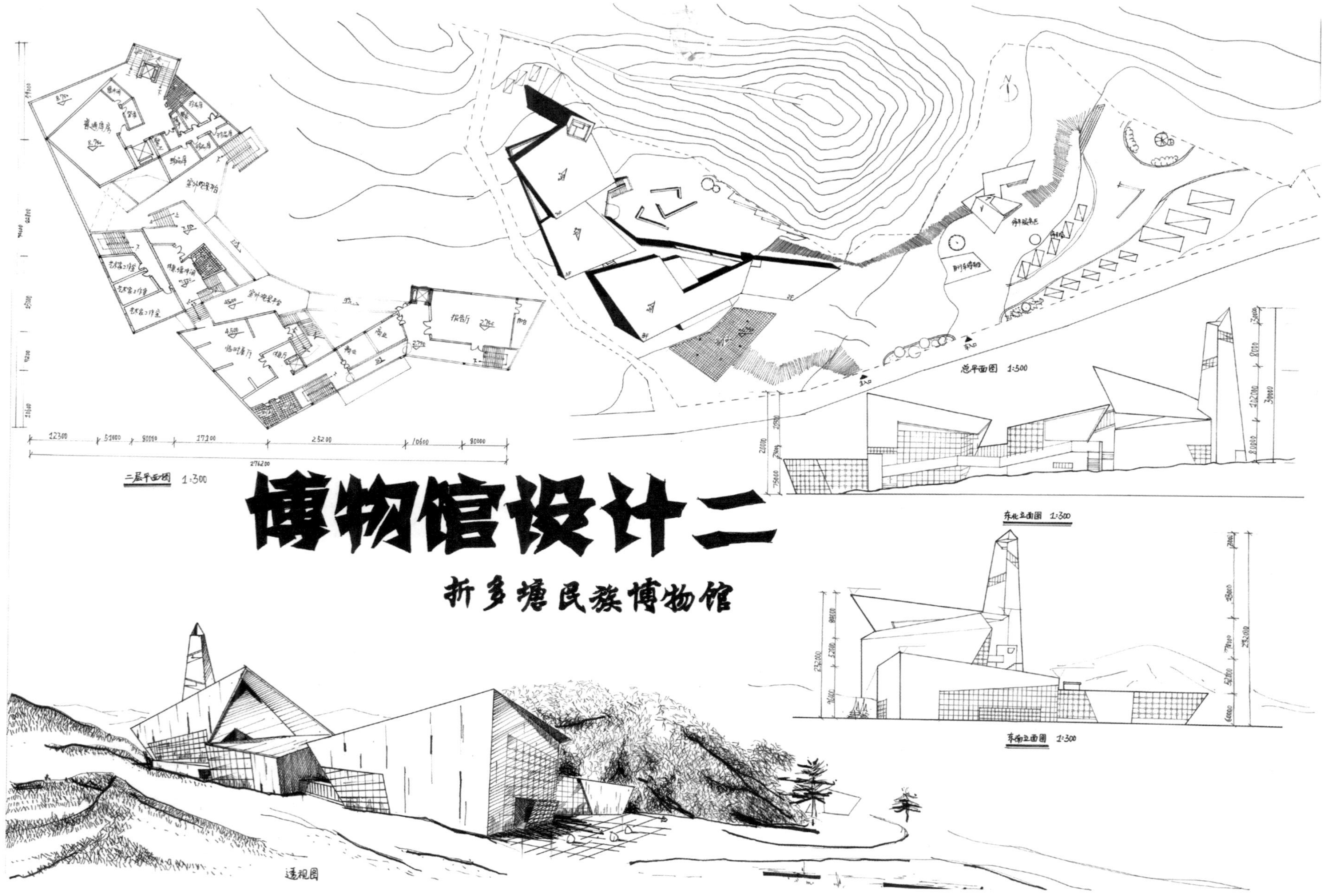
博物馆设计二
折多塘民族博物馆
总平面图 1:500
二层平面图 1:300
东北立面图 1:300
东南立面图 1:300
透视图

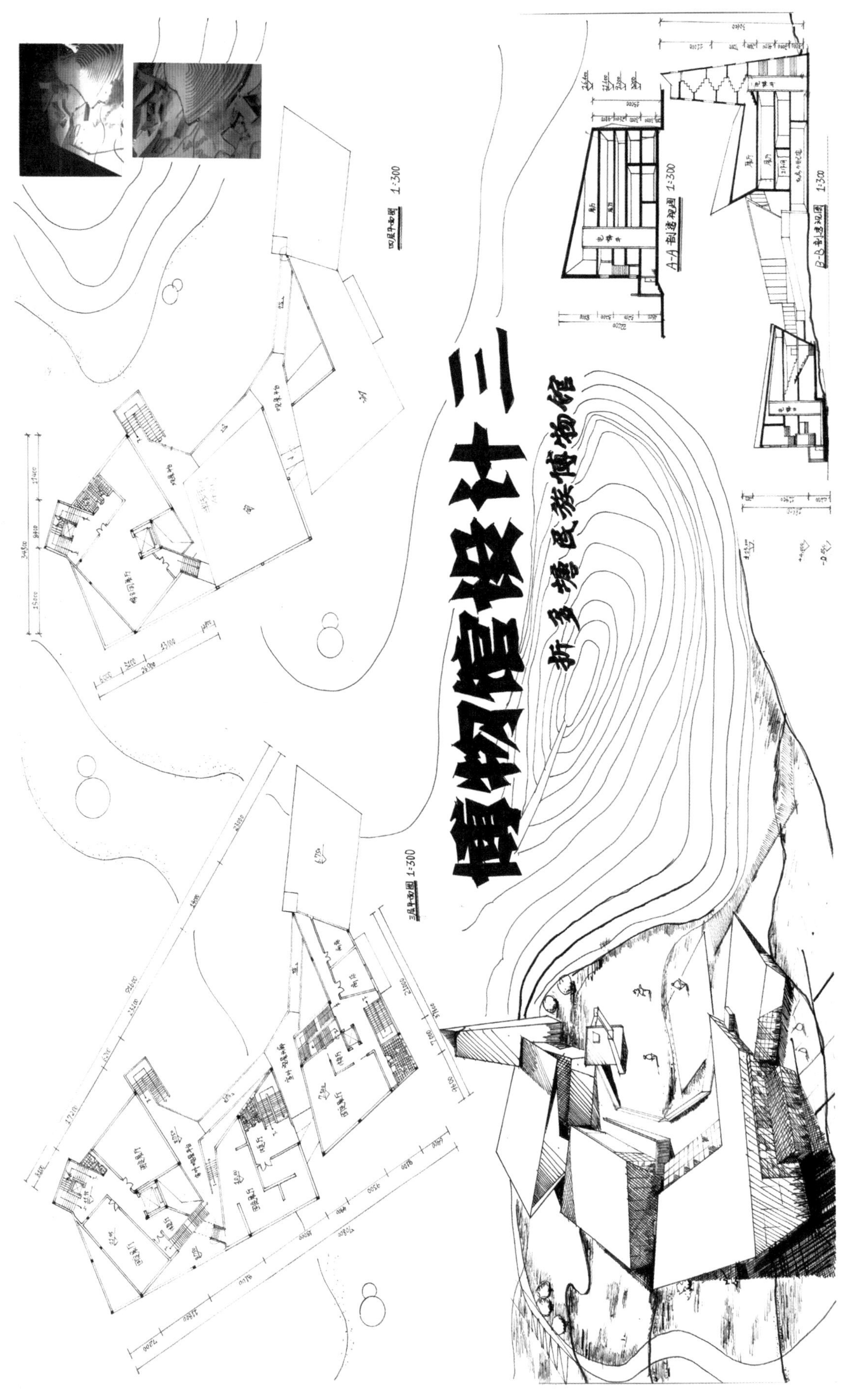

博物馆设计三
折多塘民族博物馆
四层平面图 1:300
三层平面图 1:300
A-A剖透视图 1:300
B-B剖透视图 1:300

民族博物馆 一

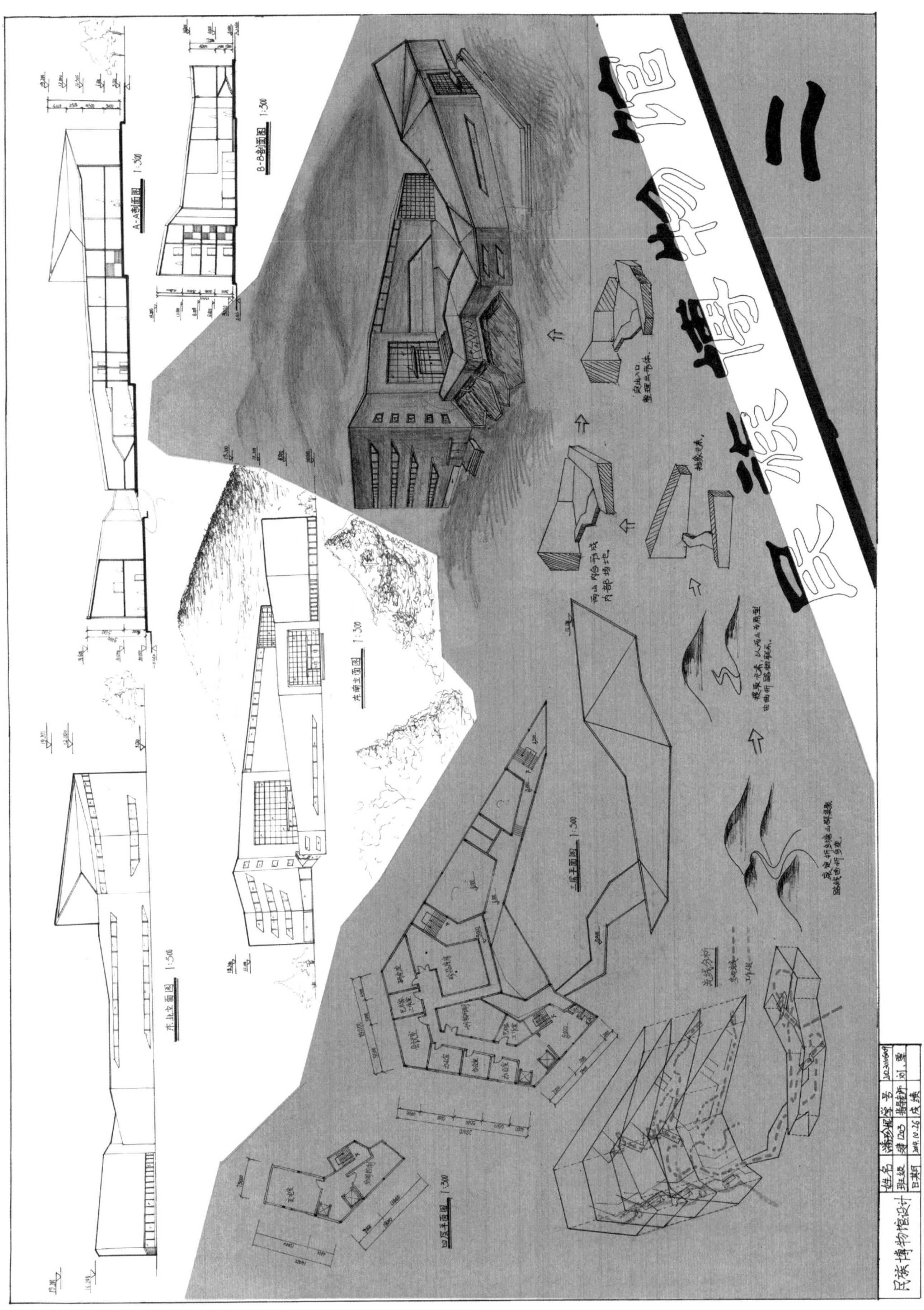

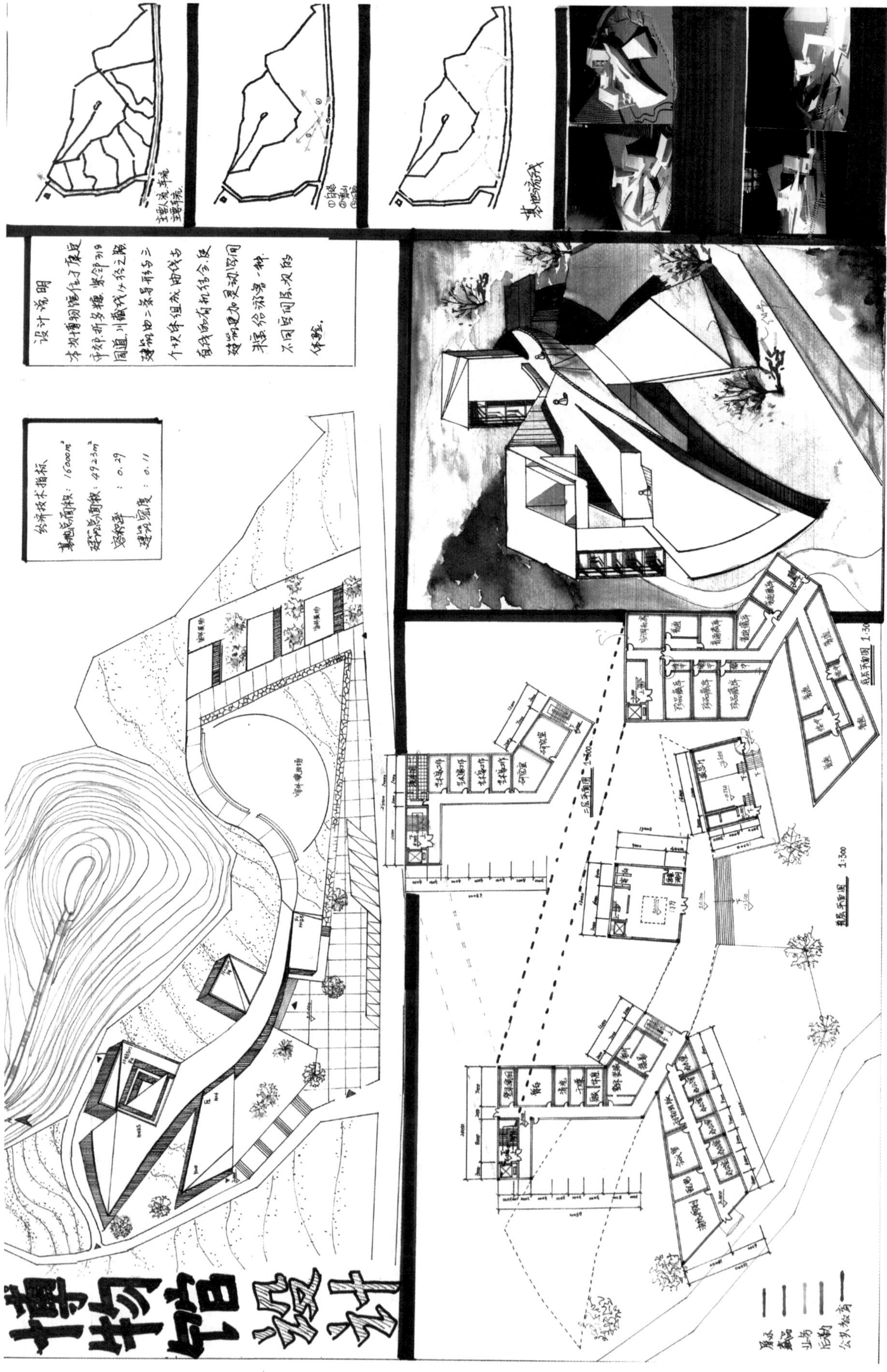
博物馆设计

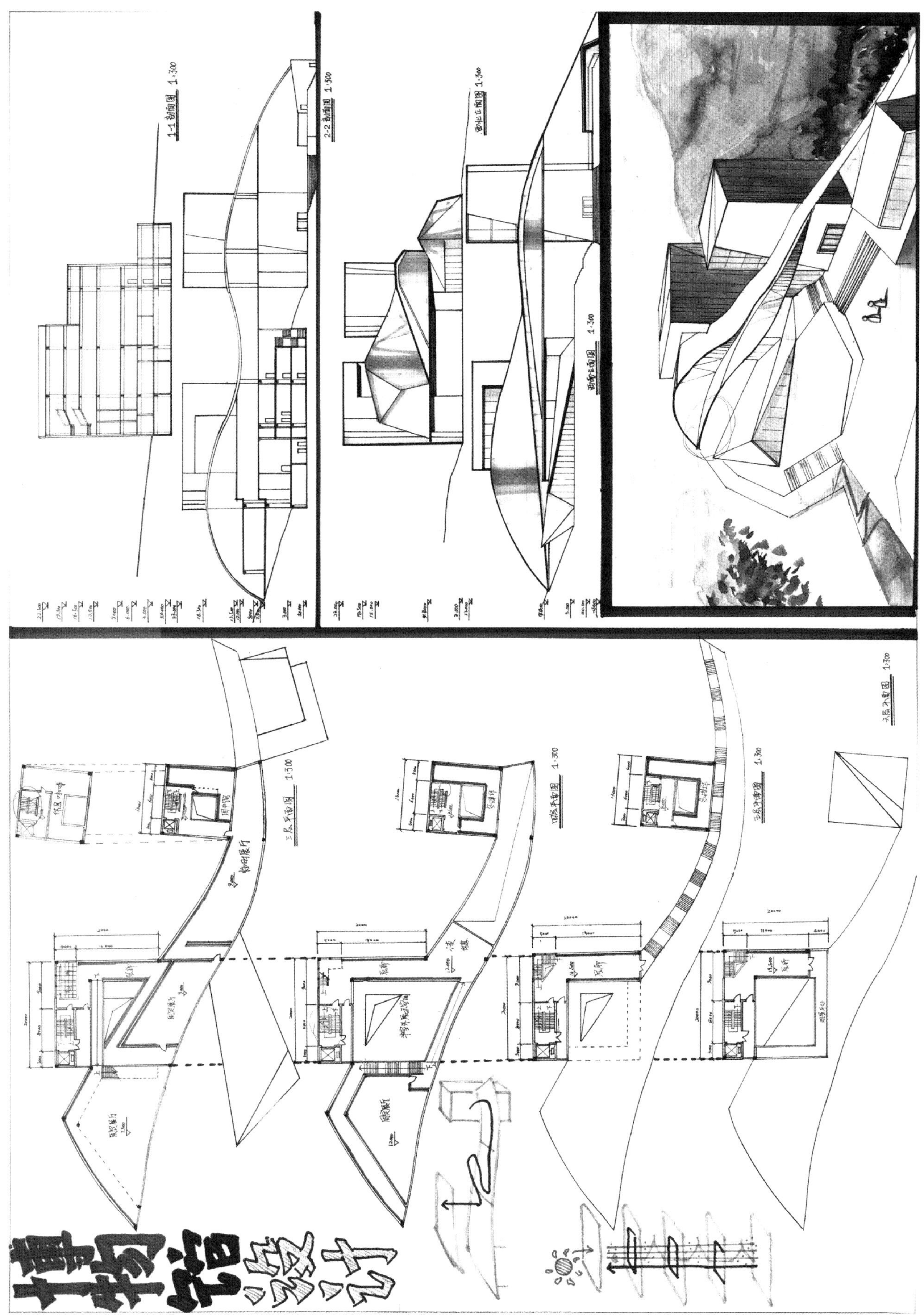

建筑学本科三年级 | 民族商业街设计

民族商业街设计设置在第五学期，接在民族博物馆之后，安排8周时间，从2013级开始选入课程设计中。基地紧临博物馆，并要求做整体设计，与博物馆相呼应。以康定为窗口，依托旅游业，发展当地商业经济，为外地游客和本地居民提供购物场所。设计内容包括6000m^{2}的商业街和5000m^{2}购物中心，总建筑面积11000m^{2}左右，建筑高度不超过24m。要求学生在掌握建筑设计一般性原则和方法的基础上，了解商业建筑的特殊性，学习商业类建筑内外环境的处理与商业氛围的营造；掌握建筑群的设计方法；熟悉外部空间设计的基本原则，处理建筑群体与基地周围环境之间的关系；并要求在设计中体现地域性和民族性。

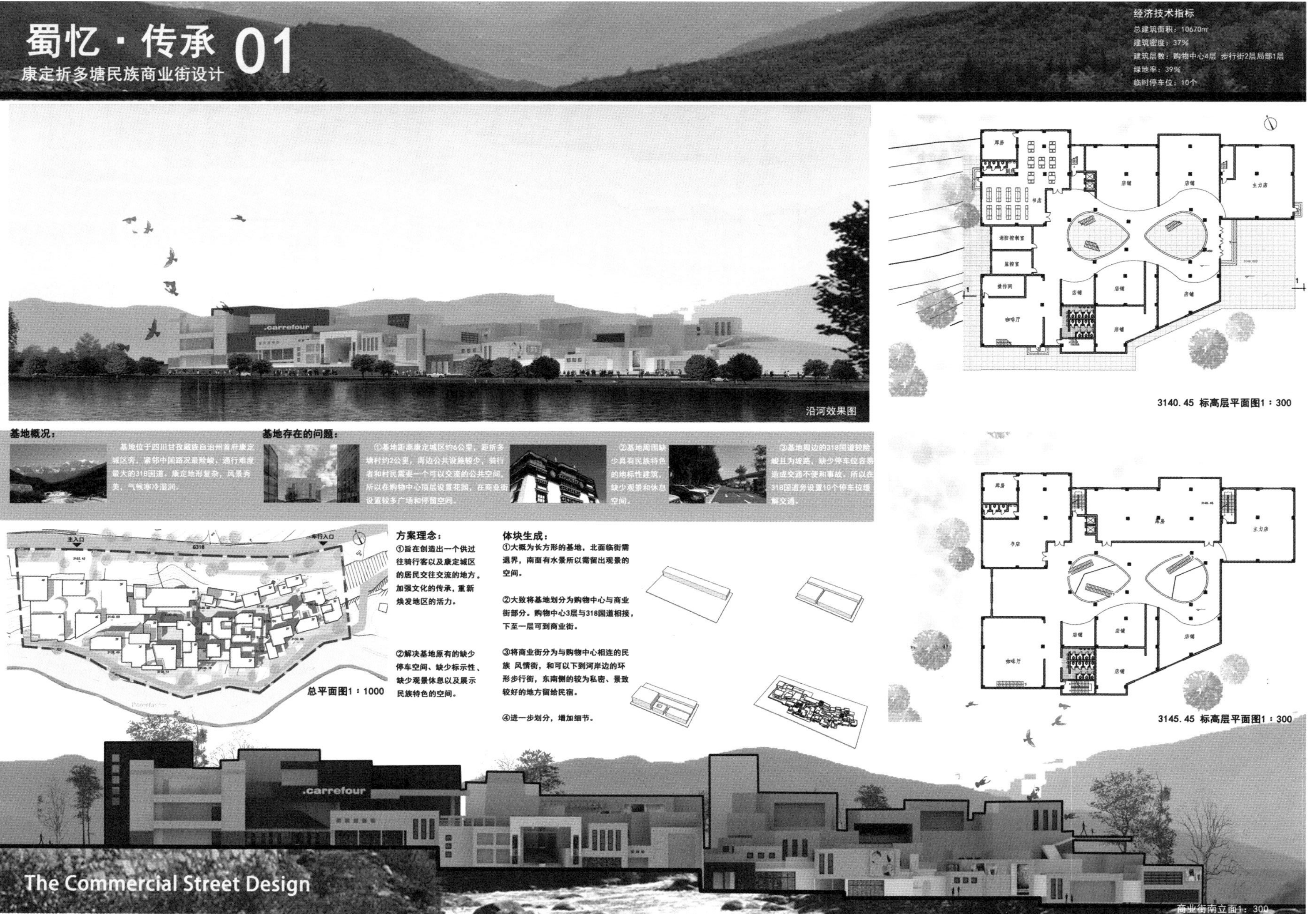
蜀忆·传承 01
康定折多塘民族商业街设计
经济技术指标
总建筑面积：10670㎡
建筑密度：37%
建筑层数：购物中心4层 步行街2层局部1层
绿地率：39%
临时停车位：10个
沿河效果图
3140.45 标高层平面图1：300
3145.45 标高层平面图1：300
基地概况：
基地位于四川甘孜藏族自治州首府康定城区旁，紧邻中国路况最险峻、通行难度最大的318国道。康定地形复杂，风景秀美，气候寒冷湿润。
基地存在的问题：
①基地距离康定城区约6公里，距折多塘村约2公里，周边公共设施较少，骑行者和村民需要一个可以交流的公共空间，所以在购物中心顶层设置花园，在商业街设置较多广场和停留空间。
②基地周围缺少具有民族特色的地标性建筑，缺少观景和休息空间。
③基地周边的318国道较险峻且为坡路，缺少停车位容易造成交通不便和事故。所以在318国道旁设置10个停车位缓解交通。
方案理念：
①旨在创造出一个供过往骑行客以及康定城区的居民交往交流的地方。加强文化的传承，重新焕发地区的活力。
②解决基地原有的缺少停车空间、缺少标示性、缺少观景休息以及展示民族特色的空间。
体块生成：
①大概为长方形的基地，北面临街需退界，南面有水景所以需留出观景的空间。
②大致将基地划分为购物中心与商业街部分。购物中心3层与318国道相接，下至一层可到商业街。
③将商业街分为与购物中心相连的民族 风情街，和可以下到河岸边的环形步行街，东南侧的较为私密、景致较好的地方留给民宿。
④进一步划分，增加细节。
主入口
车行入口
G318
总平面图1：1000
.carrefour
The Commercial Street Design
商业街南立面1：300

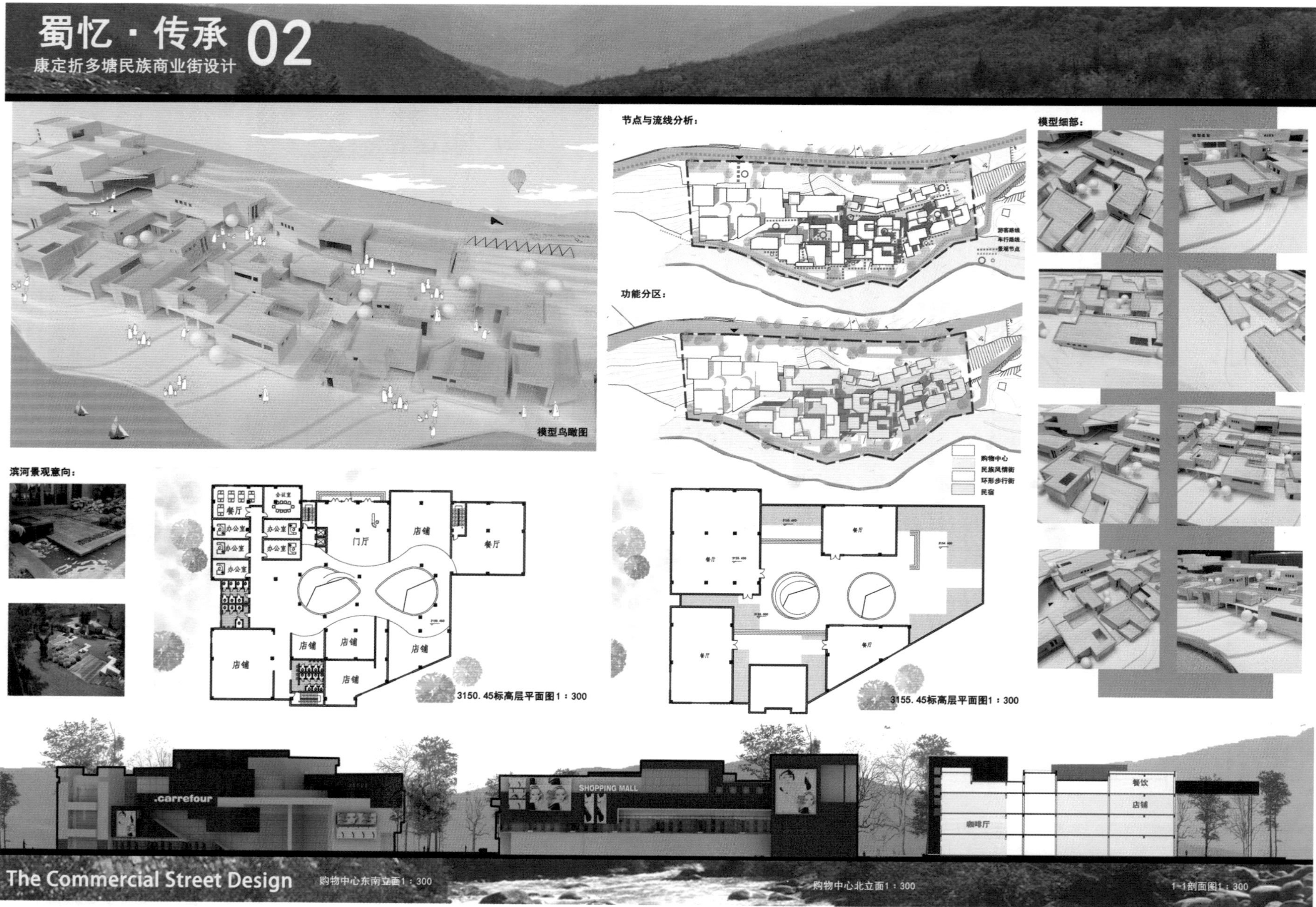

蜀忆·传承 02
康定折多塘民族商业街设计
模型鸟瞰图
节点与流线分析：
游客路线
车行路线
景观节点
功能分区：
购物中心
民族风情街
环形步行街
民宿
模型细部：
滨河景观意向：
会议室
餐厅
办公室
门厅
店铺
3150.45标高层平面图1：300
3155.45标高层平面图1：300
.carrefour
SHOPPING MALL
餐饮
店铺
咖啡厅
The Commercial Street Design
购物中心东南立面1：300
购物中心北立面1：300
1-1剖面图1：300

建筑学本科三年级 | 中小学设计

中小学设计从2009级到2012级开始安排在第五学期的课程设计中，2013级后替换成了商业街设计。设计用地拟选在成都双流县空港国际城的真实地块，周围主要为新建大型住宅区，拟建为周边住宅区服务的18班中学（每班50人），总建筑面积控制在12000m^2。解决该住宅区及周围居民的学生就学问题。重点要求学生掌握学校建筑空间组合的特点，校园整体环境规划布局要求和布置手法，学习建筑群体组织的基本方法。

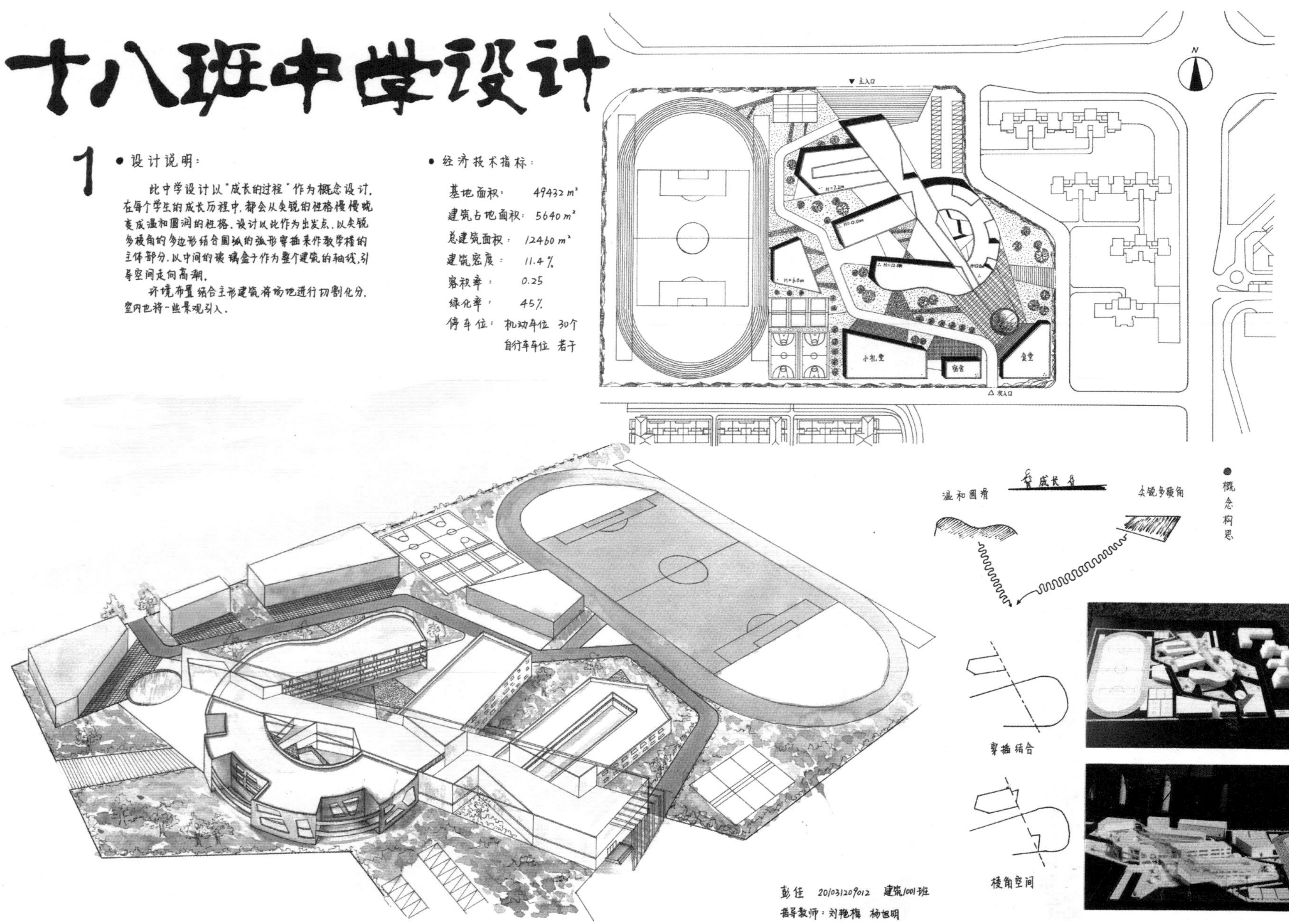
十八班中学设计
1 • 设计说明：
此中学设计以"成长的过程"作为概念设计，在每个学生的成长历程中，都会从尖锐的性格慢慢蜕变成温和圆润的性格。设计以此作为出发点，以尖锐多棱角的多边形结合圆弧的弧形穿插来作教学楼的主体部分。以中间的玻璃盒子作为整个建筑的轴线，引导空间走向高潮。
环境布置结合主形建筑将场地进行切割化分，室内也将一些景观引入。
• 经济技术指标：
基地面积： 49432 m²
建筑占地面积： 5640 m²
总建筑面积： 12460 m²
建筑密度： 11.4%
容积率： 0.25
绿化率： 45%
停车位： 机动车位 30个
自行车车位 若干
▼主入口
△次入口
小礼堂
宿舍
食堂
• 概念构思
成长
温和圆滑
尖锐多棱角
穿插结合
棱角空间
彭任 20103120901２ 建筑1001班
指导教师：刘艳梅 杨恒明

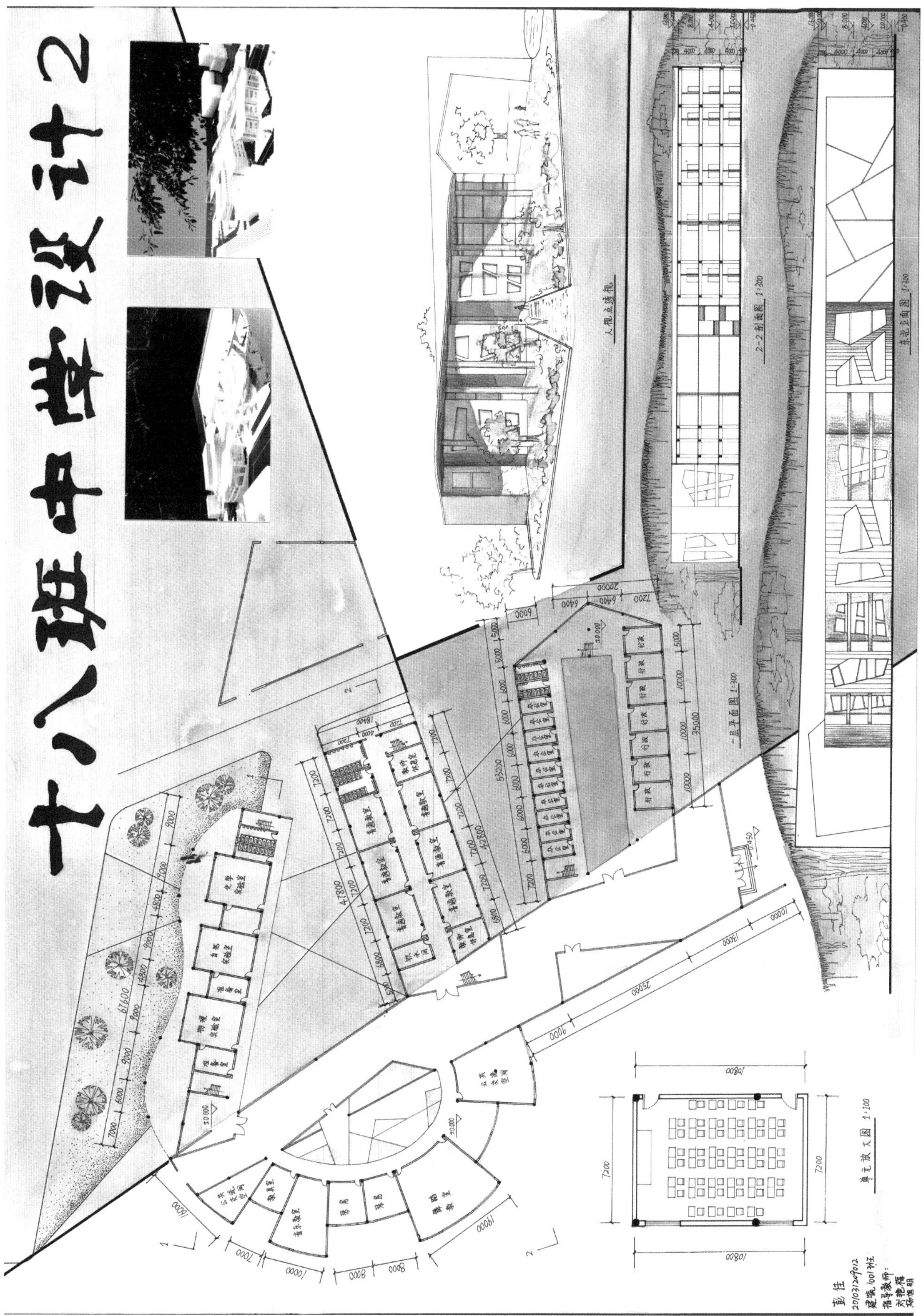
十八班中学设计2

十八班中学设计3
三层平面图 1:300
二层平面图 1:300
1-1 剖面图 1:300
主立面图 1:300
轴线分析

十八班中学设计

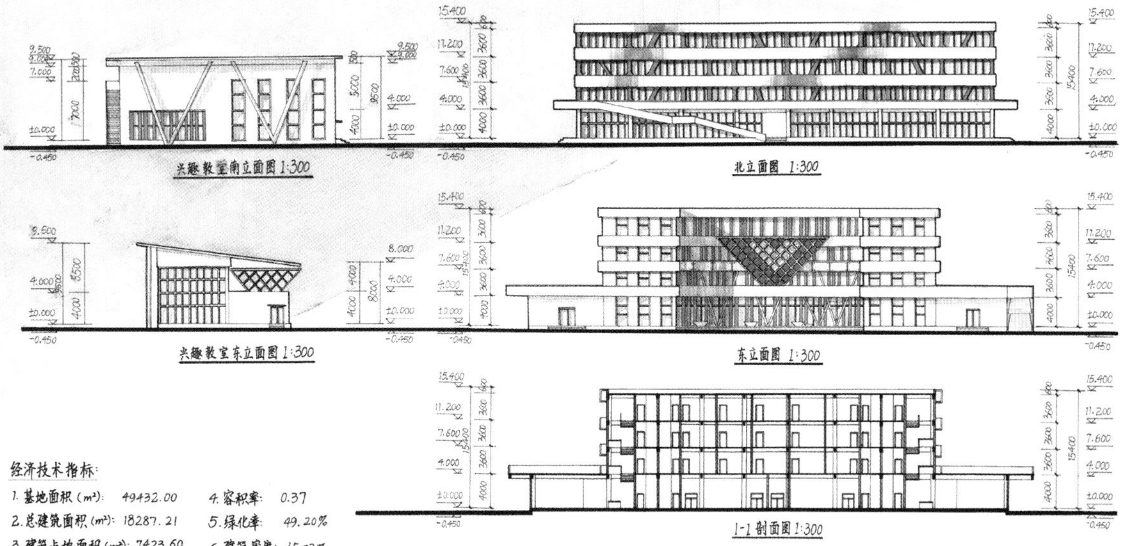

兴趣教室南立面图 1:300

北立面图 1:300

兴趣教室东立面图 1:300

东立面图 1:300

1-1 剖面图 1:300

经济技术指标：

1. 基地面积（m²）：49432.00
2. 总建筑面积（m²）：18287.21
3. 建筑占地面积（m²）：7423.60
4. 容积率：0.37
5. 绿化率：49.20%
6. 建筑密度：15.02%

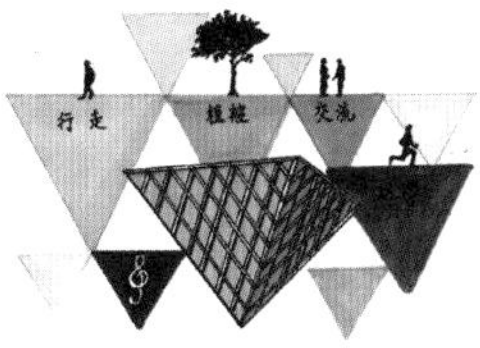

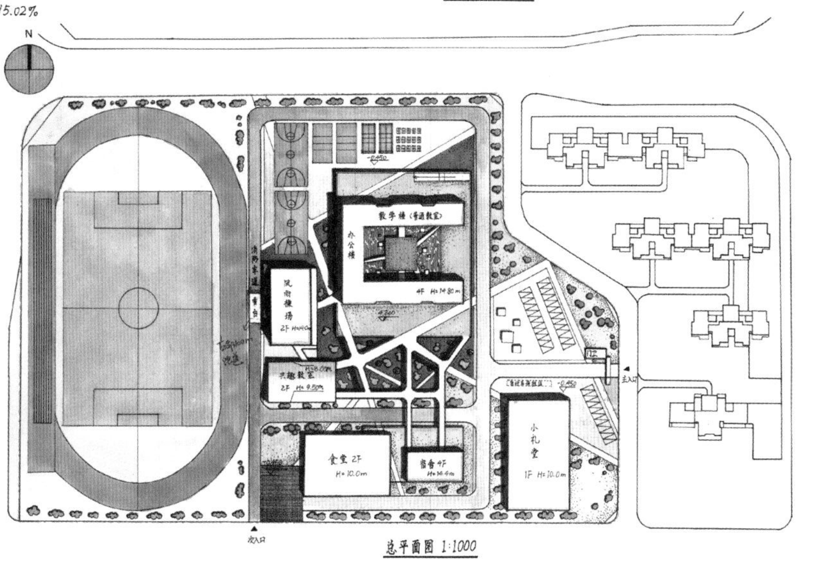

设计说明：

该项目位于成都市高新区金融城附近，基地周边为新建大型住宅区。中学设计理念着眼于高新区城市建设发展趋势，将校园空间作为未来城市缩影，将城市的立交桥转化为校园的垂直交通系统。与此同时，通过对未来城市形态构想，将“天空之城”抽象为“三角锥”，散落于校园各角落，三角锥表面布满植被，结合校园绿化，形成生态校园。旨在通过现代的设计手段打造充满未来感的生态校园。

总平面图 1:1000

鸟瞰图

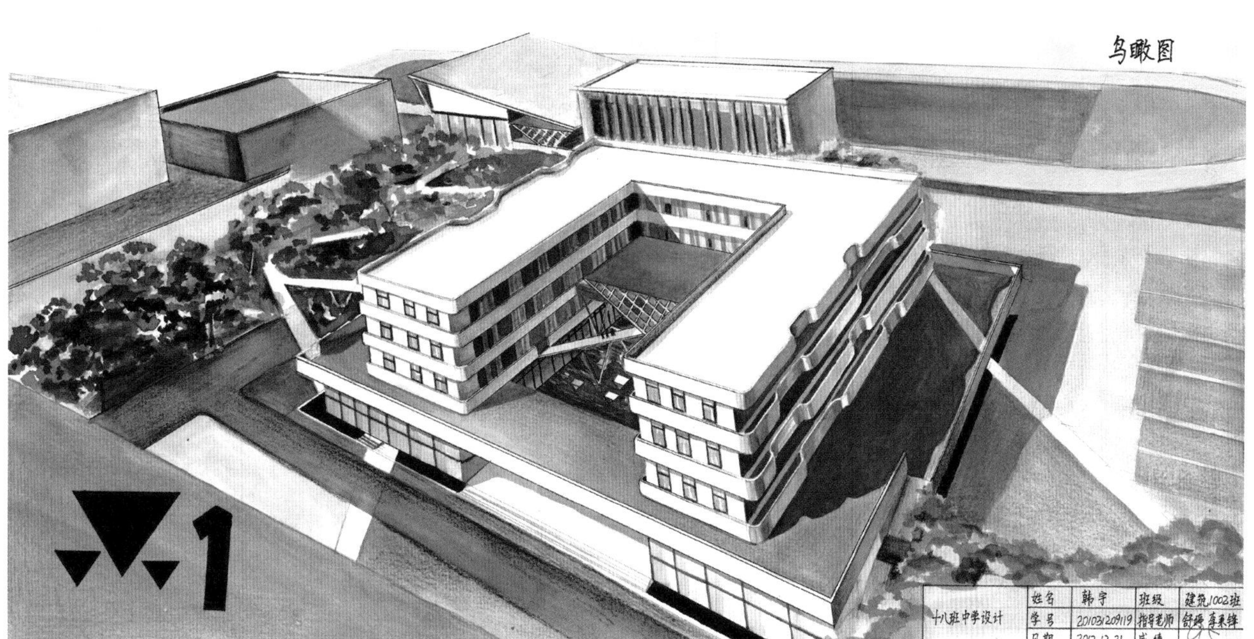

十八班中学设计
姓名
韩宇
班级
建筑1002班
学号
20103120911 9
指导老师
日期
2012.12.21
成绩

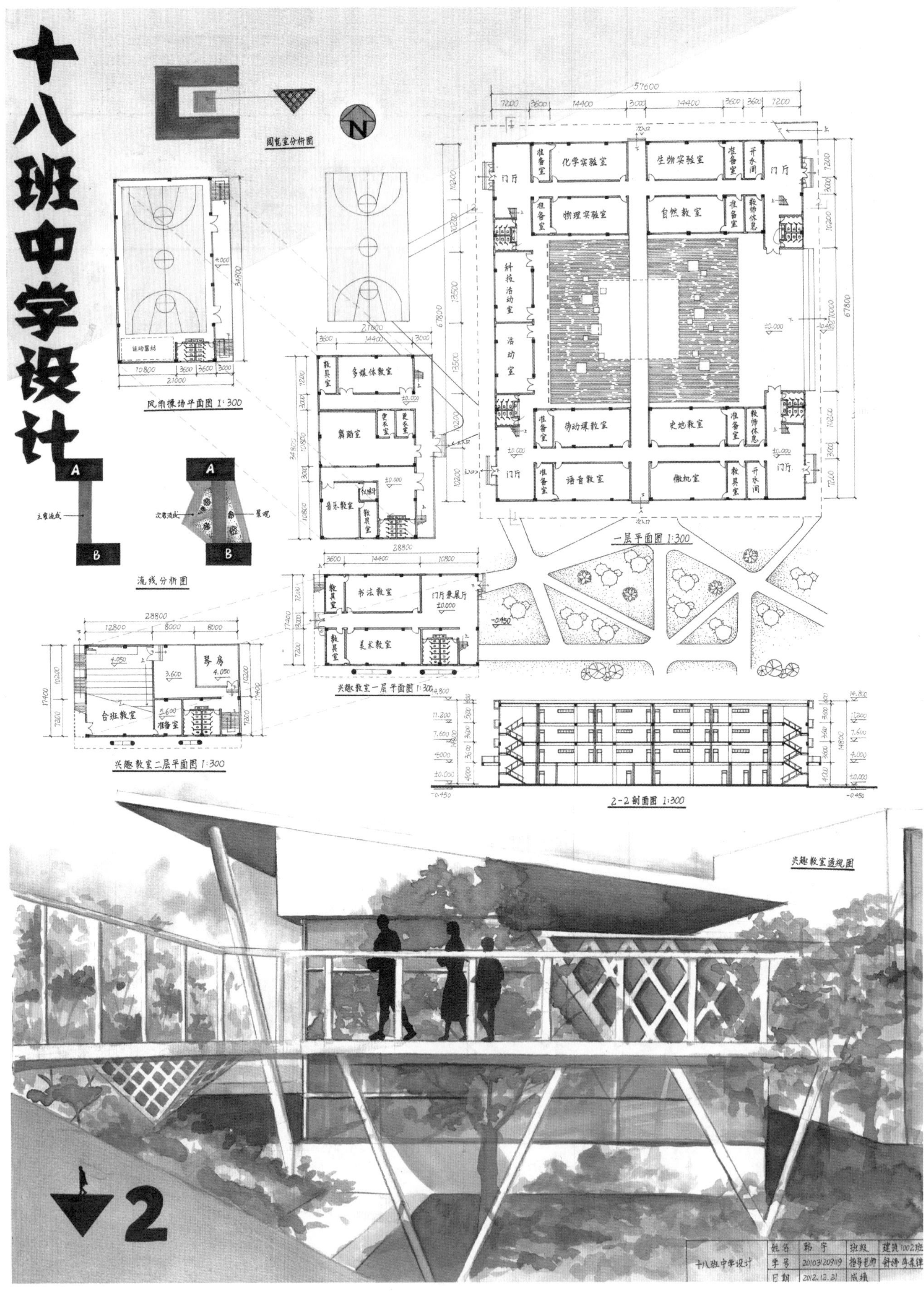
十八班中学设计
阅览室分析图
风雨操场平面图 1:300
流线分析图
主要流线
次要流线
景观
兴趣教室二层平面图 1:300
兴趣教室一层平面图 1:300
一层平面图 1:300
2-2剖面图 1:300
兴趣教室透视图
化学实验室
生物实验室
物理实验室
自然教室
科技活动室
活动室
劳动课教室
史地教室
语音教室
微机室
多媒体教室
舞蹈室
音乐教室
书法教室
美术教室
门厅兼展厅
合班教室
琴房
准备室
十八班中学设计

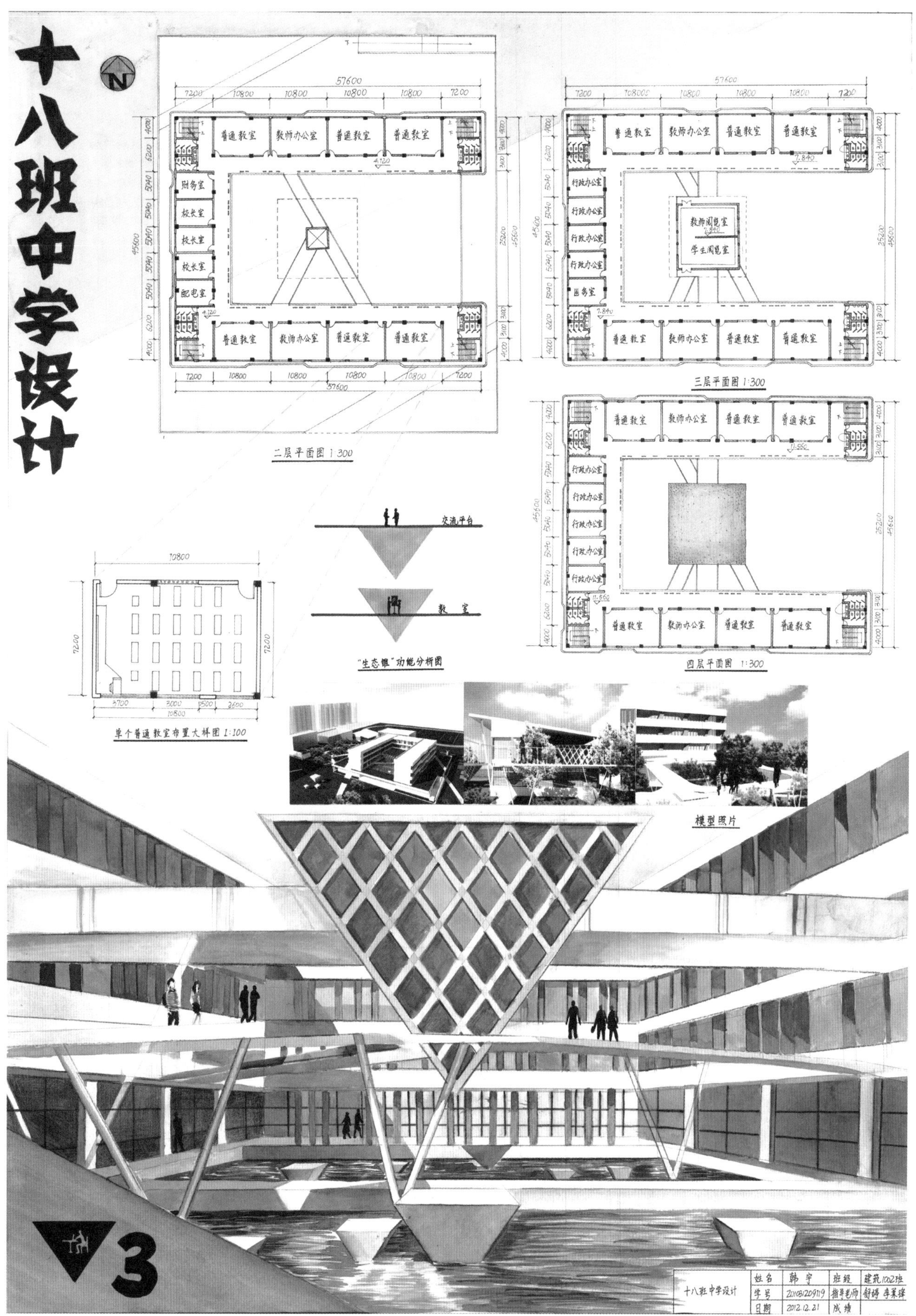
十八班中学设计
普通教室
教师办公室
财务室
校长室
配电室
行政办公室
医务室
教师阅览室
学生阅览室
二层平面图 1:300
三层平面图 1:300
四层平面图 1:300
交流平台
教室
"生态锥"功能分析图
单个普通教室布置大样图 1:100
模型照片
3
十八班中学设计
姓名 韩宇
班级 建筑1002班
学号 20103120911?
指导老师 舒婷 李莱琏
日期 2012.12.21
成绩

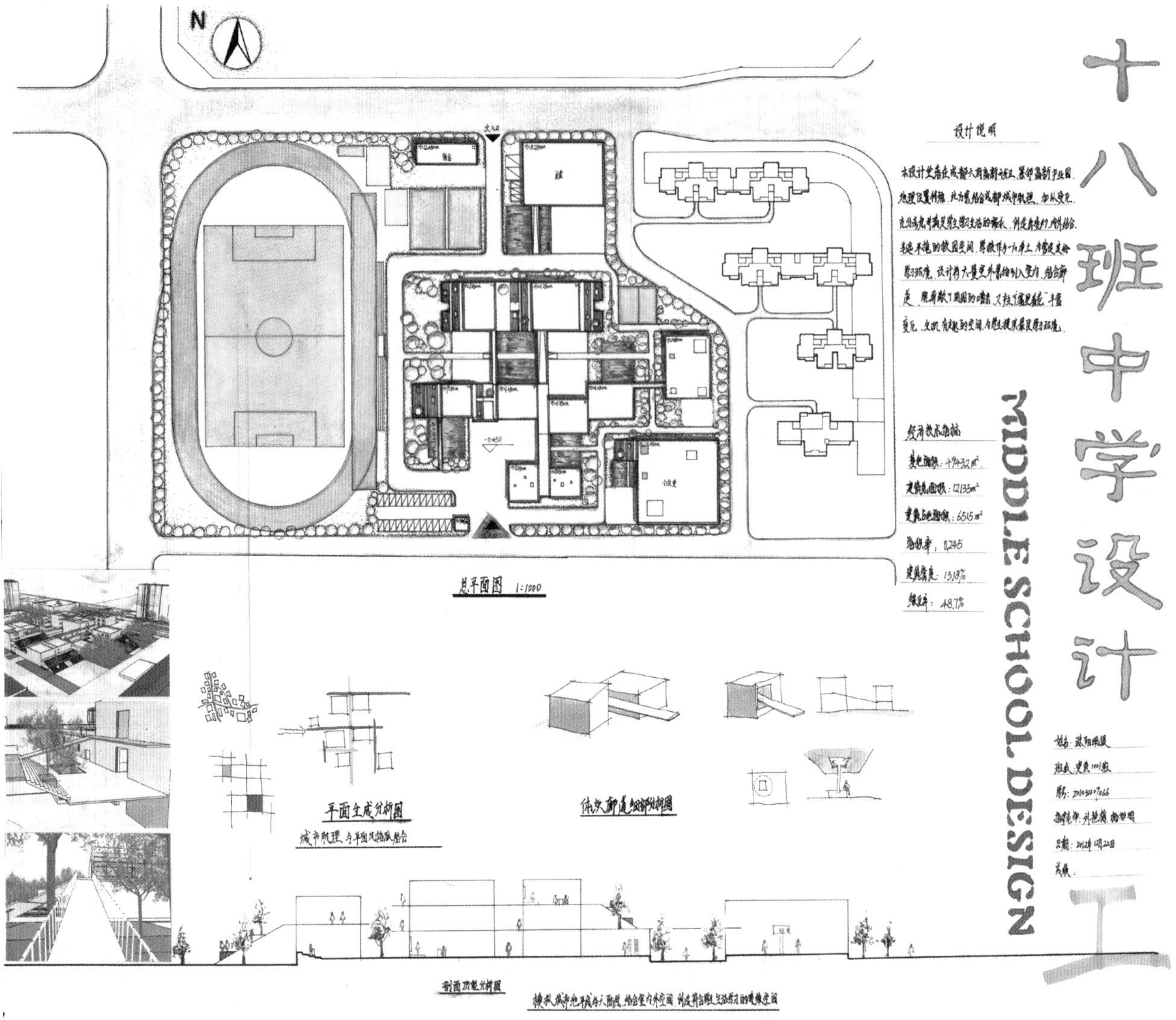

十八班中学设计

MIDDLE SCHOOL DESIGN

设计说明

经济技术指标

用地面积：49432m²

建筑总面积：12135m²

建筑占地面积：6515m²

容积率：0.245

建筑密度：13.18%

绿地率：48.7%

日期：2012年12月22日

总平面图 1:1000

平面生成分析图

剖面功能分析图

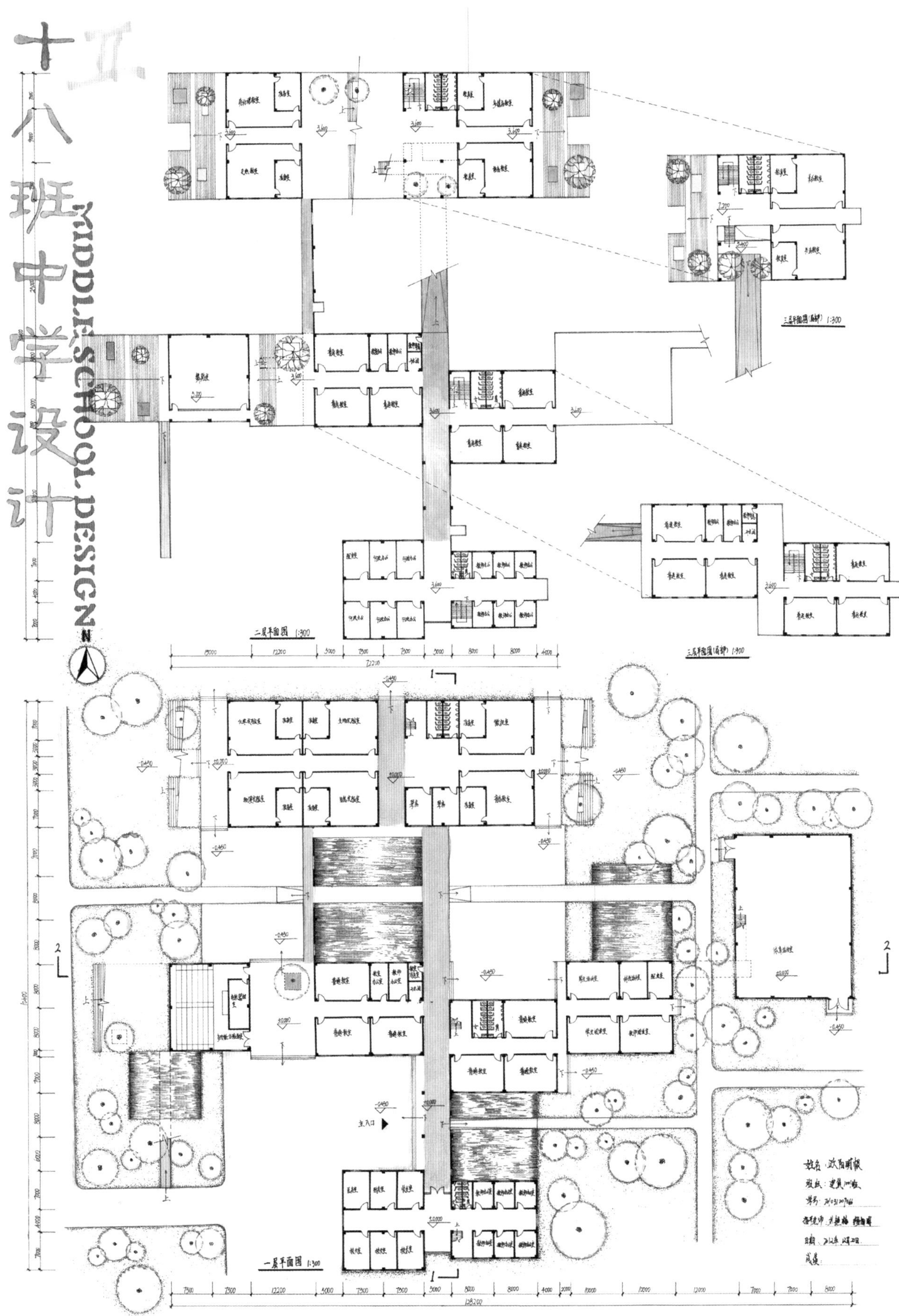

十八班
中学设计
MIDDLE SCHOOL DESIGN
二层平面图 1:300
三层平面图(局部) 1:300
一层平面图 1:300
主入口

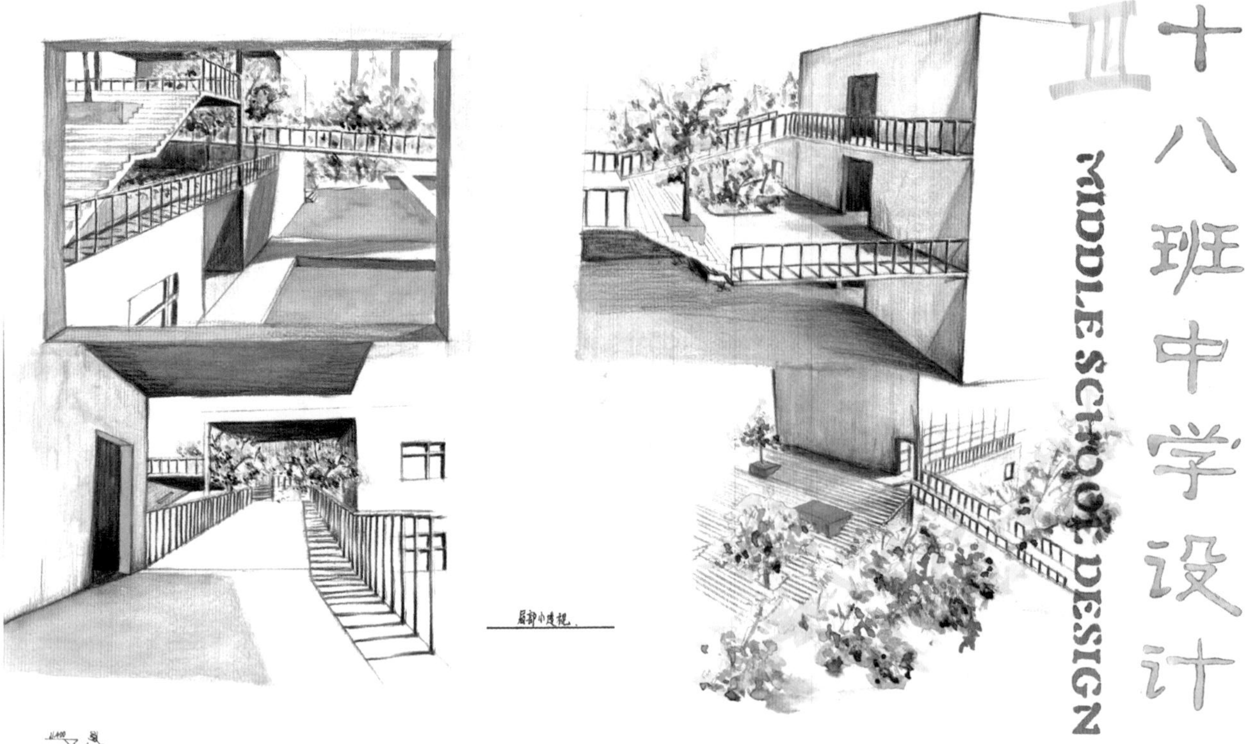

二十八班中学设计

MIDDLE SCHOOL DESIGN

局部小透视

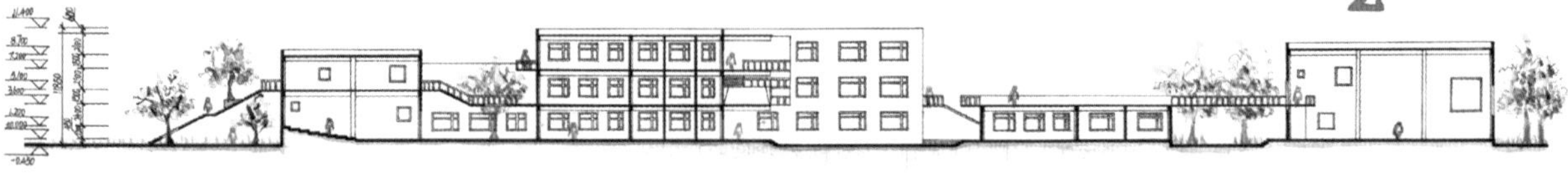

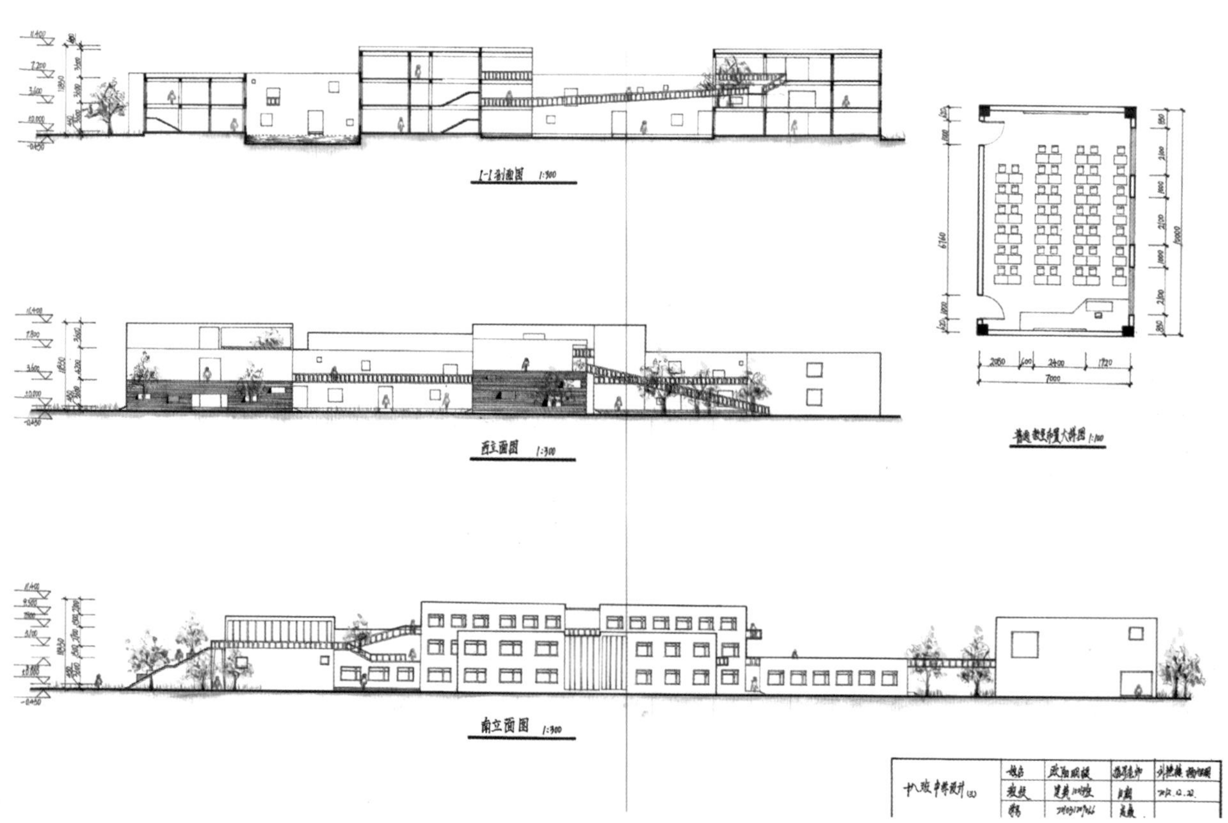

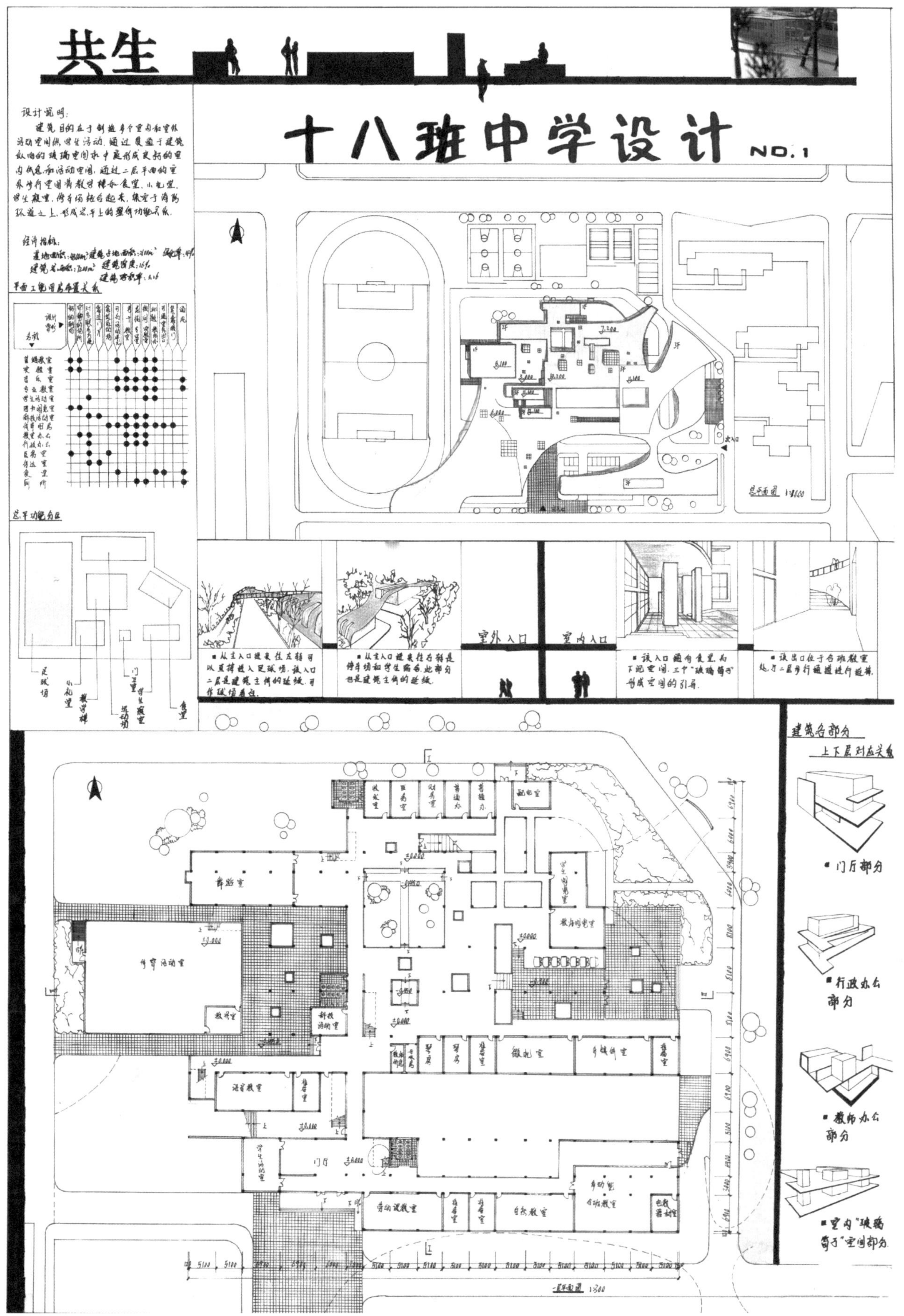
共生
十八班中学设计 NO.1
设计说明：
室外入口
室内入口
建筑各部分
上下层对应关系
门厅部分
行政办公部分
教师办公部分
室内"玻璃筒子"空间部分
一层平面图 1:300

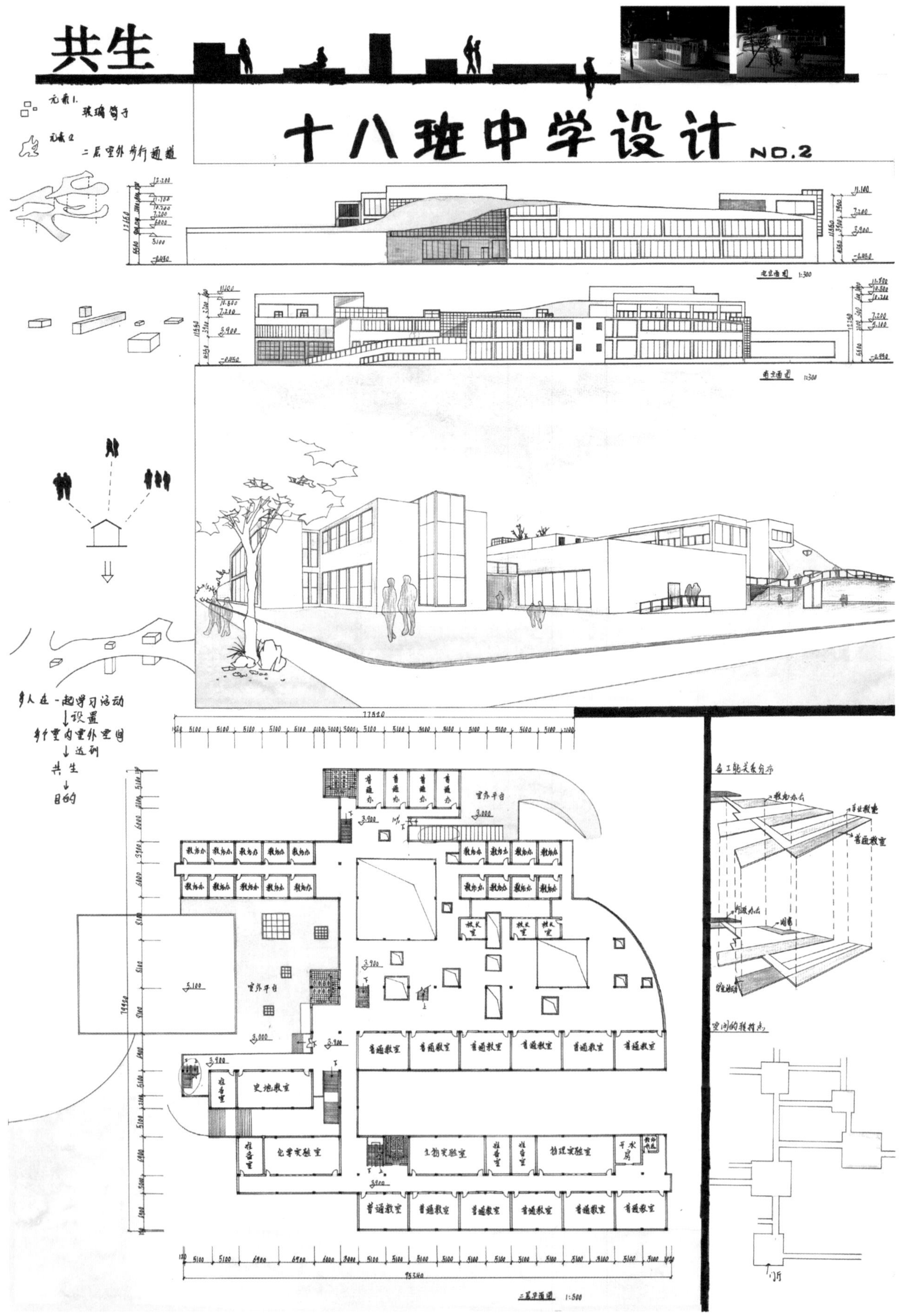
共生
十八班中学设计 NO.2
元素1. 玻璃筒子
元素2 二层室外步行通道
多人在一起学习活动
↓设置
多个室内室外空间
↓达到
共生
↓
目的
北立面图 1:300
南立面图 1:300
二层平面图 1:500
普通教室
教师办公
史地教室
化学实验室
生物实验室
物理实验室
空间的转折点

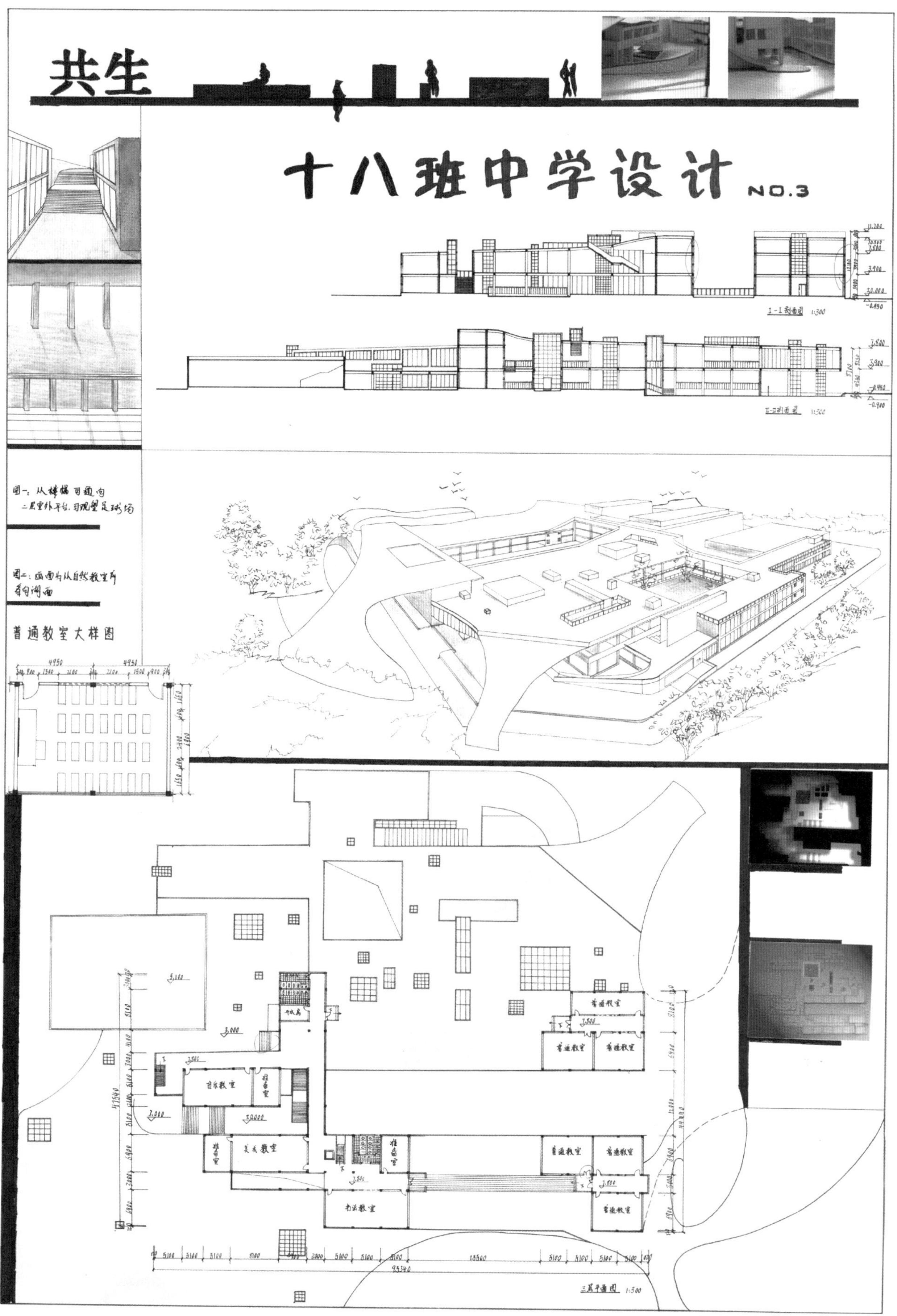
共生
十八班中学设计 NO.3
1-1剖面图 1:300
2-2剖面图 1:300
图一：从楼梯间通向二层室外平台，可观望足球场
图二：南面为从自然教室所看的湖面
普通教室大样图
二层平面图 1:300

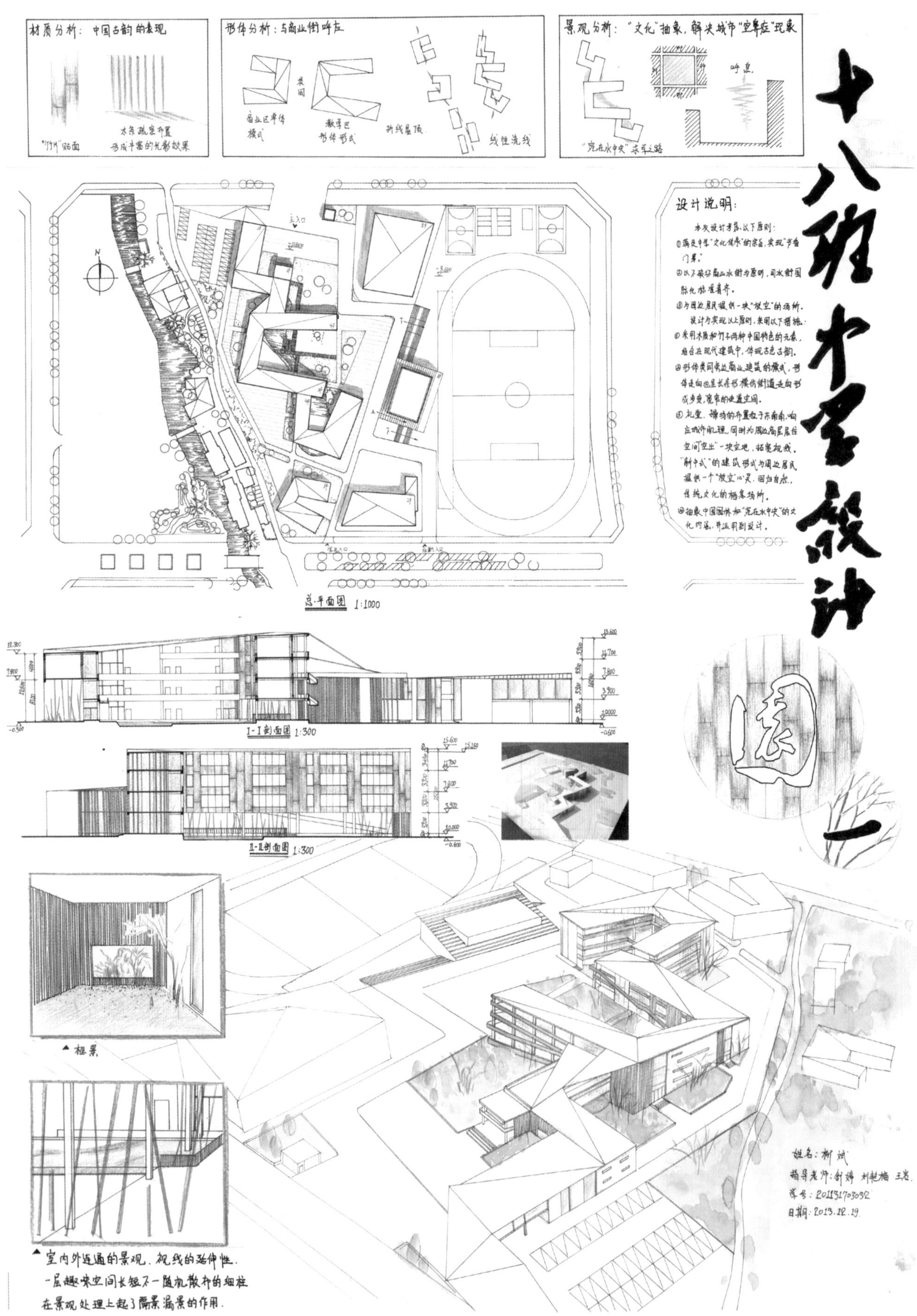
材质分析：中国古韵的表现
"竹片"贴面
木条疏密布置
形成丰富的光影效果
形体分析：与商业街呼应
商业区单体
模式
类同
教学区
形体形式
折线屋顶
线性流线
景观分析："文化"抽象，解决城市"空巢症"现象
呼息
"宛在水中央"求学之路
十八班中学设计
设计说明：
本次设计考虑以下原则：
①满足中学"文化传承"的宗旨，实现"书香门第。"
②以不破坏商业水街为原则，同水街国际化标准看齐。
③为周边居民提供一块"放空"的场所。
设计为实现以上原则，采用以下措施：
①采用木质和竹子两种中国特色的元素，融合在现代建筑中，体现古色古韵。
②形体类同周边商业建筑的模式，形体走向也呈长条形模仿街道走向形成多变，宽窄的走道空间。
③礼堂、操场的布置位于东南角，响应城市肌理，同时为周边高层居住空间"空出"一块空地，拓宽视线。"新中式"的建筑形式为周边居民提供一个"放空"心灵，回归自然，传统文化的栖息场所。
④抽象中国园林和"宛在水中央"的文化内涵，并运用到设计。
总平面图 1:1000
1-1剖面图 1:300
Ⅱ-Ⅱ剖面图 1:300
▲框景
▲室内外连通的景观，视线的延伸性。
一层趣味空间长短不一随机散布的细柱
在景观处理上起了隔景漏景的作用。

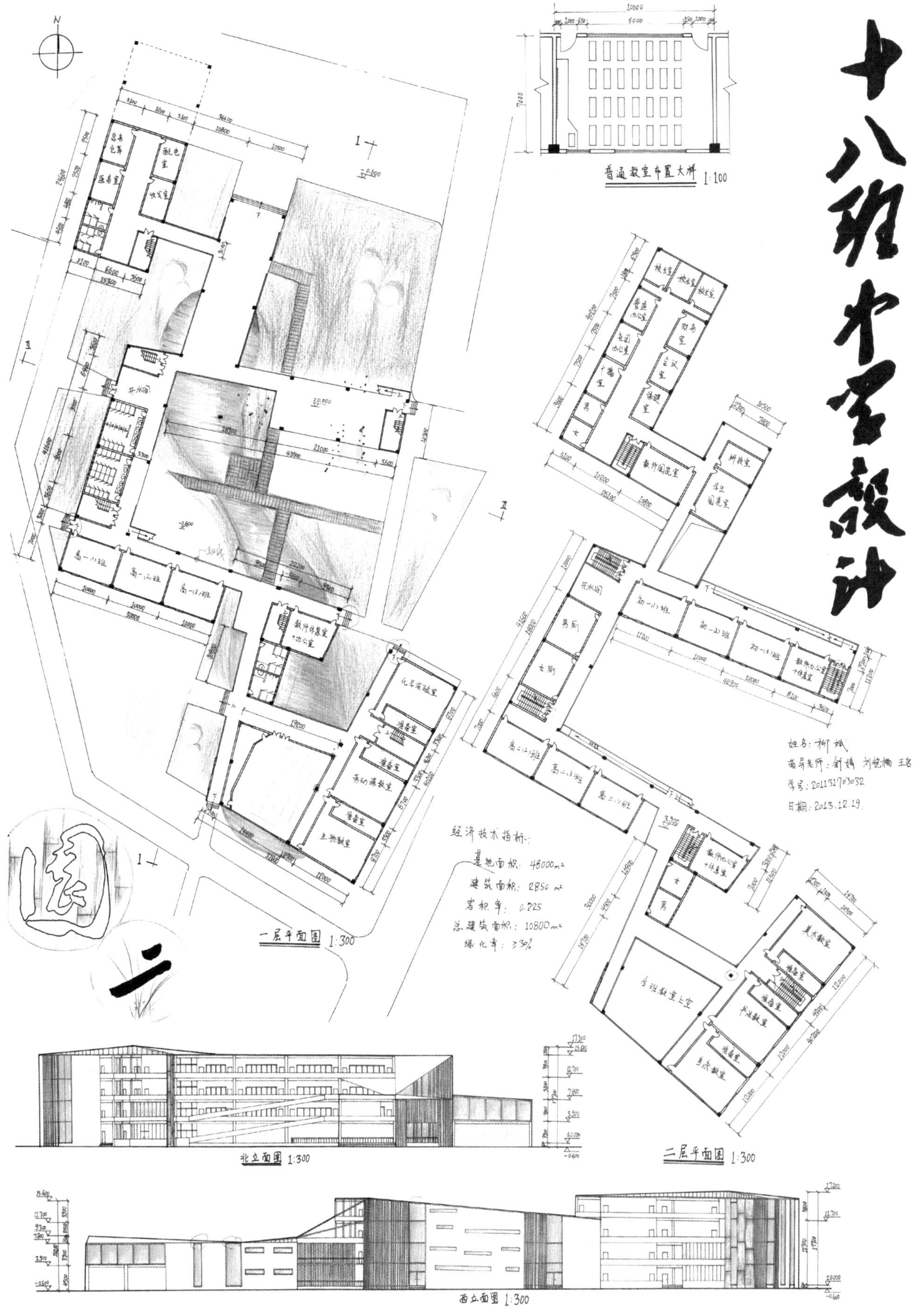

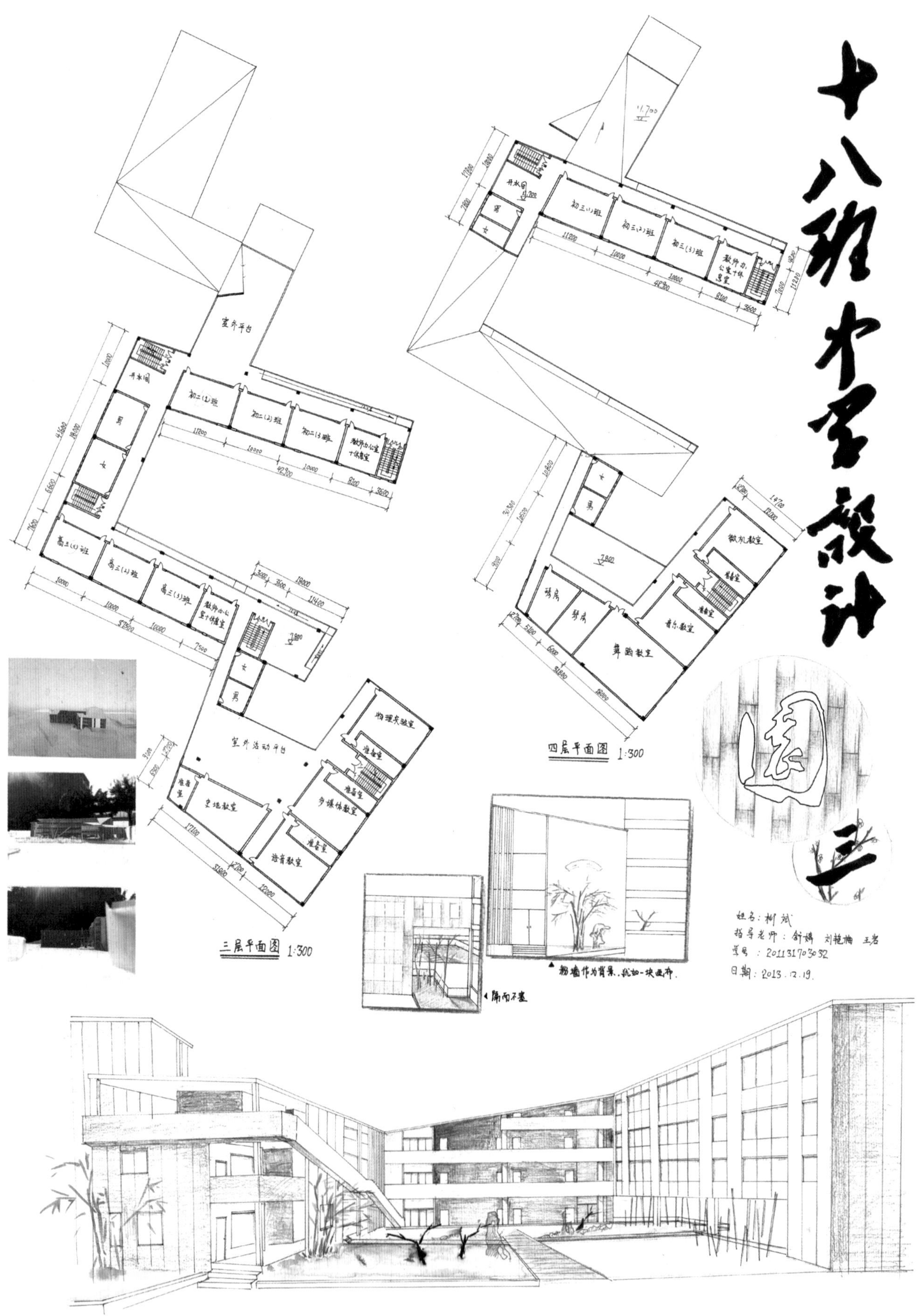
十八班中学设计
三层平面图 1:300
四层平面图 1:300

建筑学本科三年级｜竞赛设计

从2010级到2013级将竞赛纳入第六学期的课程设计中，我们参加了2013—2015年的AUTODESK REVIT杯全国大学生可持续建筑设计竞赛和霍普杯2016国际大学生建筑设计竞赛。使用竞赛的任务书，作为课程设计6周交图，从中选出优秀作业继续参加竞赛。让学生掌握从概念到方案的一般途径，提升建筑设计的创新思维。

2013 AUTODESK REVIT 杯全国大学生可持续建筑设计竞赛

设计主题：传统商业空间的再生

2
传统商业空间的再生
总平面图
体块生成
OFFICE
DIY
SHOPPING
一层平面图
二层平面图
三层平面图
四层平面图
功能组成分析

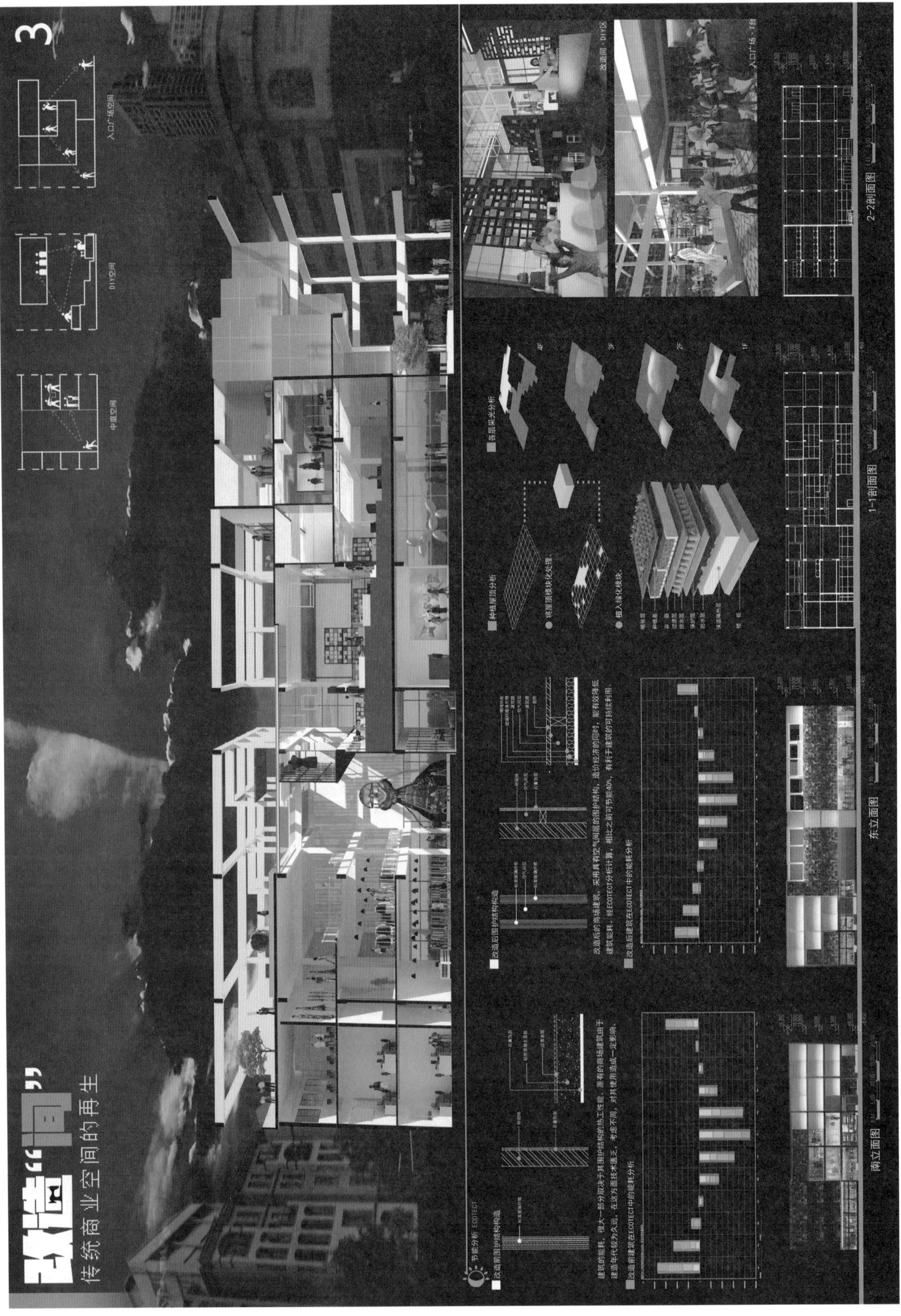
3
改造“间”
传统商业空间的再生
中庭空间
DIY空间
入口广场空间
节能分析 ECOTECT
各层采光分析
南立面图
东立面图
1-1剖面图
2-2剖面图

2014 AUTODESK REVIT 杯全国大学生可持续建筑设计竞赛

设计主题：建筑学子梦想中的建筑系馆

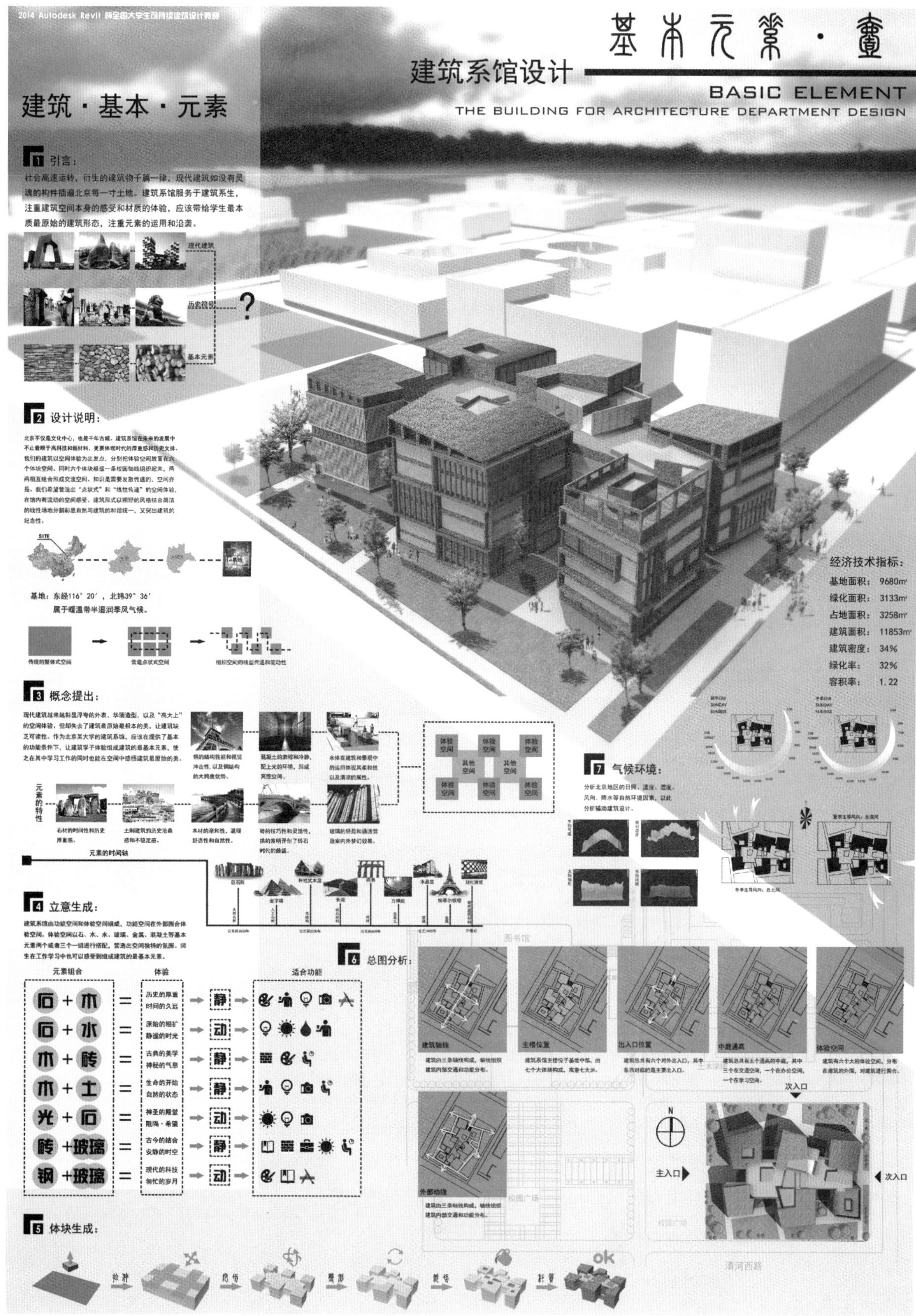

基本元素·贰
建筑系馆设计
BASIC ELEMENT
THE BUILDING FOR ARCHITECTURE DEPARTMENT DESIGN
8 平面生成：
二层平面图 1:500
三层平面图 1:500
一层平面图 1:500
场地生成：
负一层平面图 1:500
五层平面图 1:500
四层平面图 1:500
Roof
5F
4F
3F
2F
1F
B1
分层轴测图
9 立面生成：
北立面
南立面
从立面的材质特征也可以反映出每个体块空间运用的元素。

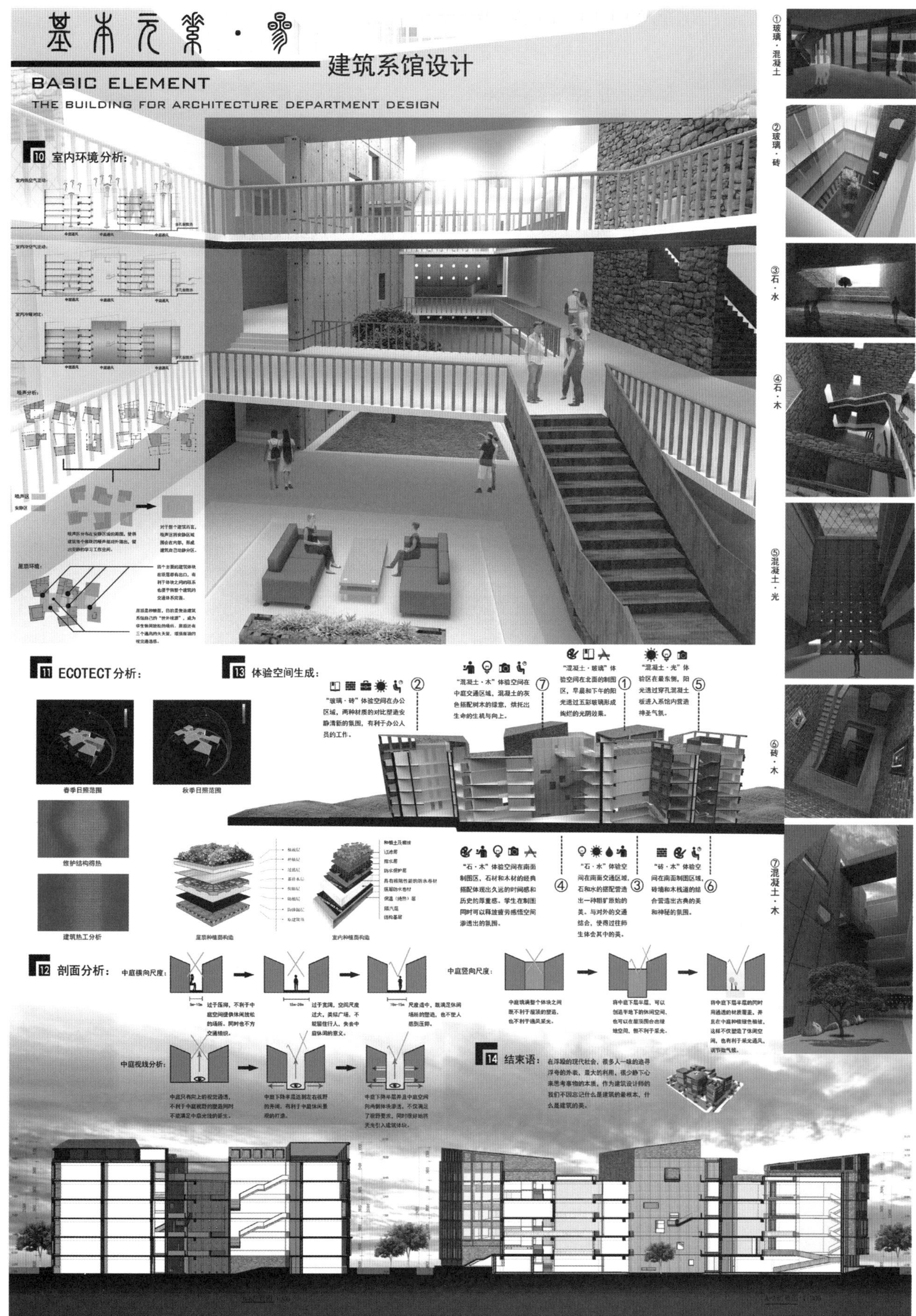
建筑系馆设计
BASIC ELEMENT
THE BUILDING FOR ARCHITECTURE DEPARTMENT DESIGN
10 室内环境分析：
噪声区
安静区
对于整个建筑而言，噪声区将安静区域围合在内部，形成建筑自己动静分区。
屋顶环境：
四个主要的建筑体块在顶层都有出口，有利于体块之间的联系也便于将整个建筑的交通体系完善。
11 ECOTECT分析：
春季日照范围
秋季日照范围
维护结构得热
建筑热工分析
13 体验空间生成：
②
"玻璃·砖"体验空间在办公区域，两种材质的对比塑造安静清新的氛围，有利于办公人员的工作。
⑦
"混凝土·木"体验空间在中庭交通区域，混凝土的灰色搭配树木的绿意，烘托出生命的生机与向上。
①
"混凝土·玻璃"体验空间在北面的制图区，早晨和下午的阳光透过五彩玻璃形成绚烂的光阴效果。
⑤
"混凝土·光"体验区在最东侧，阳光透过穿孔混凝土板进入系馆内营造神圣气氛。
④
"石·木"体验空间在南面制图区，石材和木材的经典搭配体现出久远的时间感和历史的厚重感。学生在制图同时可以释放疲劳感悟空间渗透出的氛围。
③
"石·水"体验空间在南面交通区域，石和水的搭配营造出一种粗犷原始的美。与对外的交通结合，使得过往师生体会其中的美。
⑥
"砖·木"体验空间在南面制图区域，砖墙和木栈道的结合营造出古典的美和神秘的氛围。
屋顶种植面构造
室内种植面构造
隔汽层
结构基层
12 剖面分析：
中庭横向尺度：
5m~10m
过于压抑，不利于中庭空间提供休闲放松的场所，同时也不方交通组织。
15m~20m
过于宽阔，空间尺度过大，类似广场，不能留住行人，失去中庭休闲的意义。
10m~15m
尺度适中，既满足休闲场所的塑造，也不使人感到压抑。
中庭竖向尺度：
中庭填满整个体块之间既不利于屋顶的塑造，也不利于通风采光。
将中庭下层半层，可以创造半地下的休闲空间，也可以在屋顶围合出绿地空间，但不利于采光。
将中庭下层半层的同时用通透的材质覆盖，并且在中庭种植绿色植被，这样不仅塑造了休闲空间，也有利于采光通风，调节微气候。
中庭视线分析：
14 结束语：
在浮躁的现代社会，很多人一味的追寻浮夸的外表、最大的利用，很少静下心来思考事物的本质，作为建筑设计师的我们不因忘记什么是建筑的最根本，什么是建筑的美。
①玻璃·混凝土
②玻璃·砖
③石·水
④石·木
⑤混凝土·光
⑥砖·木
⑦混凝土·木

2015 AUTODESK REVIT 杯全国大学生可持续建筑设计竞赛

设计主题：数字时代的旧城更新

NOW BUILDING
老人居住区改造
各垂直层面的元素组合，
构成随机可变的多元化空间
较高的楼层，为大学生提供需求空间
垂直层次2
垂直层次1
ETFE
R.U.L.E
vitruvius
ULTIMATE GOAL
我们希望承载规则的vitruvius可以存在并改善城市中每一个拥有相同问题的片区，最终它们会形成一个终极的网络，协助城市的发展
日光栅格系统
TIW
透明隔热墙

2016wwUIA——霍普杯国际大学生建筑设计竞赛

竞赛主题：演变中的建筑

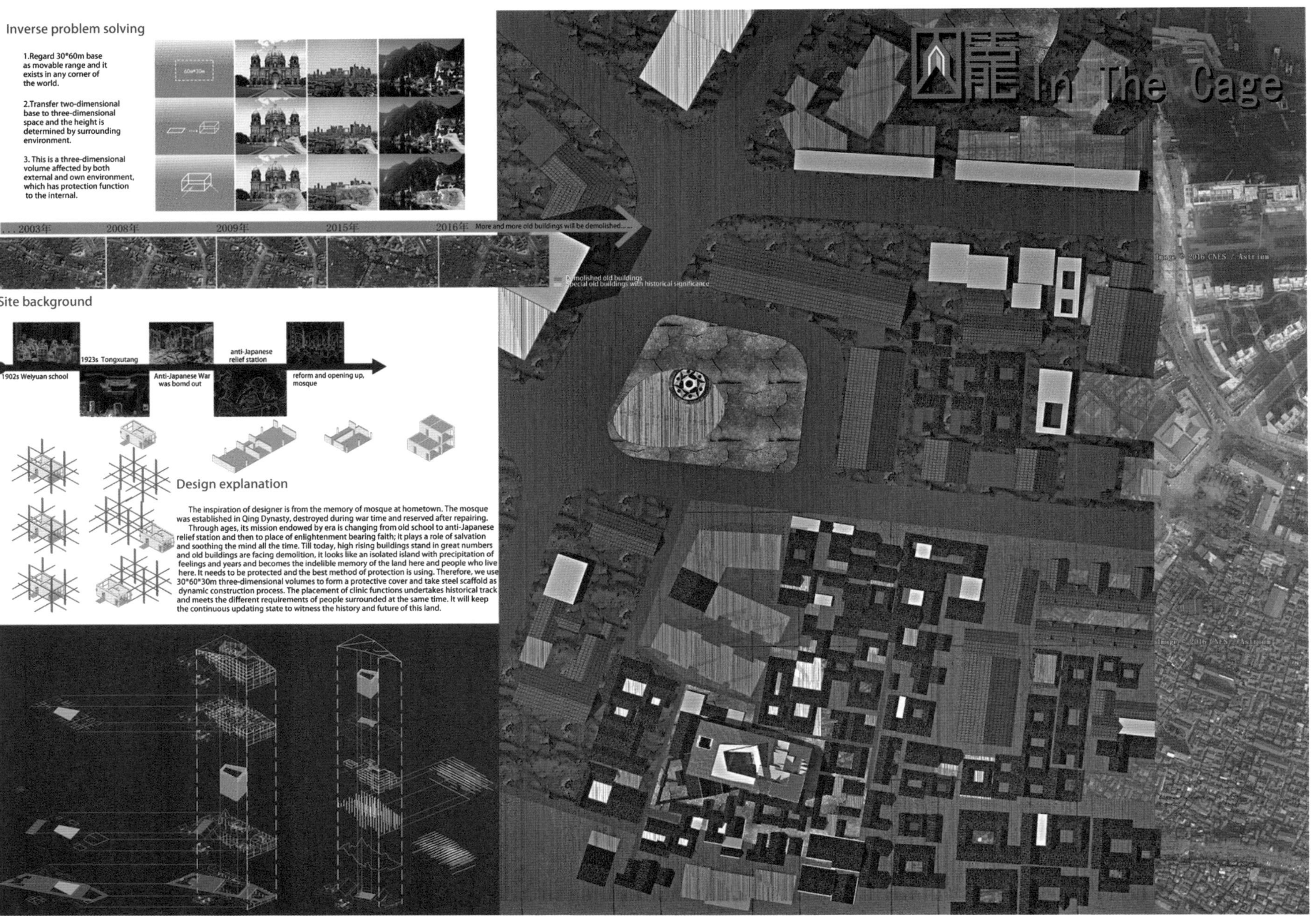
In The Cage
Inverse problem solving
1.Regard 30*60m base as movable range and it exists in any corner of the world.
2.Transfer two-dimensional base to three-dimensional space and the height is determined by surrounding environment.
3. This is a three-dimensional volume affected by both external and own environment, which has protection function to the internal.
...2003年
2008年
2009年
2015年
2016年
More and more old buildings will be demolished......
Demolished old buildings
Special old buildings with historical significance
Site background
1902s Weiyuan school
1923s Tongxutang
Anti-Japanese War was bomd out
anti-Japanese relief station
reform and opening up, mosque
Design explanation
The inspiration of designer is from the memory of mosque at hometown. The mosque was established in Qing Dynasty, destroyed during war time and reserved after repairing.
Through ages, its mission endowed by era is changing from old school to anti-Japanese relief station and then to place of enlightenment bearing faith; it plays a role of salvation and soothing the mind all the time. Till today, high rising buildings stand in great numbers and old buildings are facing demolition, it looks like an isolated island with precipitation of feelings and years and becomes the indelible memory of the land here and people who live here. It needs to be protected and the best method of protection is using. Therefore, we use 30*60*30m three-dimensional volumes to form a protective cover and take steel scaffold as dynamic construction process. The placement of clinic functions undertakes historical track and meets the different requirements of people surrounded at the same time. It will keep the continuous updating state to witness the history and future of this land.

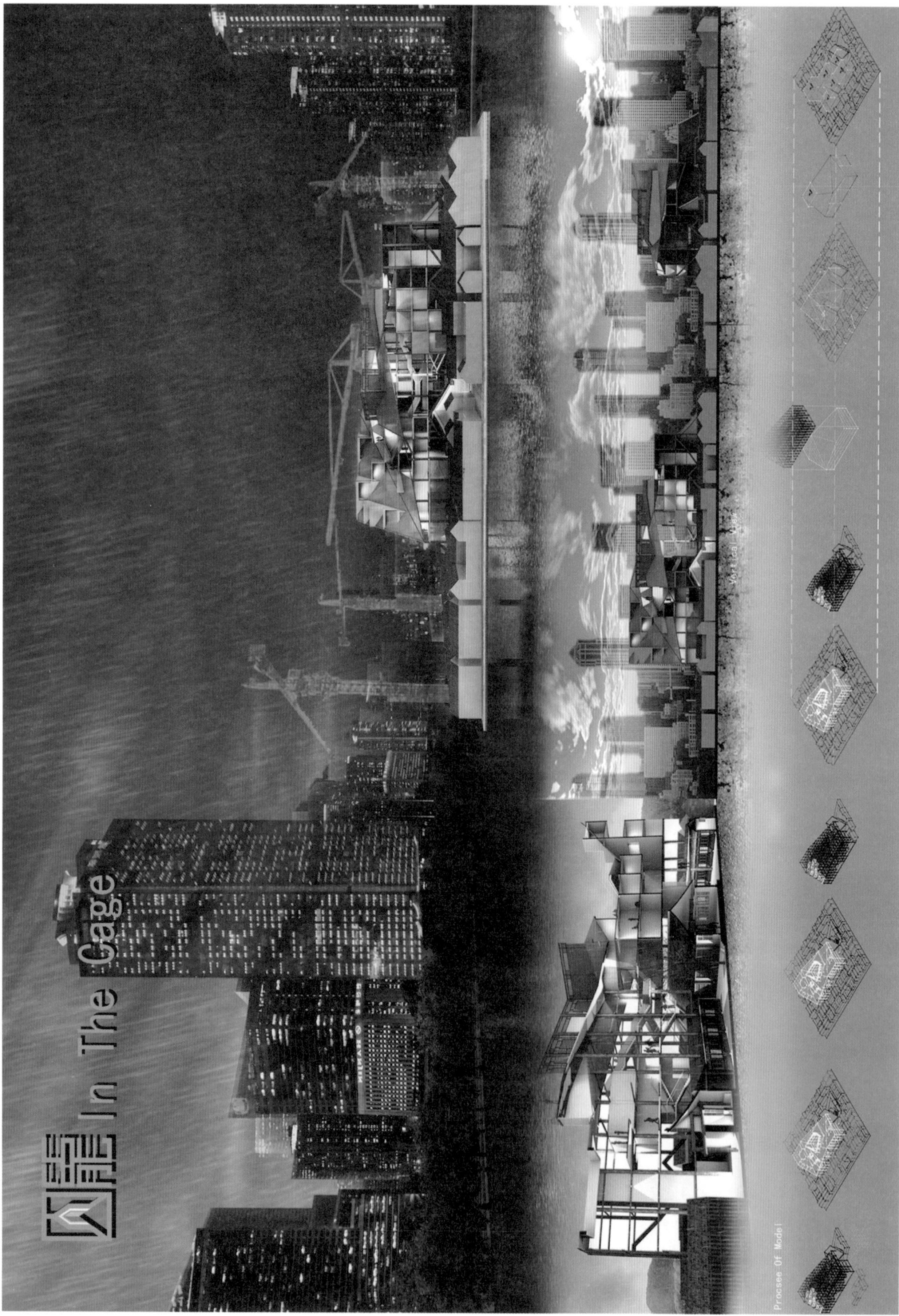
In The Cage
Procsee Of Model

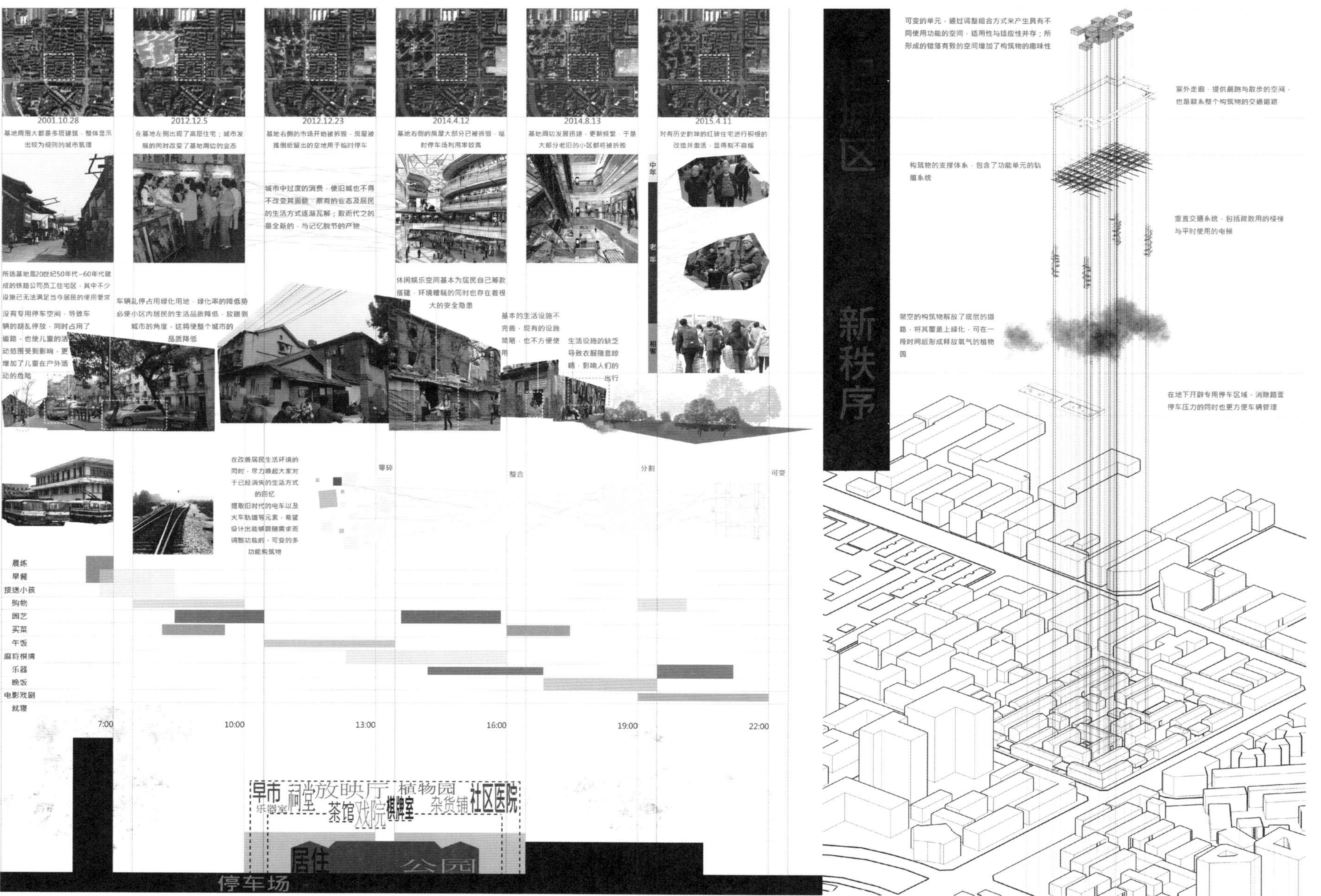

2001.10.28
基地周围大都是多层建筑，整体显示出较为规则的城市肌理
2012.12.5
在基地左侧出现了高层住宅；城市发展的同时改变了基地周边的业态
2012.12.23
基地右侧的市场开始被拆毁，房屋被推倒后留出的空地用于临时停车
2014.4.12
基地右侧的房屋大部分已被拆毁，临时停车场利用率较高
2014.8.13
基地周边发展迅速，更新频繁，于是大部分老旧的小区都将被拆毁
2015.4.11
对有历史韵味的红砖住宅进行积极的改造并激活，显得刻不容缓
城市中过度的消费，使旧城也不得不改变其面貌，原有的业态及居民的生活方式逐渐瓦解；取而代之的是全新的，与记忆脱节的产物
中年
老年
租客
所选基地是20世纪50年代—60年代建成的铁路公司员工住宅区，其中不少设施已无法满足当今居民的使用要求
没有专用停车空间，导致车辆的胡乱停放，同时占用了道路，也使儿童的活动范围受到影响，更增加了儿童在户外活动的危险
车辆乱停占用绿化用地，绿化率的降低势必使小区内居民的生活品质降低，放眼到城市的角度，这将使整个城市的品质降低
休闲娱乐空间基本为居民自己筹款搭建，环境糟糕的同时也存在着很大的安全隐患
基本的生活设施不完善，现有的设施简陋，也不方便使用
生活设施的缺乏导致衣服随意晾晒，影响人们的出行
在改善居民生活环境的同时，尽力唤起大家对于已经消失的生活方式的回忆
提取旧时代的电车以及火车轨道等元素，希望设计出能够跟随需求而调整功能的，可变的多功能构筑物
零碎
整合
分割
可变
晨练
早餐
接送小孩
购物
园艺
买菜
午饭
麻将棋牌
乐器
晚饭
电影戏剧
就寝
7:00
10:00
13:00
16:00
19:00
22:00
早市
乐器室
祠堂
放映厅
茶馆
戏院
棋牌室
植物园
杂货铺
社区医院
居住
公园
停车场
区
新秩序
可变的单元，通过调整组合方式来产生具有不同使用功能的空间，适用性与适应性并存；所形成的错落有致的空间增加了构筑物的趣味性
室外走廊，提供晨跑与散步的空间，也是联系整个构筑物的交通廊道
构筑物的支撑体系，包含了功能单元的轨道系统
垂直交通系统，包括疏散用的楼梯与平时使用的电梯
架空的构筑物解放了底层的道路，将其覆盖上绿化，可在一段时间后形成释放氧气的植物园
在地下开辟专用停车区域，消除路面停车压力的同时也更方便车辆管理

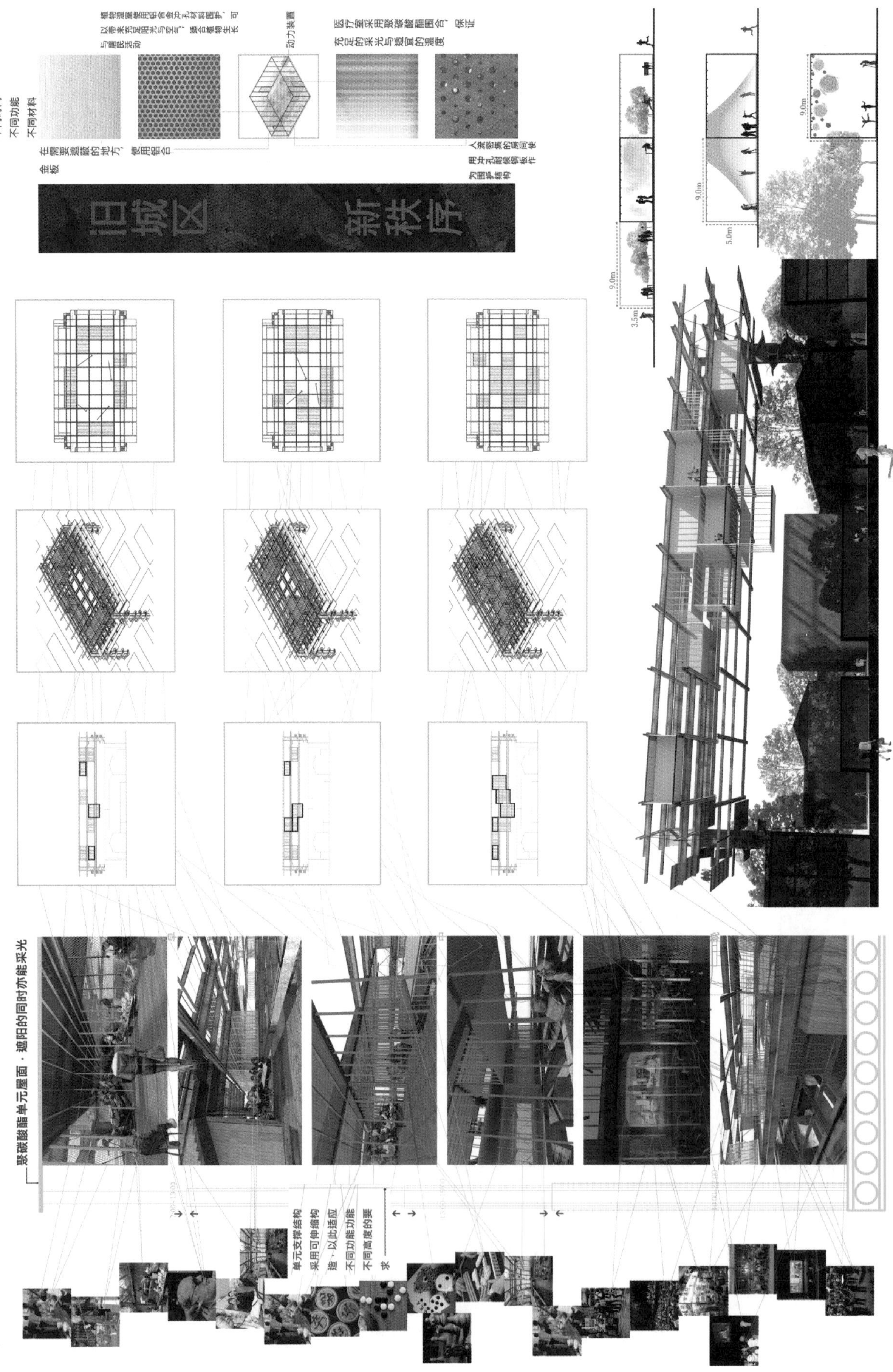
旧城区 新秩序
聚碳酸酯单元屋面，遮阳的同时亦能采光
单元支撑结构采用可伸缩构造，以此适应不同功能对不同高度的要求
不同时间
不同功能
不同材料
动力装置
9.0m
5.0m
3.5m

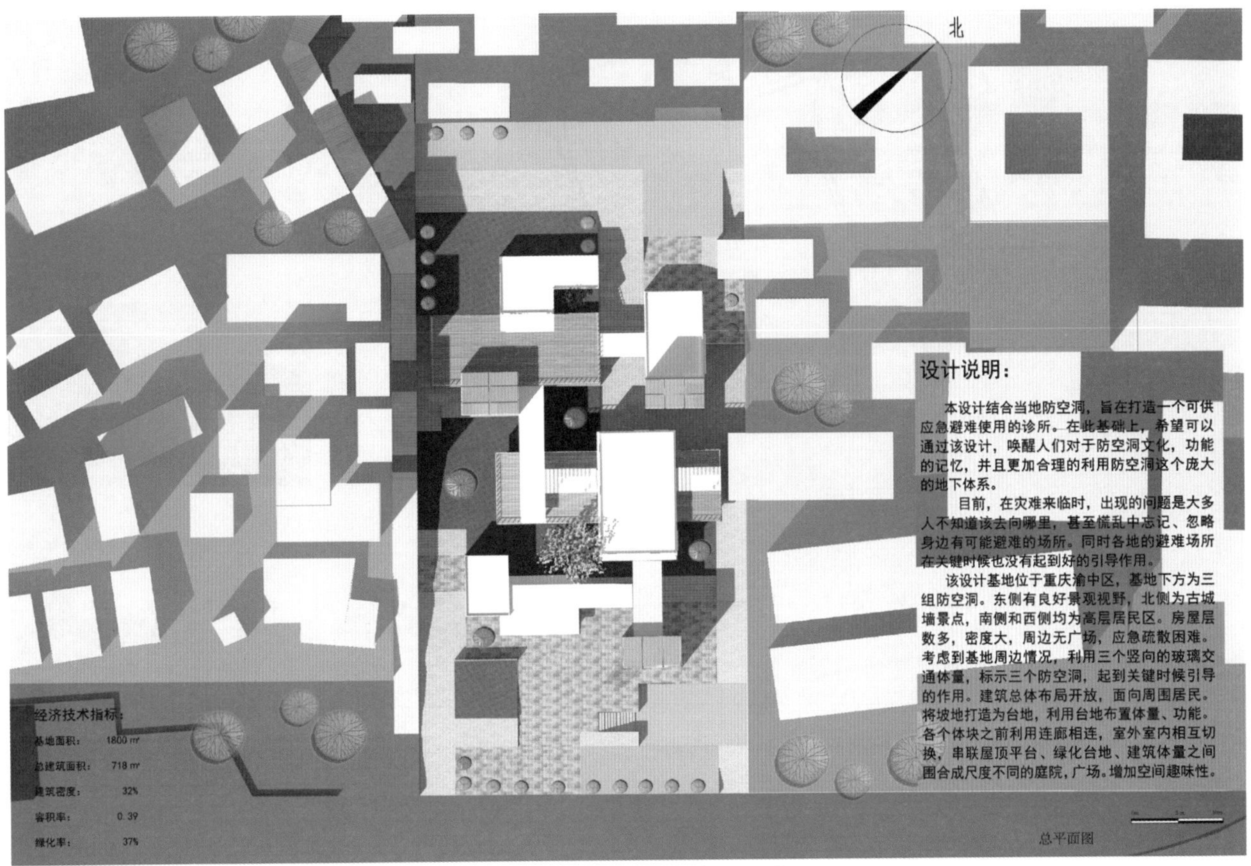

北
设计说明：
本设计结合当地防空洞，旨在打造一个可供应急避难使用的诊所。在此基础上，希望可以通过该设计，唤醒人们对于防空洞文化，功能的记忆，并且更加合理的利用防空洞这个庞大的地下体系。
目前，在灾难来临时，出现的问题是大多人不知道该去向哪里，甚至慌乱中忘记、忽略身边有可能避难的场所。同时各地的避难场所在关键时候也没有起到好的引导作用。
该设计基地位于重庆渝中区，基地下方为三组防空洞。东侧有良好景观视野，北侧为古城墙景点，南侧和西侧均为高层居民区。房屋层数多，密度大，周边无广场，应急疏散困难。考虑到基地周边情况，利用三个竖向的玻璃交通体量，标示三个防空洞，起到关键时候引导的作用。建筑总体布局开放，面向周围居民。将坡地打造为台地，利用台地布置体量、功能。各个体块之前利用连廊相连，室外室内相互切换，串联屋顶平台、绿化台地、建筑体量之间围合成尺度不同的庭院，广场。增加空间趣味性。
经济技术指标：
基地面积：1800 ㎡
总建筑面积：718 ㎡
建筑密度：32%
容积率：0.39
绿化率：37%
总平面图

重升——从防空洞到应急避难诊所——

一 防空洞概念解析

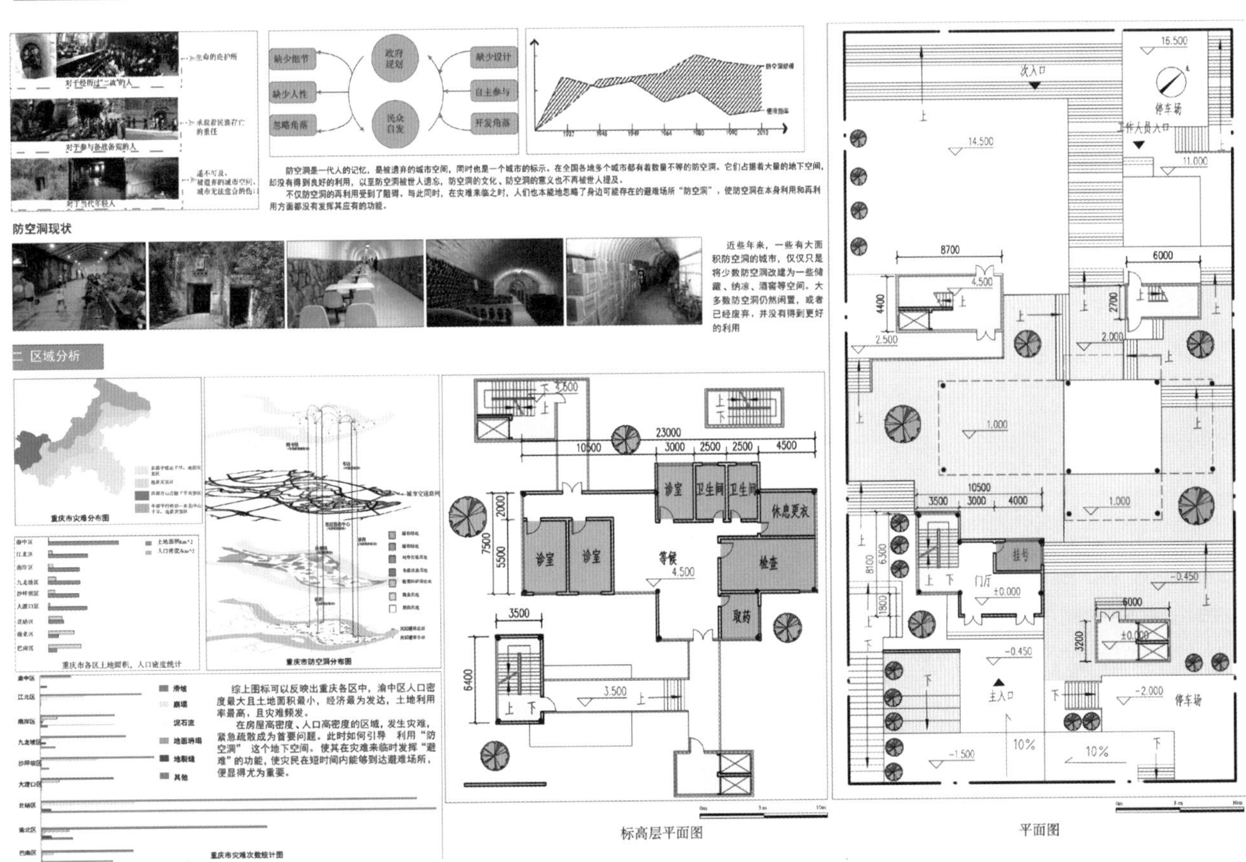

三 基地概况

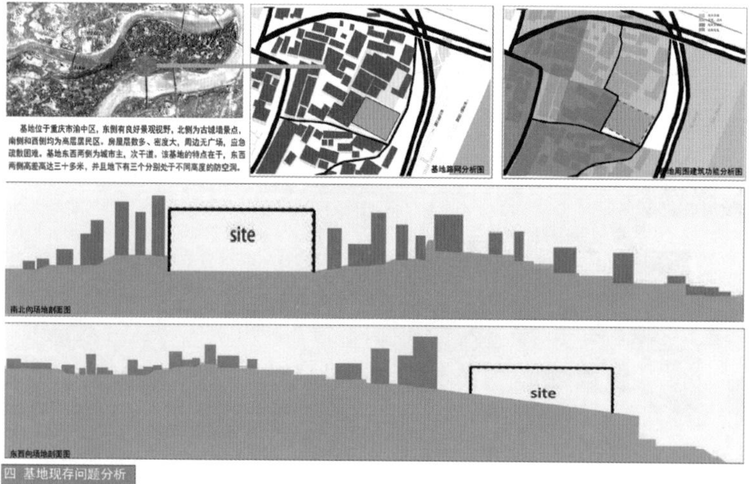

基地位于重庆市渝中区，东侧有良好景观视野，北侧为古城墙景点，南侧和西侧均为高层居民区，房屋层数多、密度大，周边无广场，应急疏散困难。基地东西两侧为城市主、次干道。该基地的特点在于，东西两侧高差高达三十多米，并且地下有三个分别处于不同高度的防空洞。

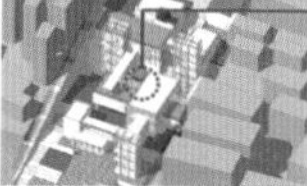

第一个防空洞位置为基地高度最低，进深最深的。该防空洞作为诊所走廊的一部分，且为了强调防空洞，在临街立面，入口处一侧 设计了一个直接的视线引导。使行人在路过此处的同时，能够最直接地感受防空洞的存在。

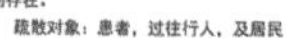

疏散对象：患者，过往行人，及居民

第二个防空洞位置相对第一个防空洞较高，内部空间不大，该防空洞作为诊所庭院的一部分，在炎热的夏天，行人、患者在此休息的时候，可以作为临时纳凉点。并且此防空洞完全开放，可供游人感受、体验。

疏散对象：患者，游客、行人，及基地南、西侧居民

第三个防空洞位置相对第一个防空洞位置最高，内部空间不大。该防空洞作为诊所储藏用房，与一个楼梯间串联。

疏散对象：患者，工作人员，基地西、北侧居民，行人。

四 基地现存问题分析

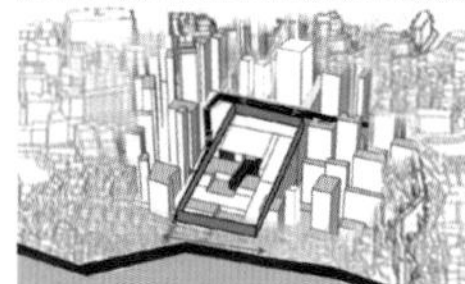

1. 周边环境建筑密度高，有狭小巷道，几个不同居民区仅有东西两次的主次干道。交通不便利，应急疏散困难。

2. 缺乏大面积活动场地，及相应的绿化设施。周边居民构成复杂，缺少交流

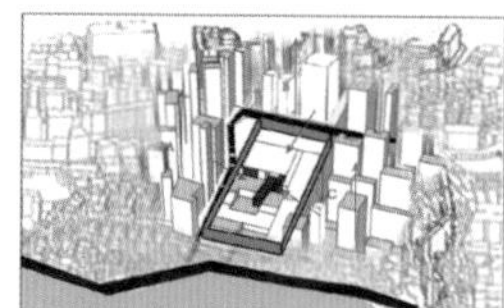

3. 周围建筑层数多，楼层高。防空洞处于高度相对较低的位置，不易发现，在灾难来临时易被忽视。

重升 从防空洞到应急避难诊所 二

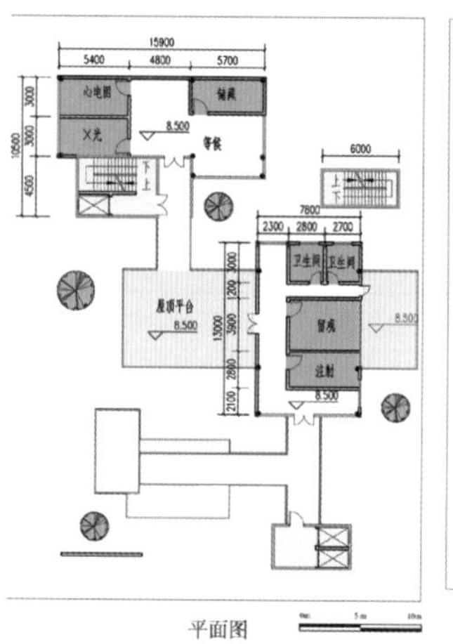

平面图

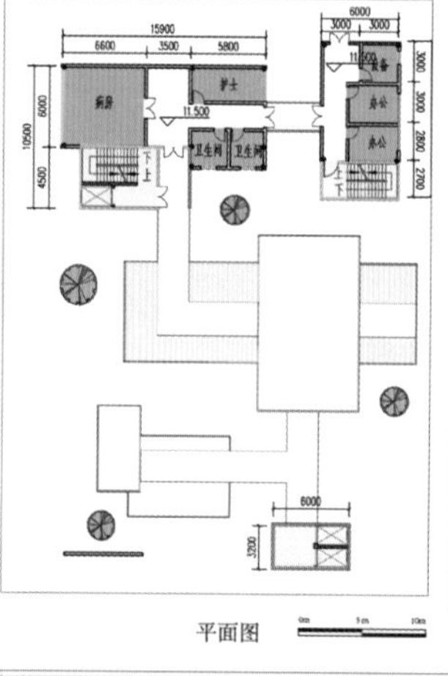

平面图

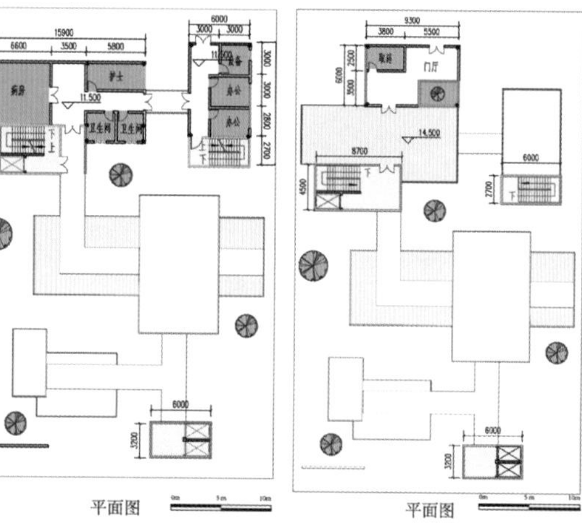

平面图

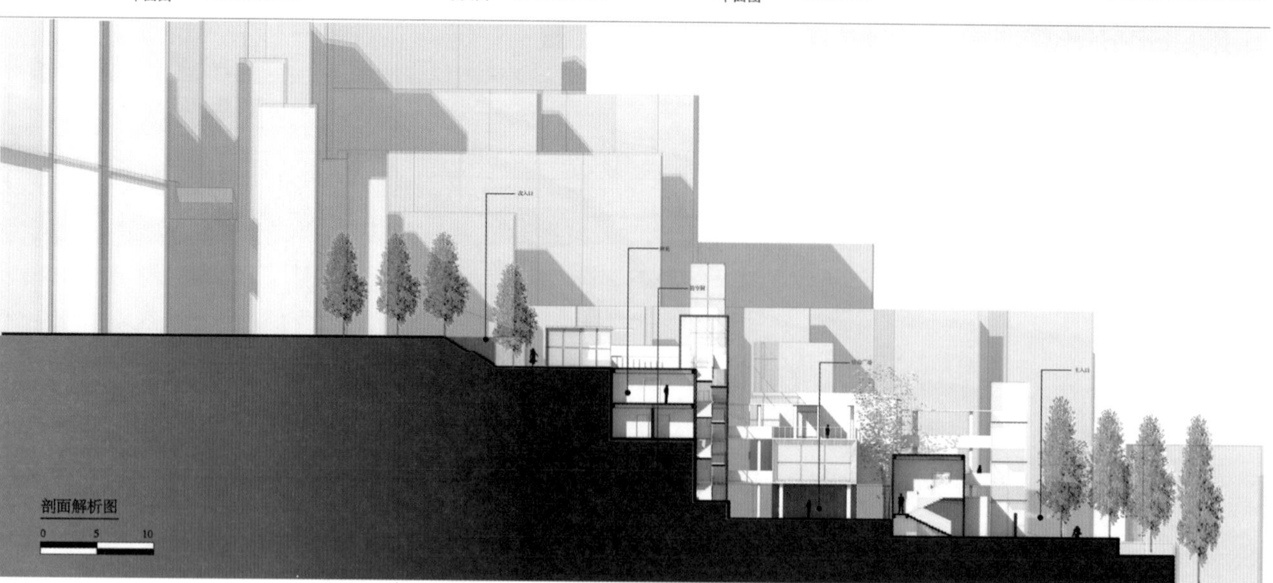

剖面解析图

0 5 10

重升

从防空洞到应急避难诊所 三

五 概念生成解析

周围居住区居民 → 紧张的户外环境

城市中的居民 → 高密度的人口环境

→ 开放的活动场地
流通的活动空间
建筑群中的绿化带

城市中的居民 → 防空洞文化的遗失

周围居住区居民 → 应急避难疏散困难

→ 唤醒防空洞的功能
引导急疏散，逃生

防空洞的文化记忆
↓
应急避难快速疏散

解决问题的策略

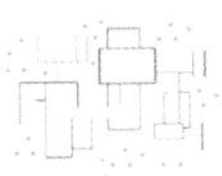

形体开放，面对行人、及周围居民的开放式诊所公园

从景观朝向、内部景观节点出发，使建筑围合成多个庭院

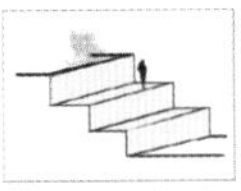

台地组合，功能设置，提供多层次的活动空间

在高度上用三个透明的竖向交通空间，与周围建筑群呼应，并且每个竖向体量作为一个防空洞的标示，引导人们进入

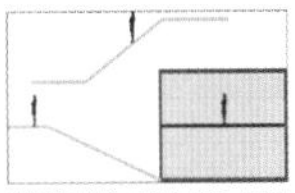

利用坡地的高差，用架空、错层、台地去处理地形，达到空间的多样性

六 空间布局解析

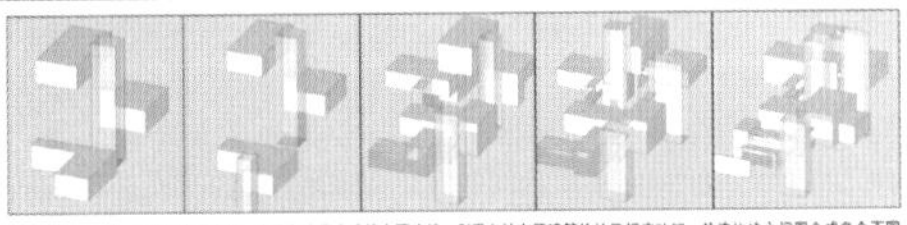

形体演化分析：以竖向交通空间，水平向连廊为建筑主要连接，利用台地布置建筑体块及相应功能，并使体块之间围合成多个不同尺度的庭院，提供多个屋顶平台。

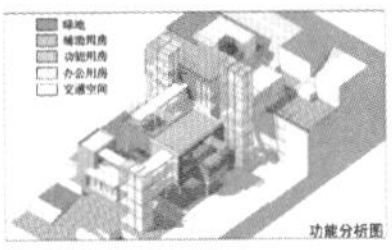

功能分析图

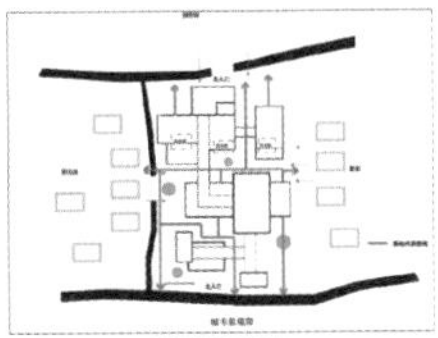

基地内部流线分析图

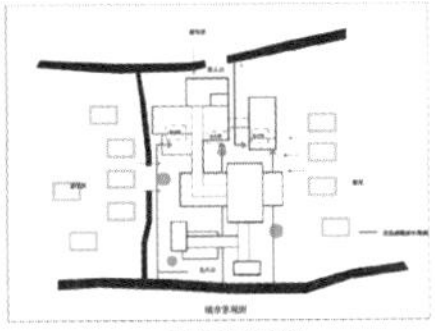

应急避难疏散流线图

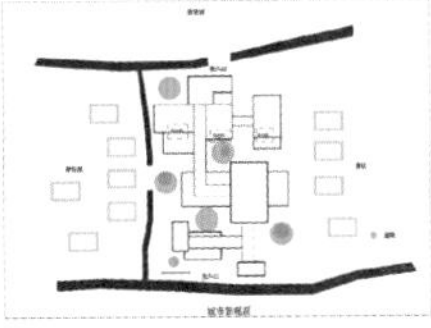

庭院景观节点图

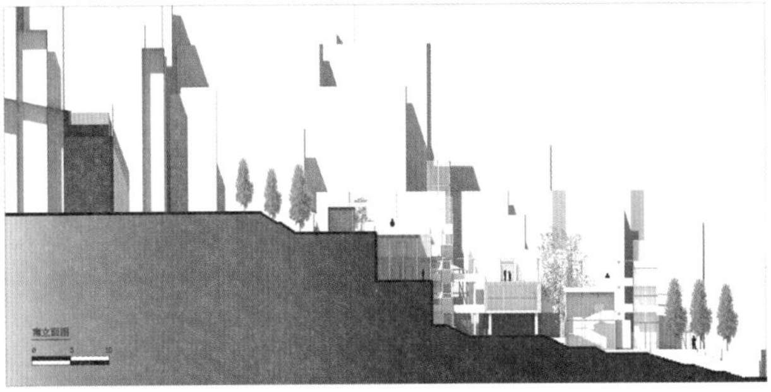

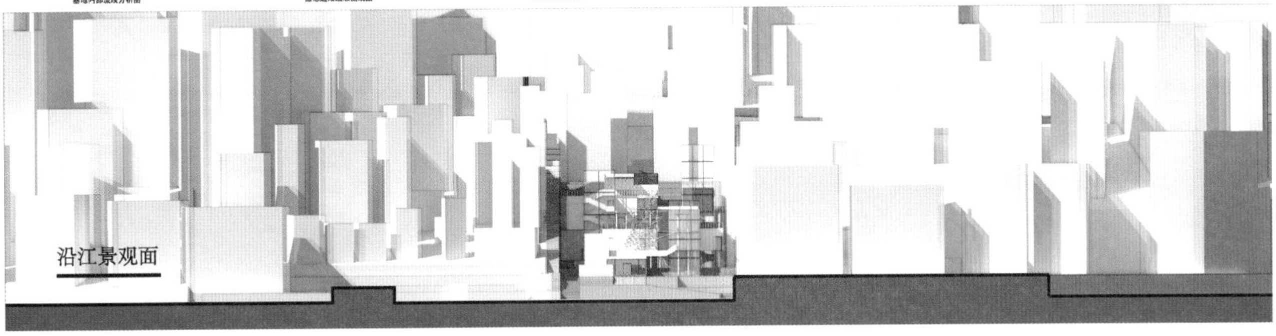

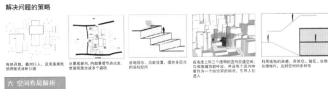

“带”尔寻

姓名：郭宏楠
学号：2013317030005
班级：建筑学 1301 班
指导老师：刘艳梅

（1/3）

盲人图书馆设计

盲人的生活及行动方式

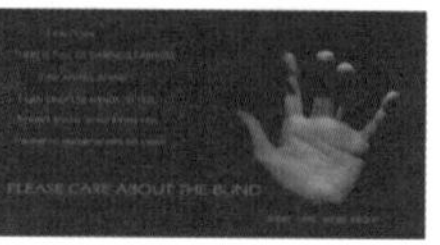

中国盲人数量分布及概况

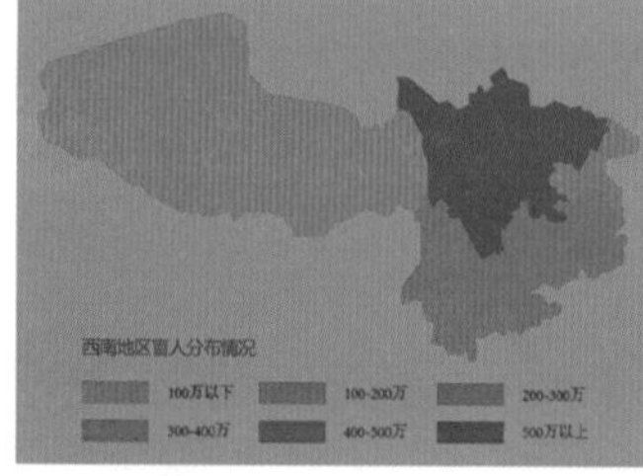

盲人是中国各种人群中一个特殊的社会弱势群体，有四千多万人，占人口比例的 3% 左右。

盲人对环境的心理感知：

自卑挫败感
抱怨
孤独抑郁感

可通过环境来进行改善

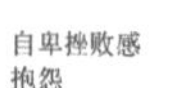

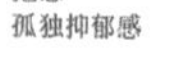

人　环境　人发出的行为

所选基地区位分析

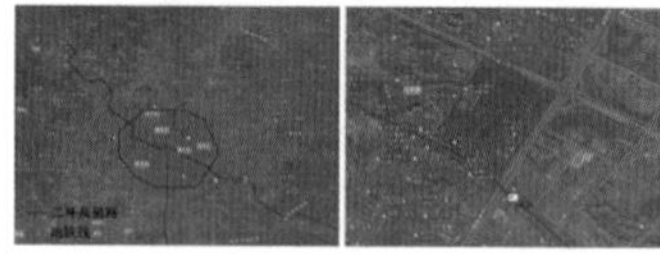

基于对盲人心理和生理最基本的了解，所选基地需具有以下特点：便于到达，人流量大，亲民。综上，所选基地位于平民化的社区中，最终以一种模式化的形式呈现在各地。

基地概况：四川省成都市锦江区牛市口路得胜小区内。在二环高架路和地铁线的交叉口处。

场地环境分析

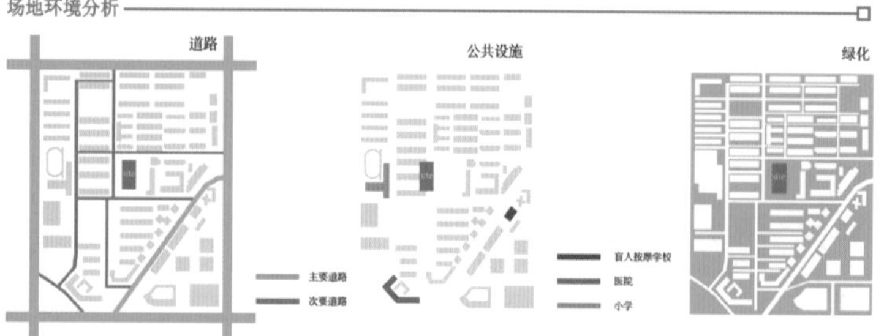

设计说明

当今社会提倡“以人为本，互相关爱”，但在现实生活中，无论从物质方面还是精神方面，我们对弱势群体的照顾并不是十分到位，因此我们认为，应该运用建筑的方式为他们提供关爱，帮助他们克服生理和心理障碍，从而积极地面对社会、面对生活。

图书馆是人类获取知识的宝库，它的服务对象是全人类，当然应该包括盲人。图书馆虽然无法让盲人重见光明，但却有责任和义务想方设法帮助盲人吸取知识，提高盲人的文化水平。

因此，针对“以人为本”，我们决定以“盲人图书馆”为主题，以“营造适宜盲人借阅图书的空间形式”为基础，以“除视觉以外的听觉、触觉等”为建筑标识，设计不以数字化为主体形式的图书馆。因为盲人的借阅形式和获取知识途径不同于常人，我们称其为“没有书的图书馆”。另外，特殊的建筑及空间形式给正常人也带来了不一样的空间体验，使得正常人在感受适宜盲人使用空间的同时，能够唤醒他们给予盲人更多的关怀与关爱。

总平面图

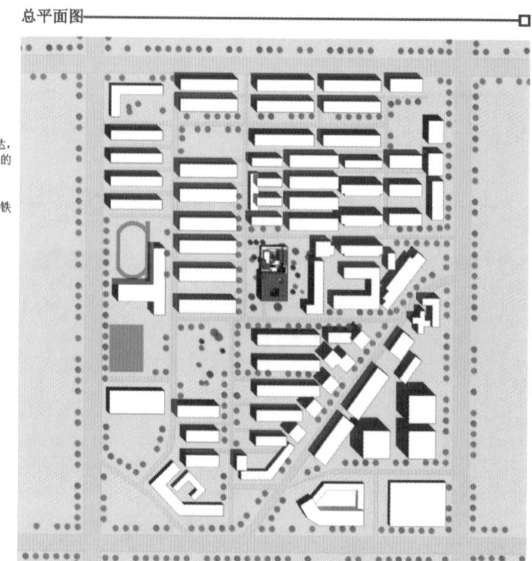

“带”尔寻

姓名：郭宏楠
学号：201331703005
班级：建筑学 1301 班
指导老师：刘艳梅

（2/3）

盲人图书馆设计

盲人喜爱的空间形式问卷分析

1. 您进入大空间和小空间能感受到明显区别么？（能听出来）100%
2. 您是否希望周围有特别明显的标识供您辨别方向？ 100% 希望
3. 日常行为中最困难的是做什么事？ 56% 选择行走 38% 找东西
4. 您希望生活在什么形状的房间里？ 长方形（抹角、外圆内方）和正常人一样
5. 您是否希望房间内壁无凹凸？ 100% 是
6. 您希望房间的门是推拉门还是普通单开门？ 84% 推拉门
7. 您平时喜欢独处还是喜欢与他人交流？ 78% 希望与人交流
8. 您最希望接触的自然环境有什么？ 花香、植物、新鲜空气、阳光
9. 您是否认为到达一处目的地能直接到达拐弯越少越好？ 78% 是 22% 无所谓

从调查得出：
1. 房间的连接要有秩序并且具有标识性，可用连续的触摸体进行连接
2. 可通过材料的变化引起他们触觉上的变化，从而引导空间的变化
3. 盲人要有与他人交流的空间，空间不用太大，应加入自然因素
4. 在减少行走路程情况下，增加他们与自然交流，加入元素可为花坛、植物等

盲道相关尺寸与盲人活动尺度

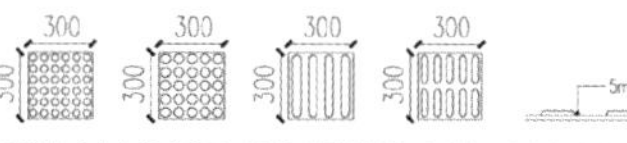

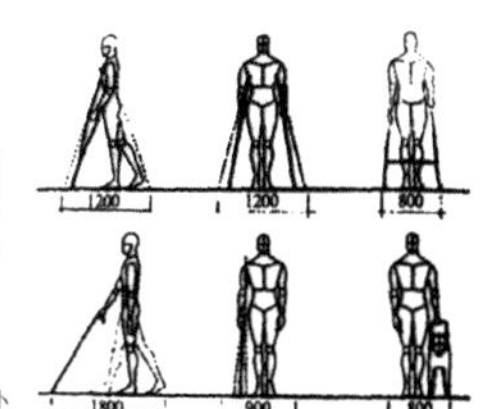

通常分为凸点图案的地砖和条形图案的地砖两种，前者代表停止、注意或警告，常用的有 25 个凸点和 36 个凸点两种；后者代表行进，常用的有 10 条线和 4 条线两种。两种地砖的常用规格均为长宽各 30cm，通常的铺设形式有“T”形铺设、“十”字形铺设和“L”形铺设。起始处的有效宽度一般应不小于 60cm，可直行处的铺设宽度应不小于 30cm

为盲人设计触摸导示设施时应以 0.7m～1.6m 之间
盲人的行走尺度即约在 0.9m～1.5m 的范围内
导盲犬与盲人并行时，人与犬的左右活动范围不小于 0.9m，前后活动范围不小于 1.2m

材质分析

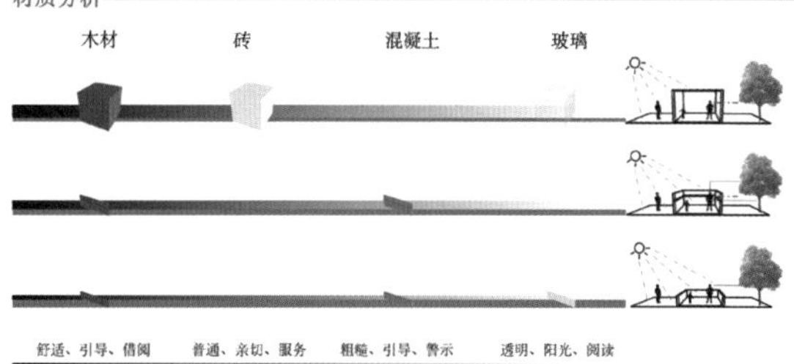

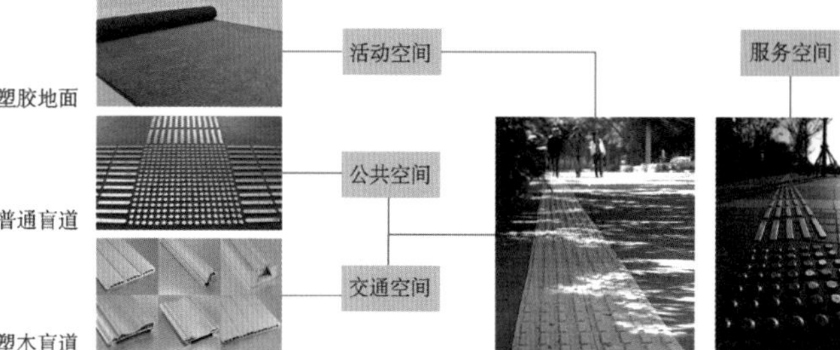

双排盲道　　单排盲道

盲人属性利润分析

正常人：“视觉、听觉、触觉、嗅觉、味觉” —感官配合→ 感觉 —最高享受→ 知觉

盲人：“听觉、触觉、嗅觉、味觉” —视觉缺失→

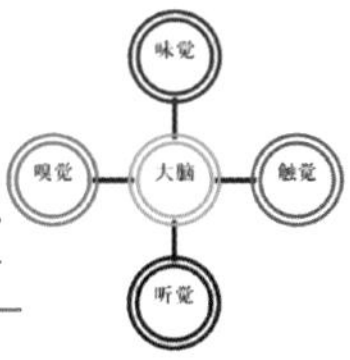

味觉　嗅觉　人脑　触觉　听觉

生理特殊性，对环境的心理需求性，及各种感官之间的相互作用

← 信息传入、建立、整合、空间音像脑中三维化

建筑生成过程

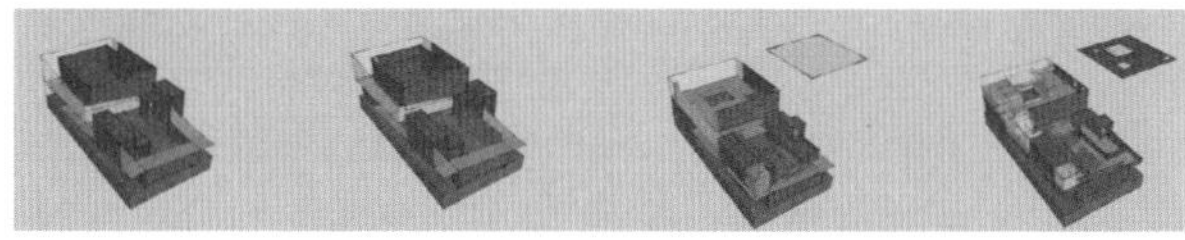

分解——结构

柱距：4.8m——作为步行的丈量
玻璃幕墙——阳光进入，感知温暖

想法来源：莫比乌斯带

只有一个面的纸带，一只小虫可以爬遍整个曲面而不必跨过它的边缘，这种纸带叫做“莫比乌斯带”。

基于盲人需要极其强烈的引导，考虑到莫比乌斯带的特性，特借鉴此形式作为盲人的引导空间。之后根据尺度及空间设计向上附加功能，得到初步的建筑形式。

不同的材料组成了建筑不同的结构，盲人们游走其中，根据触摸不同的材质，认知不同功能的空间。一个由莫比乌斯带带来的具有故事性的建筑——盲人图书馆，有一条路线带你畅游书海。我们想通过视觉以外的其他标识来实现盲人图书馆的职能，所以结构的材料以及盲人对于空间特有的感知成为盲人图书馆划分空间与功能的不二之选。

包裹莫比乌斯带的不同空间成为图书馆的不同功能空间。

生成——功能

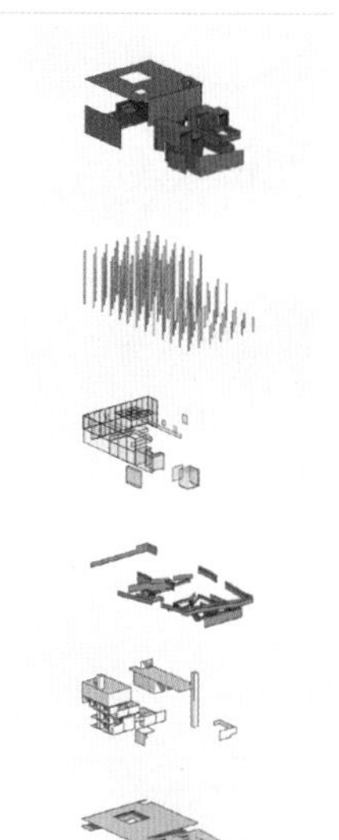

“带”尔寻

姓名：郭宏楠
学号：201331703005
班级：建筑学 1301 班
指导老师：刘艳梅

（3/3）

盲人图书馆设计

交通流线与功能组织

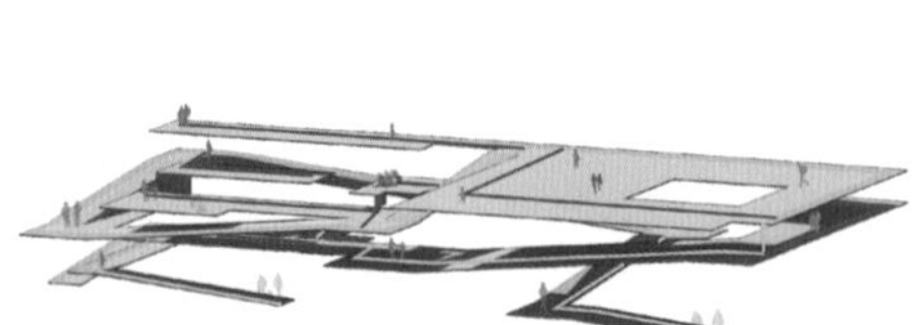

—— 可停留空间

—— 主要交通流线

建筑有一条完整的带子，使人顺着这条带子可以游览整个图书馆。但是因为坡道比较浪费空间，所以在坡道上也设置了相应不影响人行走的功能。到一定距离后可到达相应的平台，从事需要驻足的活动。

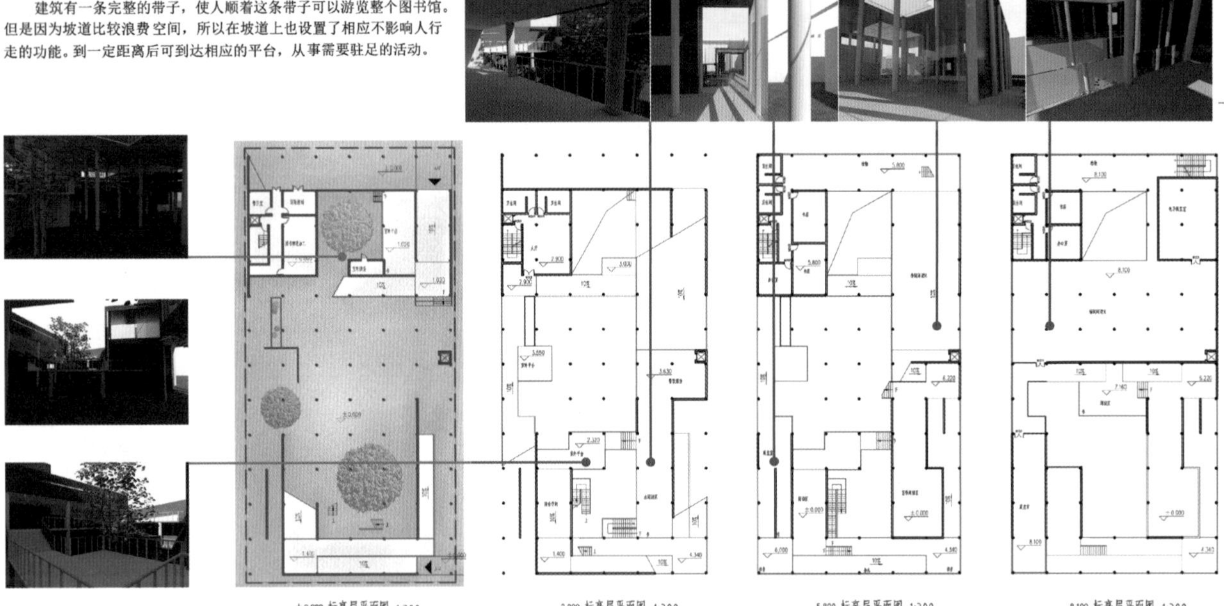

±0.000 标高层平面图 1:300

2.900 标高层平面图 1:300

5.800 标高层平面图 1:300

8.100 标高层平面图 1:300

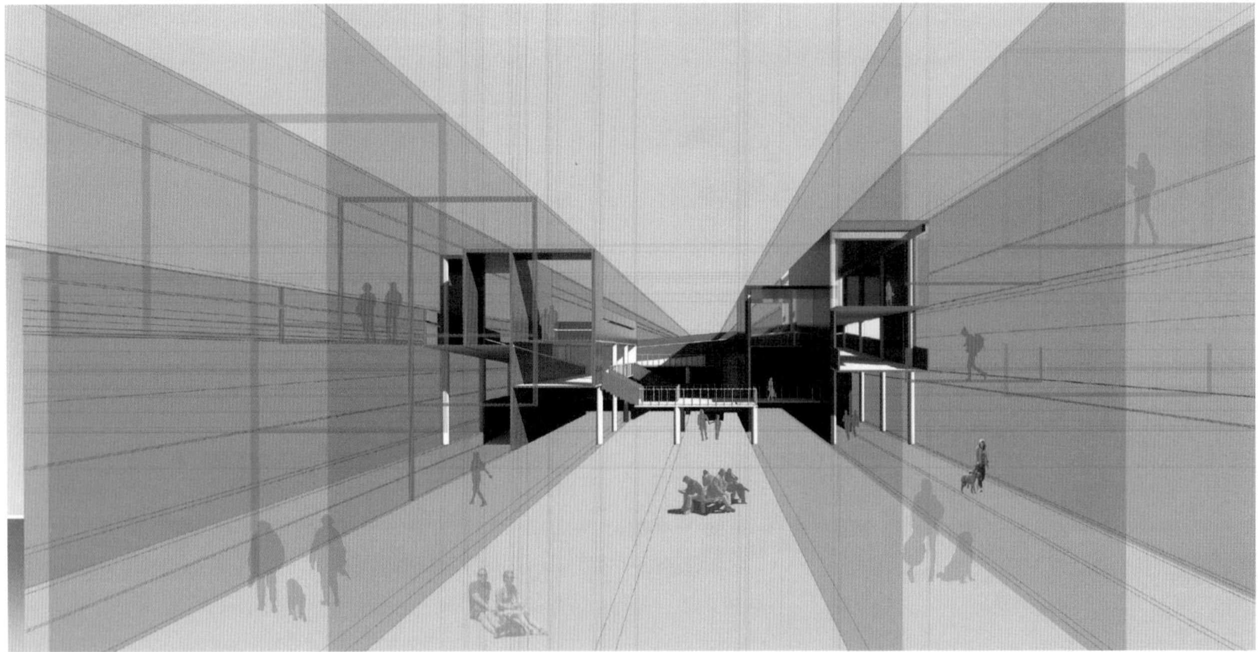

建筑学本科三年级｜居住区设计

居住区规划设置在第六学期，安排10周时间。用地选取成都市中的真实地块，规模在15~20hm^{2}之间，主要作为居住，配置相应的商业、休闲等公共服务设施，并结合居住区发展及居民的需求合理组织绿化系统和区内道路系统。住宅以多层为主，可有部分低层，高层单元数量不超过20%，高度不超过54m。户型面积配比根据设计定位自行确定。公建配套以满足居住区自身居民需求为主，按居住用地面积的10%作为公建服务设施用地面积。容积率在2~2.5之间，绿地率不小于30%，建筑密度不大于30%（停车数量参考《成都市规划管理技术条例》）。要求学生了解居住区规划设计特点，理解建筑学与城市规划的关系，初步完成从单体设计到城市规划设计的过渡。掌握居住区规划的基本方法和居住区规划设计成果图件、指标计算、说明、规范及表现技能，为建筑师应具有的深厚职业素养打好基础。

YOUNG FOR U

青年 · 开放 · 社区

RESIDENTIAL DISTRICT PLANNING AND DESIGN

成都市双流县居住区规划设计

青年社区 01

YOUTH COMMUNITY

规划用地平衡指标

用地	面积（hm²）
居住区规划用地	14.5
居住区规划可用地	12.8
1.居住区用地	12.8
住宅用地	4.1
公建用地	1.7
道路用地	2.3
公共绿地	4.7
2.其他用地	1.7

经济技术指标

居住人数	5781人
户均人数	2.7人
居住套数	2141户
住宅平均自然层数	8.7
建筑密度	39%
容积率	1.81
绿地率	47.3%
人口毛密度	1410人/hm²
人口净密度	451人/hm²
停车位	1970个

总平面图1：1000

YOUNG FOR U

RESIDENTIAL DISTRICT PLANNING AND DESIGN

成都市双流县居住区规划设计

青年·开放·社区

青年社区 02

YOUTH COMMUNITY

规划前期分析

本次基地位于四川省成都双流区，基地总用地面积14.5公顷，南临西南民族大学航空港校区，西临机场南四路，北临机场高速，东临川齿路。根据双流县未来规划和发展拟将该区位发展为青年社区。

基地地块北面是四川航空大厦，南面是西南民族大学，西面是四川机场集团有限公司，东面有百港国际酒店。

基地距离主城区10公里距离，靠近双流国际机场。地铁三号线，十号线但基地周围的配套设施不太完善。

基地西侧为机场十号线，东侧毗邻临港路北侧有S6道，交通便利

基地周边交通配套设施

1.公交

共有7条公交路线

804B路 808路 816路 824路

825B路 826路 306路

2.地铁

3号线一期

3号线二期（南延线）

10号线一期

3.靠近机场

坐车仅需10分钟

楼盘发展趋势

1.户型：以经济三房、四房为主力户型。

2.建筑形态：多层，高层。

3.产品类型：公寓，住宅，联排住宅。

4.景观：人们生活水平的提高，注重环境的营造，各种健身区。

5.停车：考虑发展的需求，停车率高。

基地周围主要是商业用地、教育用地和居住用地。公共配套设施不够完善。需要在基地内规划设计相应的配套设施。

根据规范要求和基地周围情况需要在基地内配置6~8个班规模的幼儿园。

基地周边用地分析

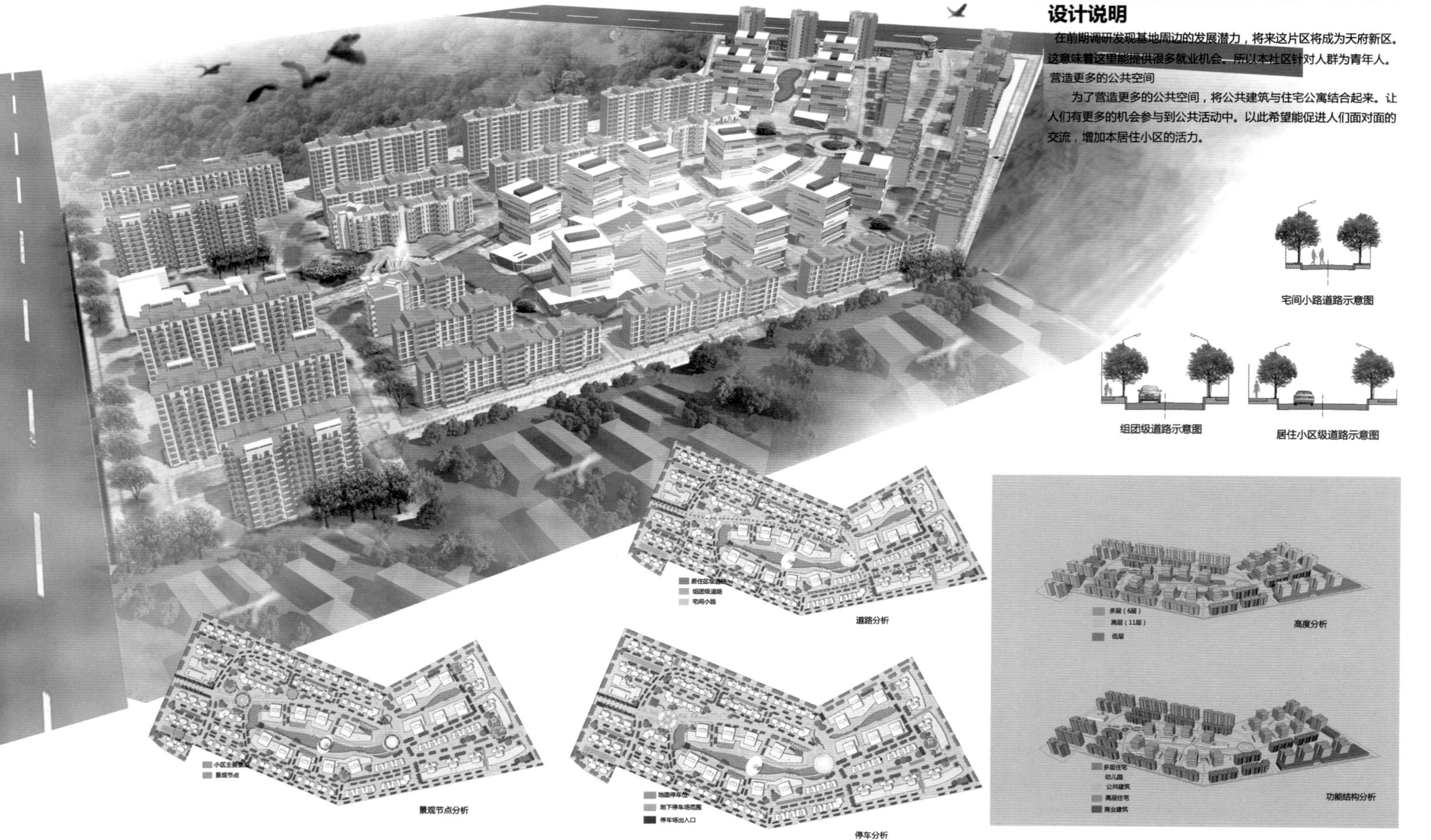
YOUNG FOR U
青年・开放・社区
RESIDENTIAL DISTRICT PLANNING AND DESIGN
成都市双流县居住区规划设计
青年社区
YOUTH COMMUNITY
03
设计说明
在前期调研发现基地周边的发展潜力，将来这片区将成为天府新区。这意味着这里能提供很多就业机会。所以本社区针对人群为青年人。
营造更多的公共空间
为了营造更多的公共空间，将公共建筑与住宅公寓结合起来。让人们有更多的机会参与到公共活动中。以此希望能促进人们面对面的交流，增加本居住小区的活力。
宅间小路道路示意图
组团级道路示意图
居住小区级道路示意图
居住区级道路
组团级道路
宅间小路
道路分析
多层（6层）
高层（11层）
低层
高度分析
小区主要景观
景观节点
景观节点分析
地面停车位
地下停车场范围
停车场出入口
停车分析
多层住宅
幼儿园
公共建筑
高层住宅
商业建筑
功能结构分析

YOUNG FOR U
成都市双流县居住区规划设计
青年·开放·社区
RESIDENTIAL DISTRICT PLANNING AND DESIGN
青年社区
YOUTH COMMUNITY
04
剖面图1 1:200
剖面图2 1:200
E户型屋顶平面图1:200
D户型屋顶平面图1:200
F户型屋顶平面图1:200
E户型标准层平面图1:200
D户型标准层平面图1:200
F户型标准层平面图1:200
E户型首层平面图1:200
D户型首层平面图1:200
F户型首层平面图1:200
东侧沿街立面图1:300

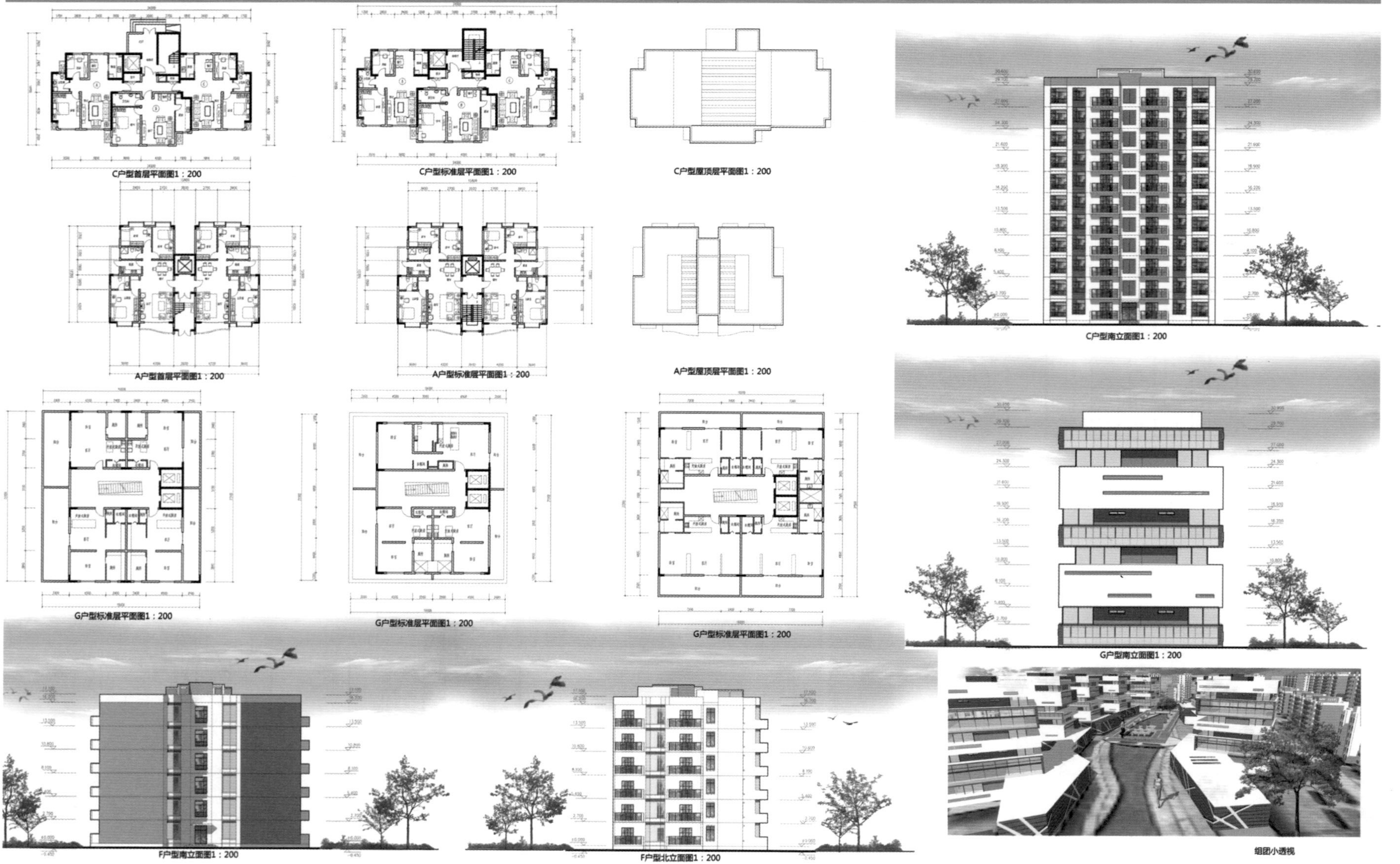
YOUNG FOR U
青年·开放·社区
RESIDENTIAL DISTRICT PLANNING AND DESIGN
成都市双流县居住区规划设计
青年社区
YOUTH COMMUNITY
05
C户型首层平面图1：200
C户型标准层平面图1：200
C户型屋顶层平面图1：200
C户型南立面图1：200
A户型首层平面图1：200
A户型标准层平面图1：200
A户型屋顶层平面图1：200
G户型标准层平面图1：200
G户型标准层平面图1：200
G户型标准层平面图1：200
G户型南立面图1：200
F户型南立面图1：200
F户型北立面图1：200
组团小透视

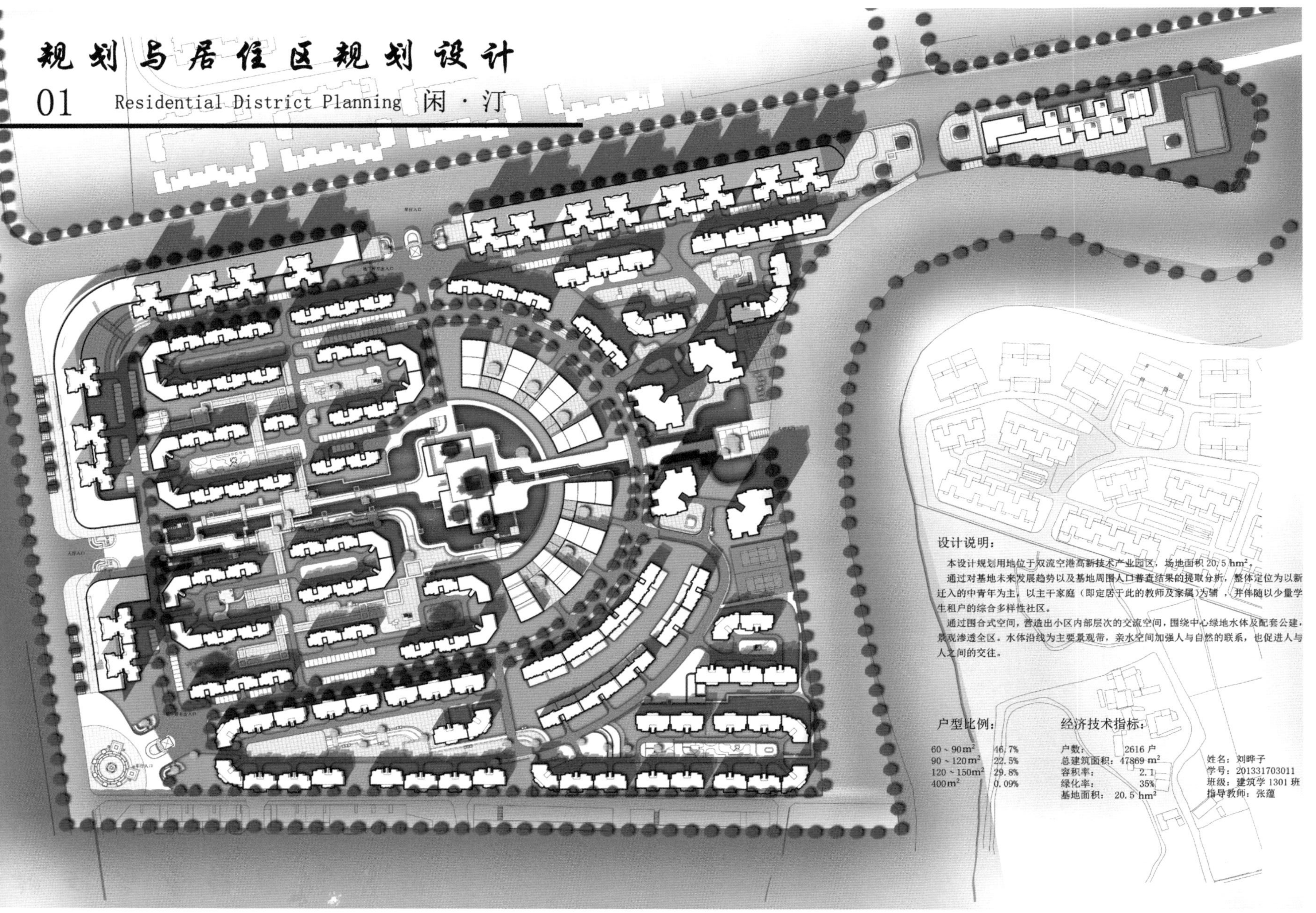

规划与居住区规划设计
01 Residential District Planning 闲·汀
设计说明：
本设计规划用地位于双流空港高新技术产业园区，场地面积 20.5 hm²。
通过对基地未来发展趋势以及基地周围人口普查结果的提取分析，整体定位为以新迁入的中青年为主，以主干家庭（即定居于此的教师及家属）为辅，并伴随以少量学生租户的综合多样性社区。
通过围合式空间，营造出小区内部层次的交流空间，围绕中心绿地水体及配套公建，景观渗透全区。水体沿线为主要景观带，亲水空间加强人与自然的联系，也促进人与人之间的交往。
户型比例：
60～90m² 46.7%
90～120m² 22.5%
120～150m² 29.8%
400m² 0.09%
经济技术指标：
户数： 2616 户
总建筑面积： 47869 m²
容积率： 2.1
绿化率： 35%
基地面积： 20.5 hm²
姓名：刘晔子
学号：201331703011
班级：建筑学 1301 班
指导教师：张蕴

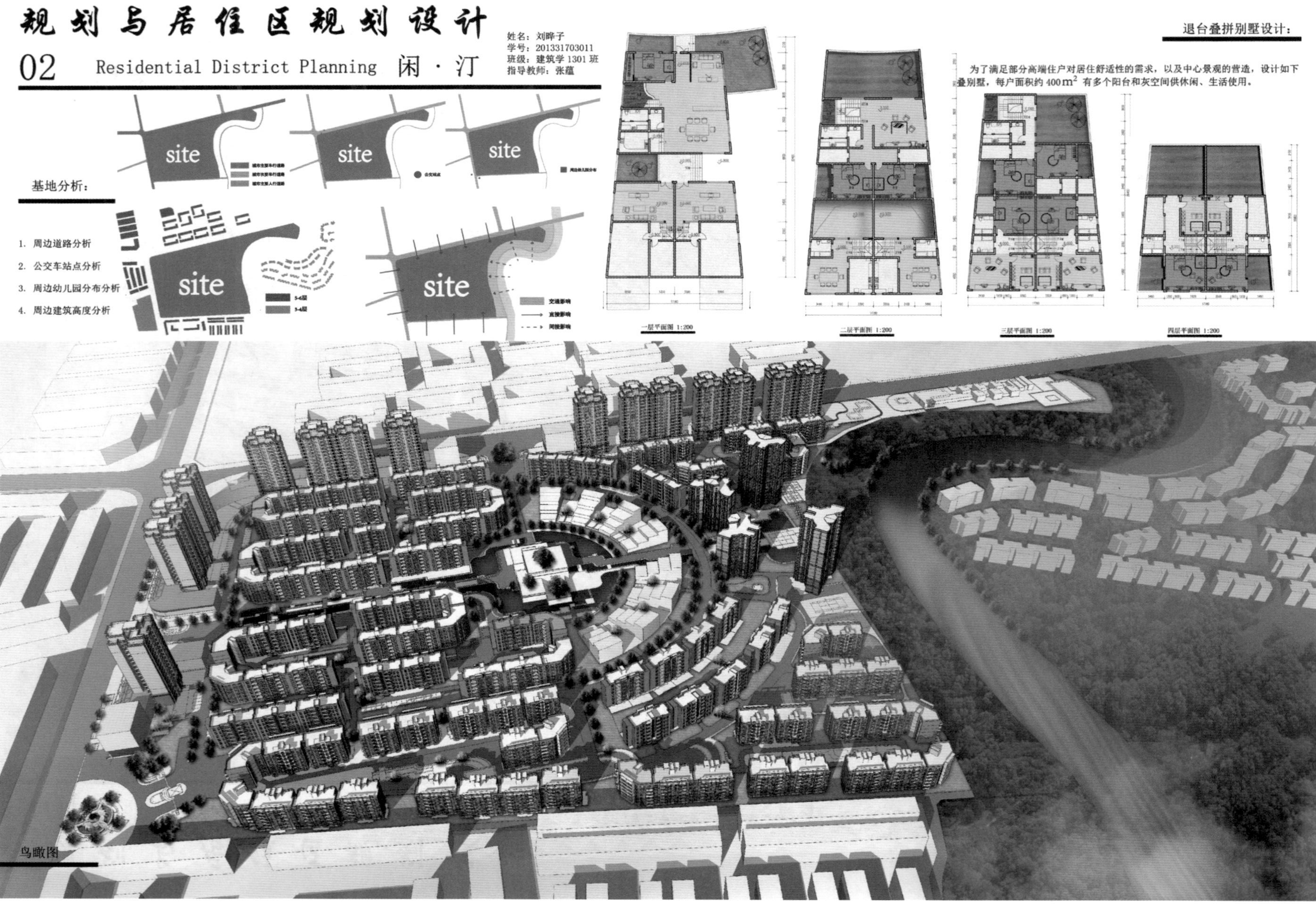
规划与居住区规划设计
02 Residential District Planning 闲 · 汀
姓名：刘晔子
学号：201331703011
班级：建筑学 1301 班
指导教师：张蕴
基地分析：
1. 周边道路分析
2. 公交车站点分析
3. 周边幼儿园分布分析
4. 周边建筑高度分析
site
site
site
site
site
退台叠拼别墅设计：
为了满足部分高端住户对居住舒适性的需求，以及中心景观的营造，设计如下叠别墅，每户面积约 400m² 有多个阳台和灰空间供休闲、生活使用。
一层平面图 1:200
二层平面图 1:200
三层平面图 1:200
四层平面图 1:200
鸟瞰图

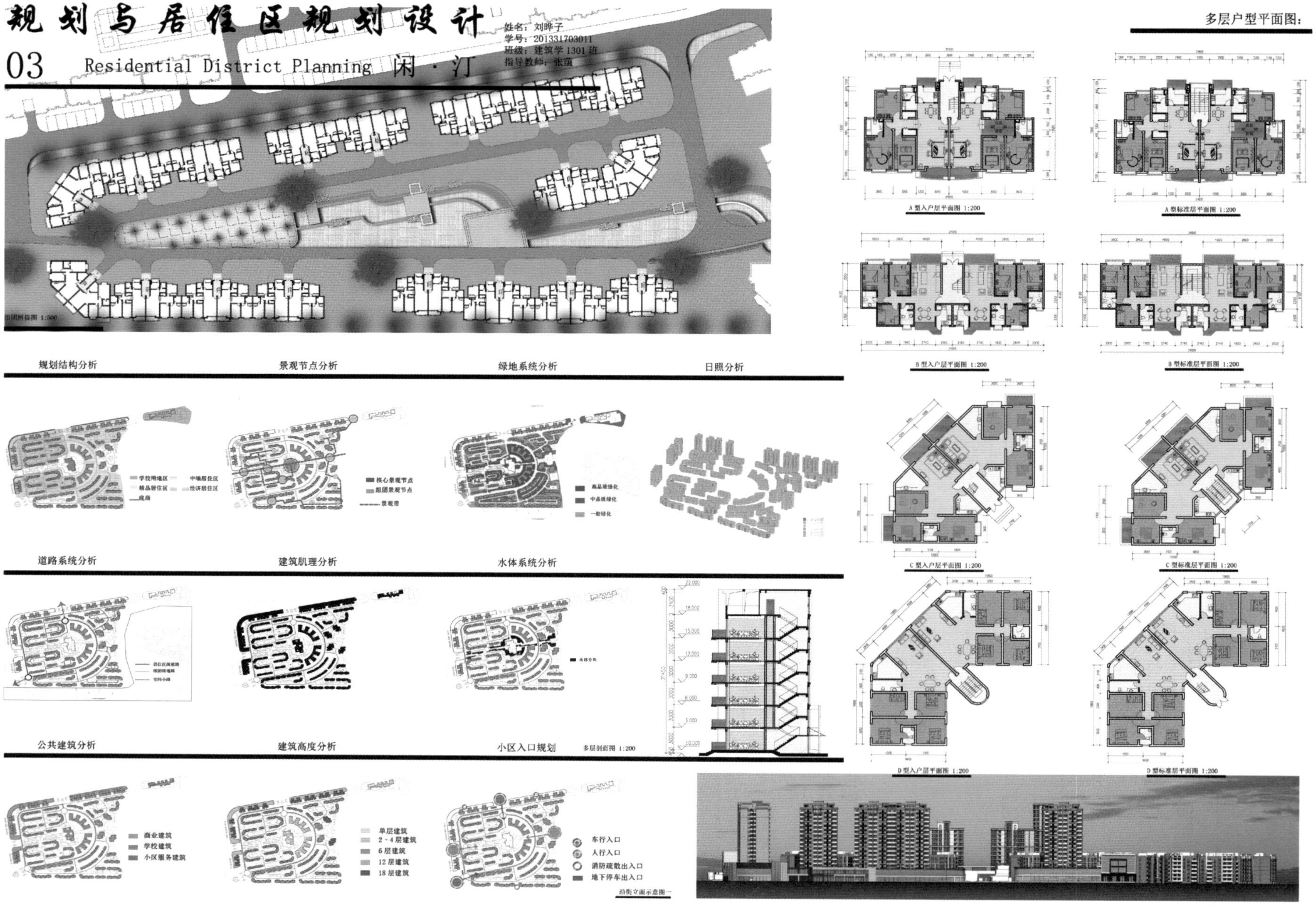
规划与居住区规划设计
03 Residential District Planning 闲·汀
姓名：刘晔子
学号：201331703011
班级：建筑学1301班
指导教师：张蕊
总平面图 1:500
规划结构分析
学校用地区
中端居住区
精品居住区
经济居住区
底商
景观节点分析
核心景观节点
组团景观节点
景观带
绿地系统分析
高品质绿化
中品质绿化
一般绿化
日照分析
道路系统分析
建筑肌理分析
水体系统分析
公共建筑分析
商业建筑
学校建筑
小区服务建筑
建筑高度分析
单层建筑
2～4层建筑
6层建筑
12层建筑
18层建筑
小区入口规划
车行入口
人行入口
消防疏散出入口
地下停车出入口
多层剖面图 1:200
沿街立面示意图一
多层户型平面图：
A型入户层平面图 1:200
A型标准层平面图 1:200
B型入户层平面图 1:200
B型标准层平面图 1:200
C型入户层平面图 1:200
C型标准层平面图 1:200
D型入户层平面图 1:200
D型标准层平面图 1:200

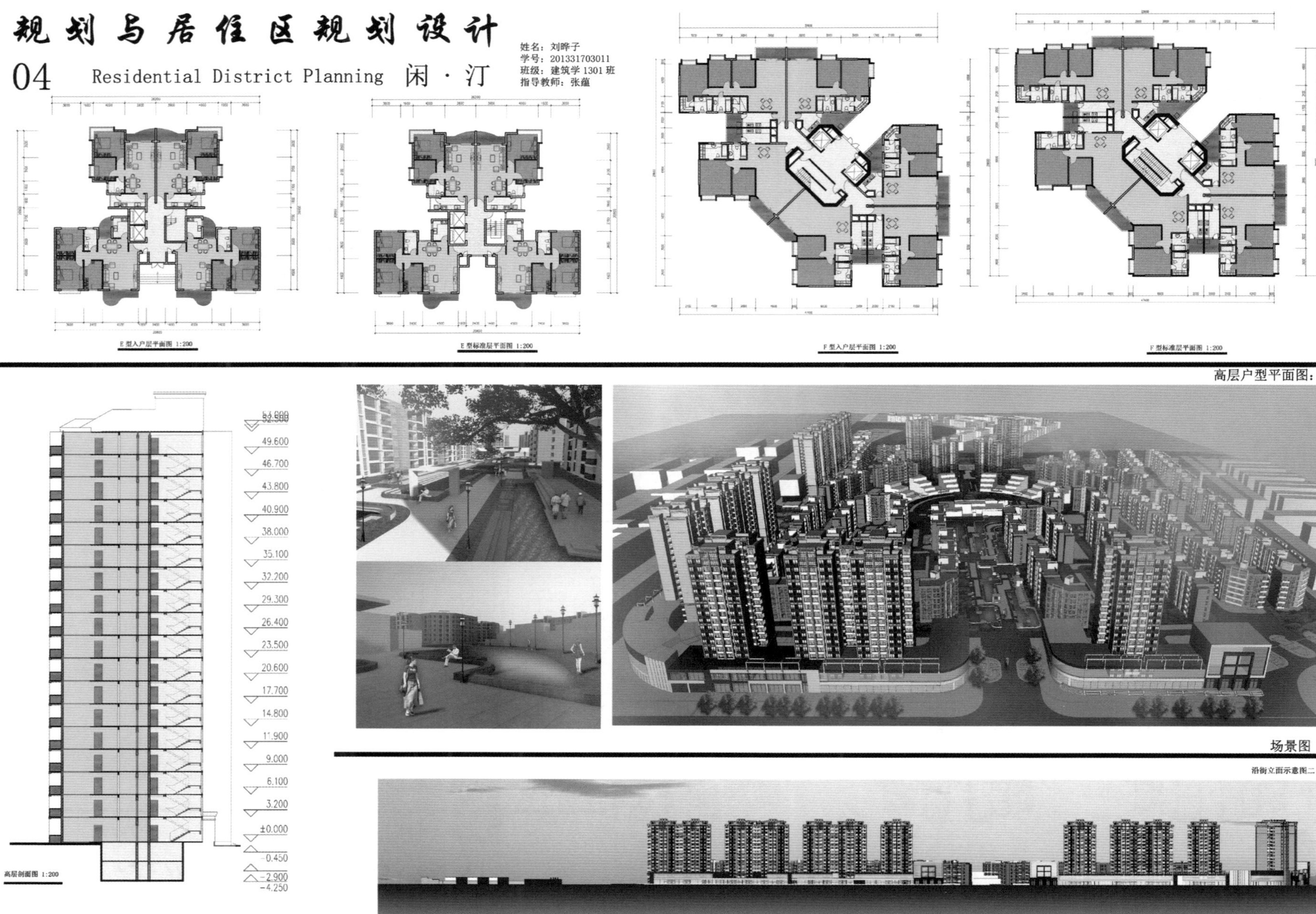

规划与居住区规划设计
04 Residential District Planning 闲·汀
姓名：刘晔子
学号：201331703011
班级：建筑学 1301 班
指导教师：张蕴
E 型入户层平面图 1:200
E 型标准层平面图 1:200
F 型入户层平面图 1:200
F 型标准层平面图 1:200
高层户型平面图：
49.600
46.700
43.800
40.900
38.000
35.100
32.200
29.300
26.400
23.500
20.600
17.700
14.800
11.900
9.000
6.100
3.200
±0.000
-0.450
-2.900
-4.250
高层剖面图 1:200
场景图
沿街立面示意图二

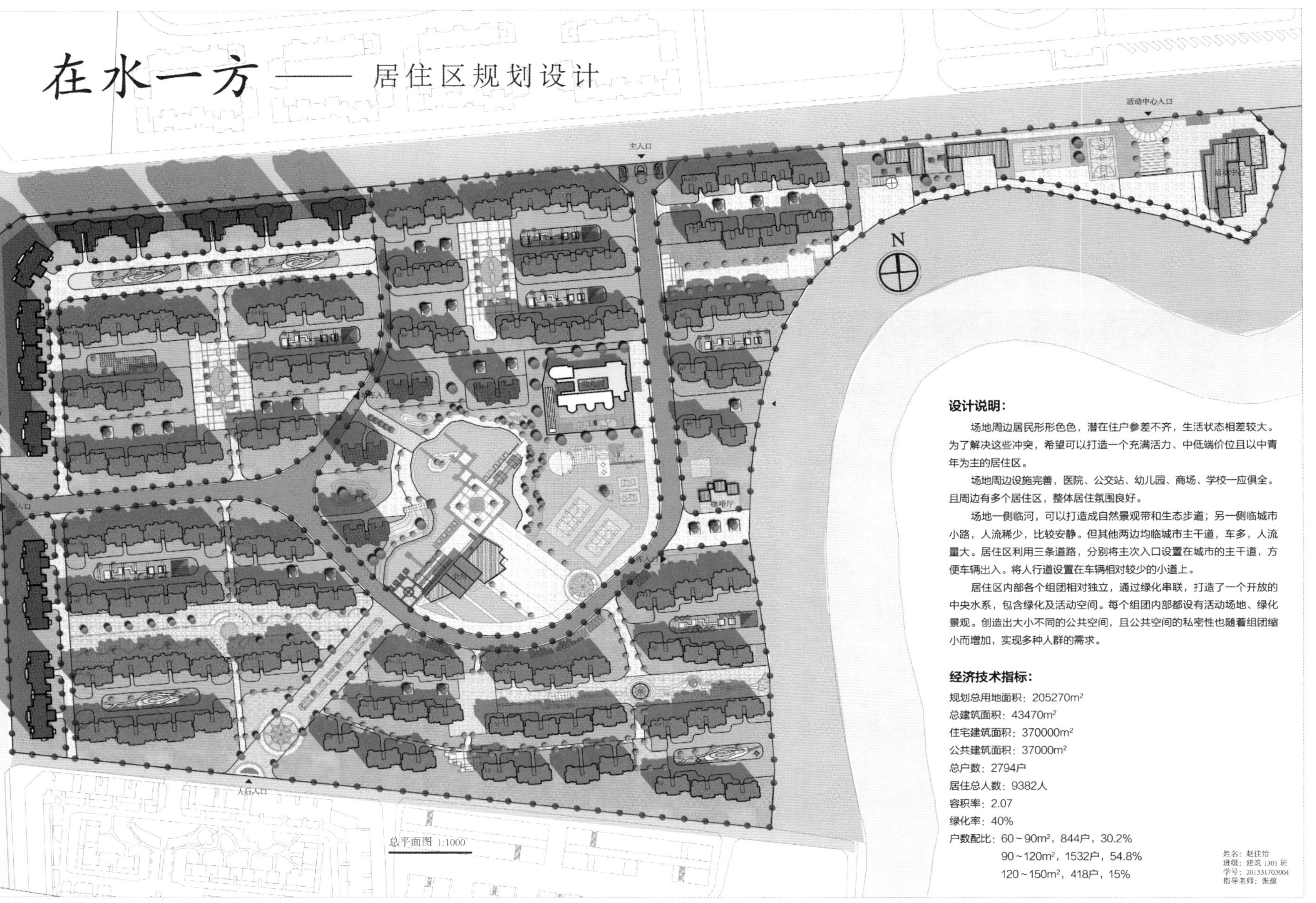
在水一方 —— 居住区规划设计
活动中心入口
主入口
人行入口
N
总平面图 1:1000
设计说明：
场地周边居民形形色色，潜在住户参差不齐，生活状态相差较大。为了解决这些冲突，希望可以打造一个充满活力、中低端价位且以中青年为主的居住区。
场地周边设施完善，医院、公交站、幼儿园、商场、学校一应俱全。且周边有多个居住区，整体居住氛围良好。
场地一侧临河，可以打造成自然景观带和生态步道；另一侧临城市小路，人流稀少，比较安静。但其他两边均临城市主干道，车多，人流量大。居住区利用三条道路，分别将主次入口设置在城市的主干道，方便车辆出入。将人行道设置在车辆相对较少的小道上。
居住区内部各个组团相对独立，通过绿化串联，打造了一个开放的中央水系，包含绿化及活动空间。每个组团内部都设有活动场地、绿化景观。创造出大小不同的公共空间，且公共空间的私密性也随着组团缩小而增加，实现多种人群的需求。
经济技术指标：
规划总用地面积：205270m²
总建筑面积：43470m²
住宅建筑面积：370000m²
公共建筑面积：37000m²
总户数：2794户
居住总人数：9382人
容积率：2.07
绿化率：40%
户数配比：60~90m²，844户，30.2%
90~120m²，1532户，54.8%
120~150m²，418户，15%
姓名：赵佳怡
班级：建筑1301班
学号：201331703004

在水一方——居住区规划设计

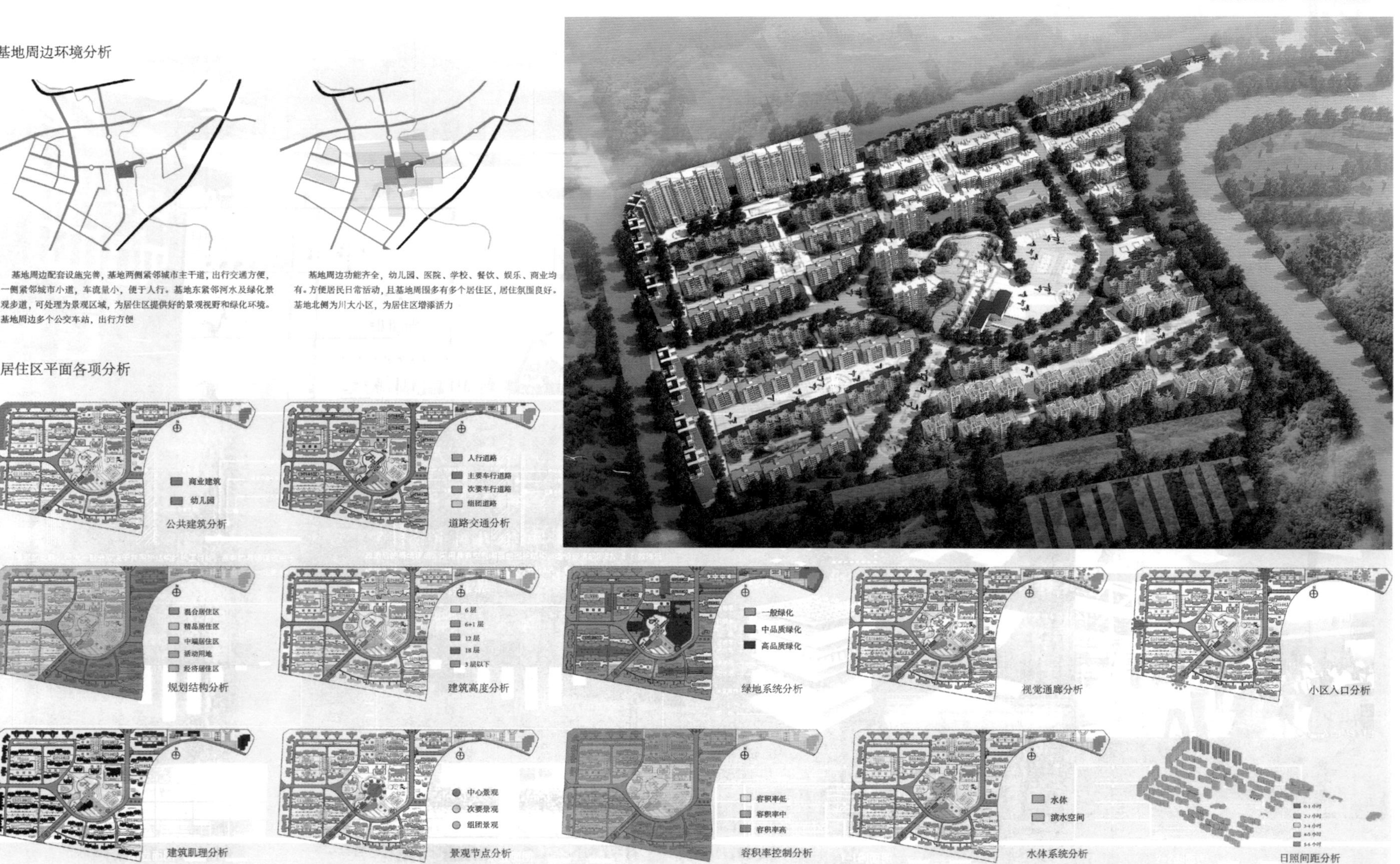

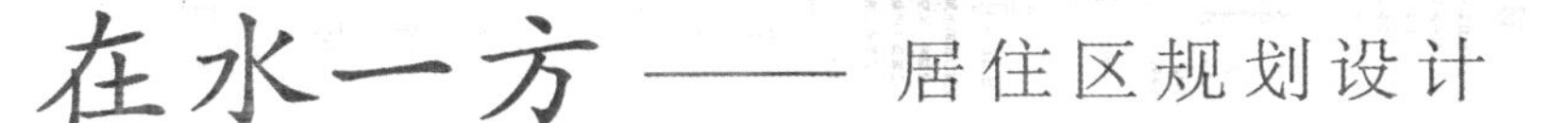

—— 居住区规划设计

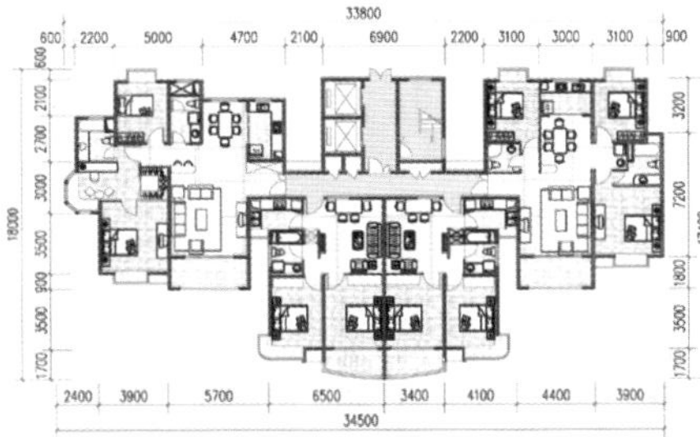

高层首层平面图 1:200

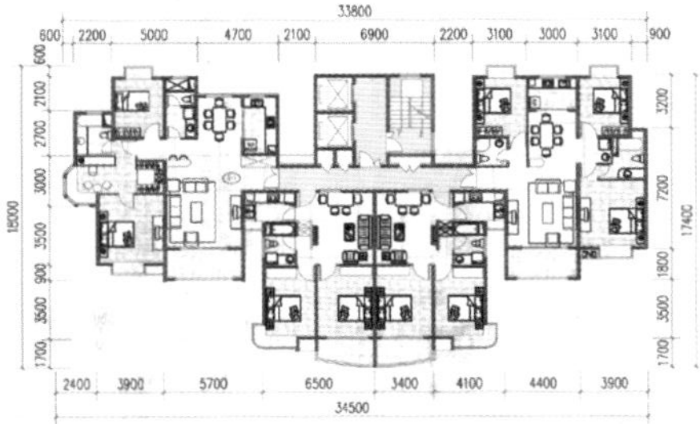

高层标准层平面图 1:200

高层顶层平面图 1:200

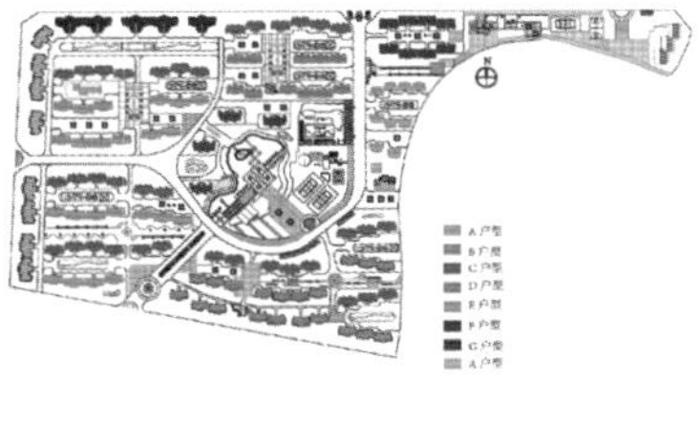

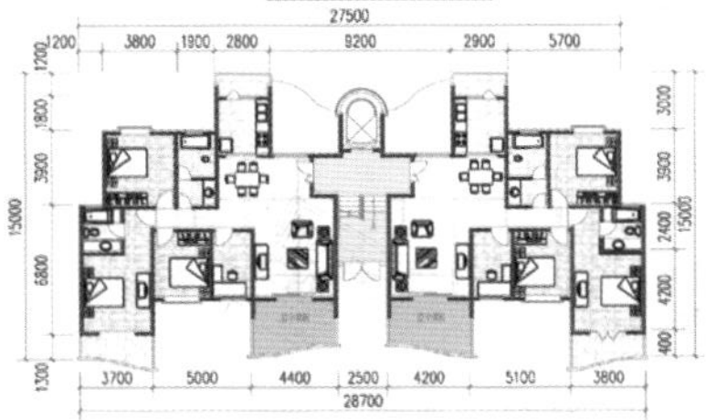

小高层首层平面图 1:200

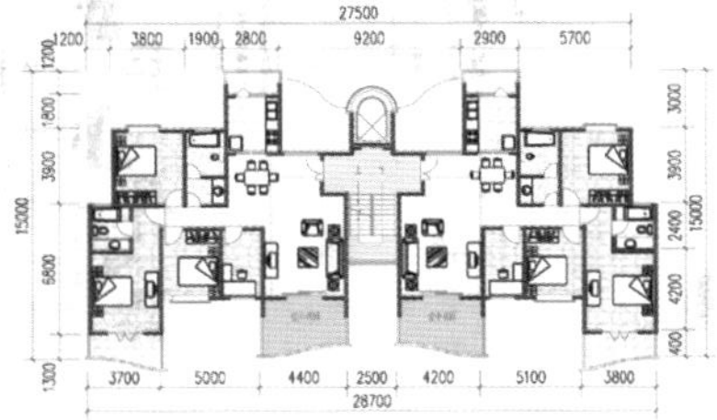

小高层标准层平面图 1:200

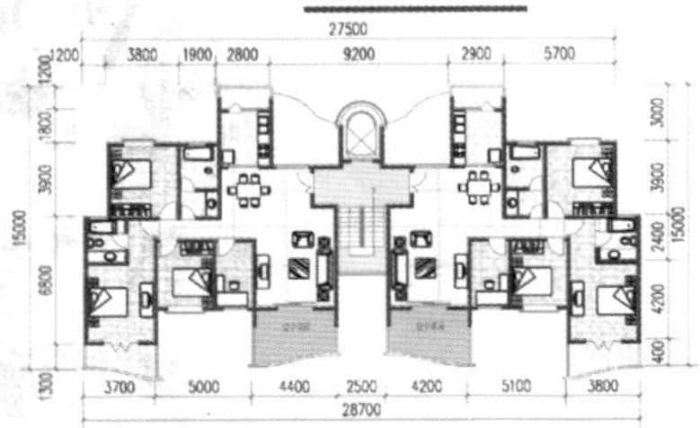

小高层顶层平面图 1:200

多层标准层平面图 1:200

多层标准层平面图 1:200

多层标准层平面图 1:200

户型分布图

户型比例表

户型		层数	房、厅数	实用面积(㎡)	建筑面积(㎡)
户型	A	6	两房两厅	80.7	86.9
一梯两户	B	6	三房两厅	100.4	106.5
	C	6	三房两厅	128.35	135
	D	6	三房两厅	111.8	117.7
	E	6+1	三房两厅	123.62	131.35
			三房两厅	109.57	116.42
	F	12	三房两厅	122.05	134.4
一梯四户	G	6	两房一厅	73.1	81.1
	H	18	两房两厅	87.19	93.43
			两房两厅	68	74
	I	18	三房两厅	98.67	115.27
			三房两厅	110	128.59

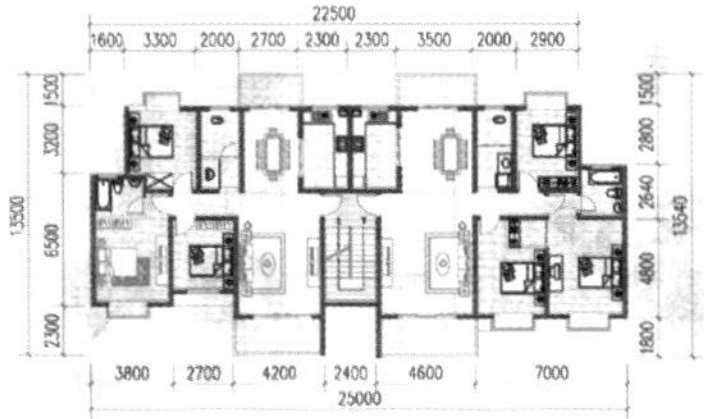

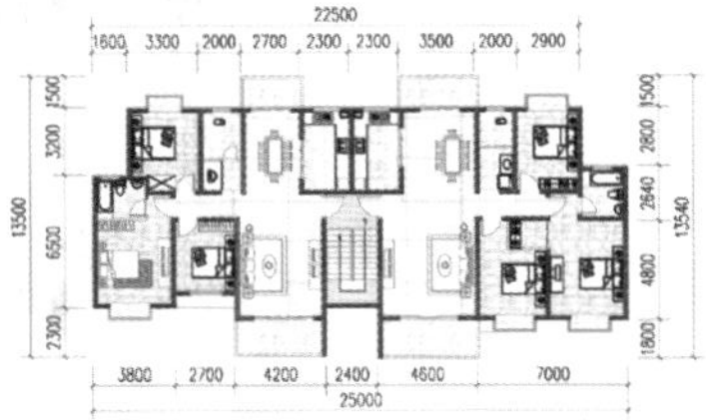

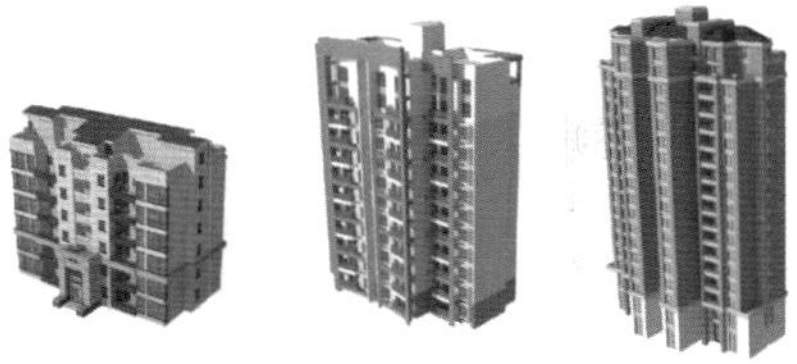

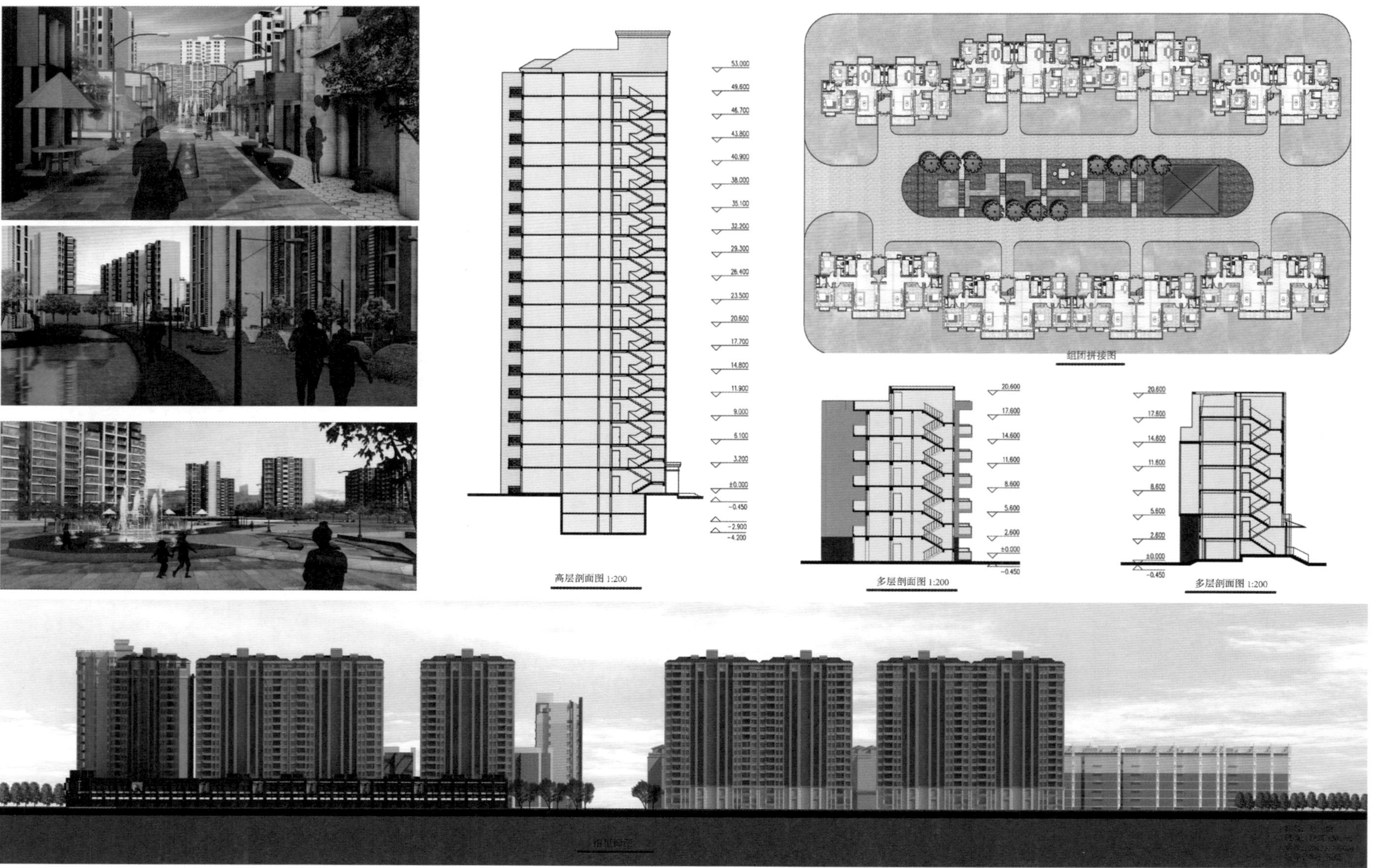
在水一方 —— 居住区规划设计
高层剖面图 1:200
组团拼接图
多层剖面图 1:200
多层剖面图 1:200

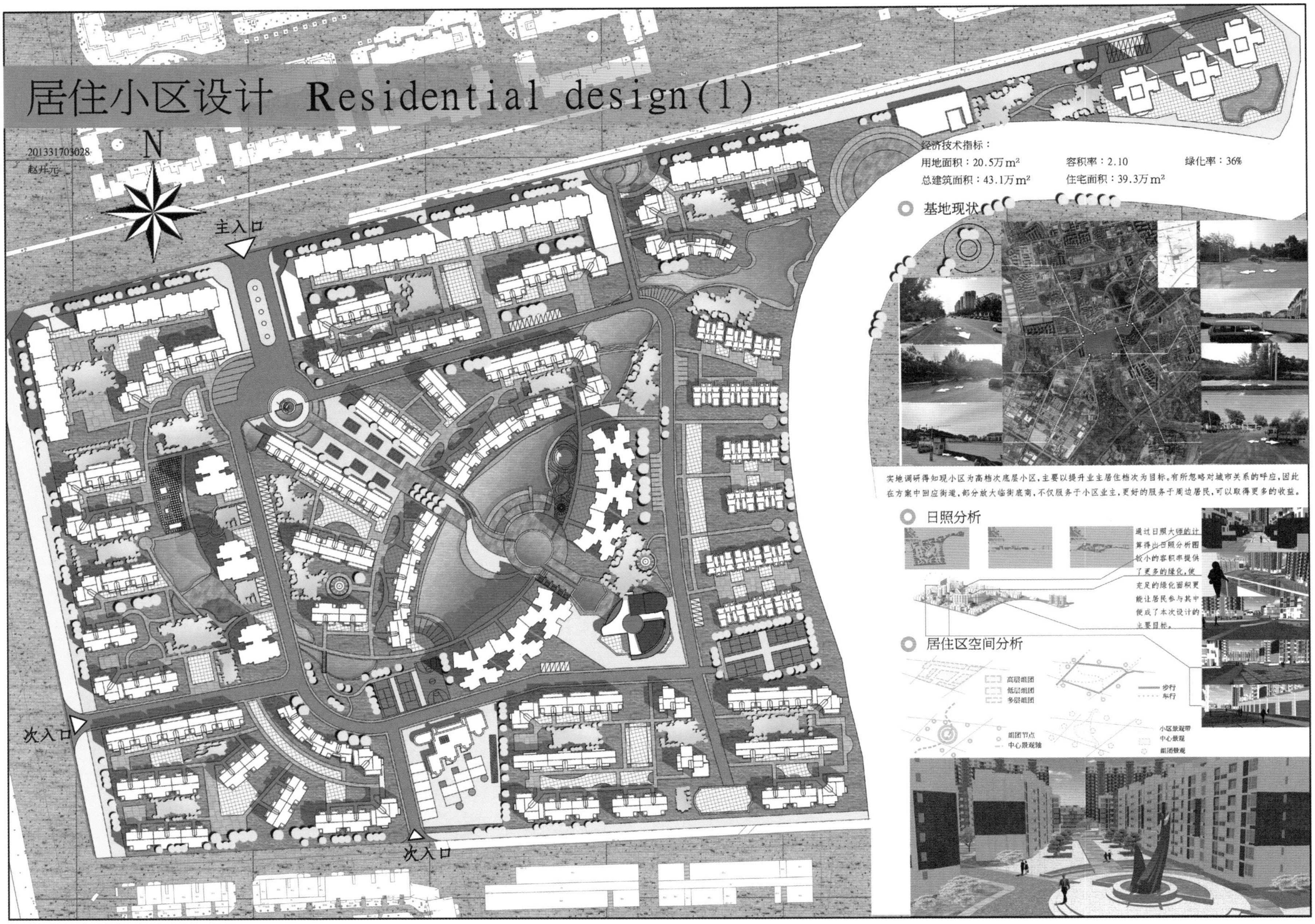
居住小区设计 Residential design(1)
201331703028
赵开元
N
主入口
次入口
次入口
经济技术指标：
用地面积：20.5万m²
容积率：2.10
绿化率：36%
总建筑面积：43.1万m²
住宅面积：39.3万m²
基地现状
实地调研得知现小区为高档次底层小区，主要以提升业主居住档次为目标，有所忽略对城市关系的呼应，因此在方案中回应街道，部分放大临街底商，不仅服务于小区业主，更好的服务于周边居民，可以取得更多的收益。
日照分析
通过日照大师的计算得出日照分析图较小的容积率提供了更多的绿化，使充足的绿化面积更能让居民参与其中便成了本次设计的主要目标。
居住区空间分析
高层组团
低层组团
多层组团
步行
车行
组团节点
中心景观轴
小区景观带
中心景观
组团景观

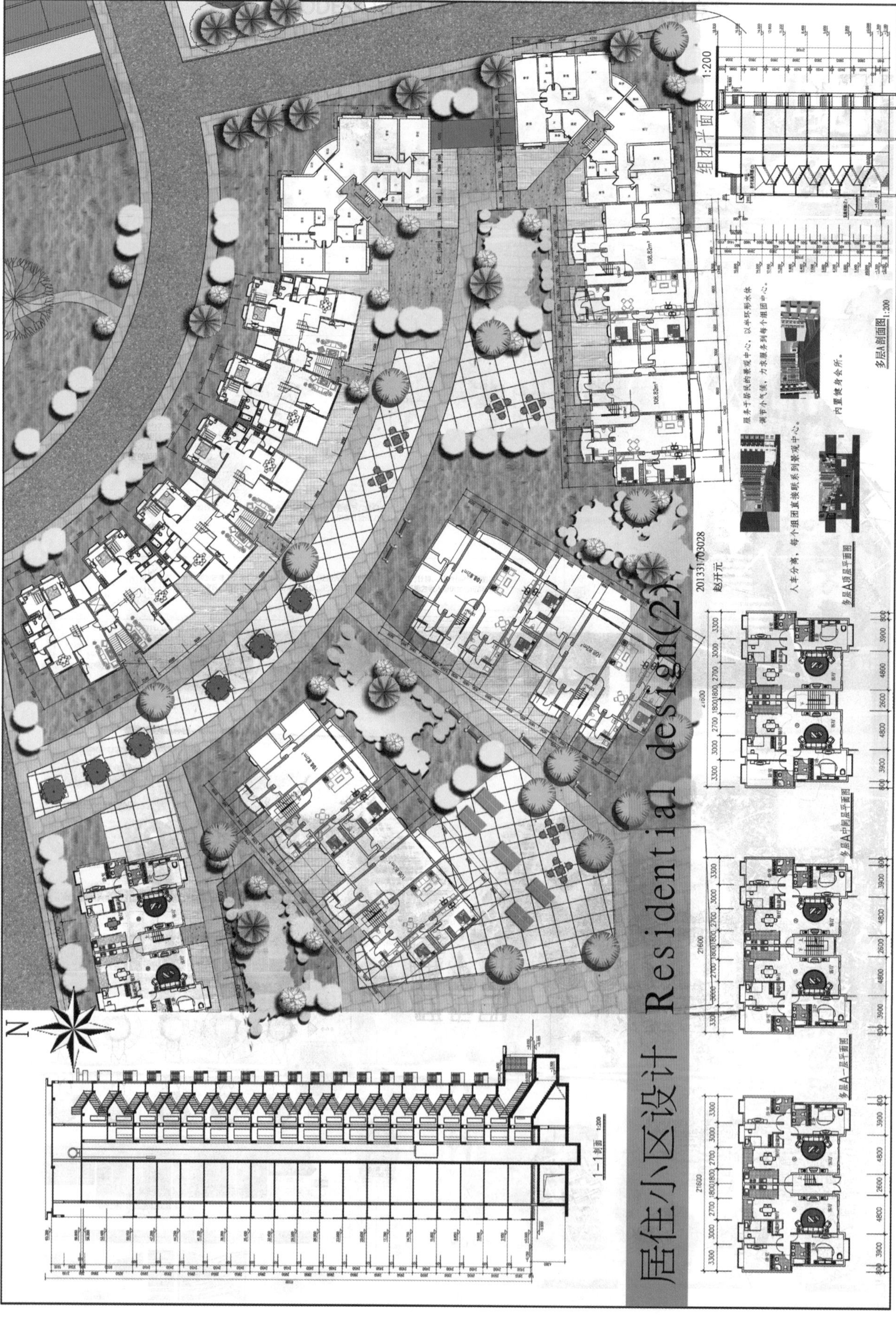
居住小区设计 Residential design(2)
201331703028
赵开元
组团平面图 1:200
多层A剖面图 1:200
多层A顶层平面图
多层A中间层平面图
多层A一层平面图
1—1剖面 1:200
人车分离，每个组团直接联系到景观中心。
居于干居民的景观中心，以半环形水体调节小气候，力求服务到每个组团中心。
内置健身会所。

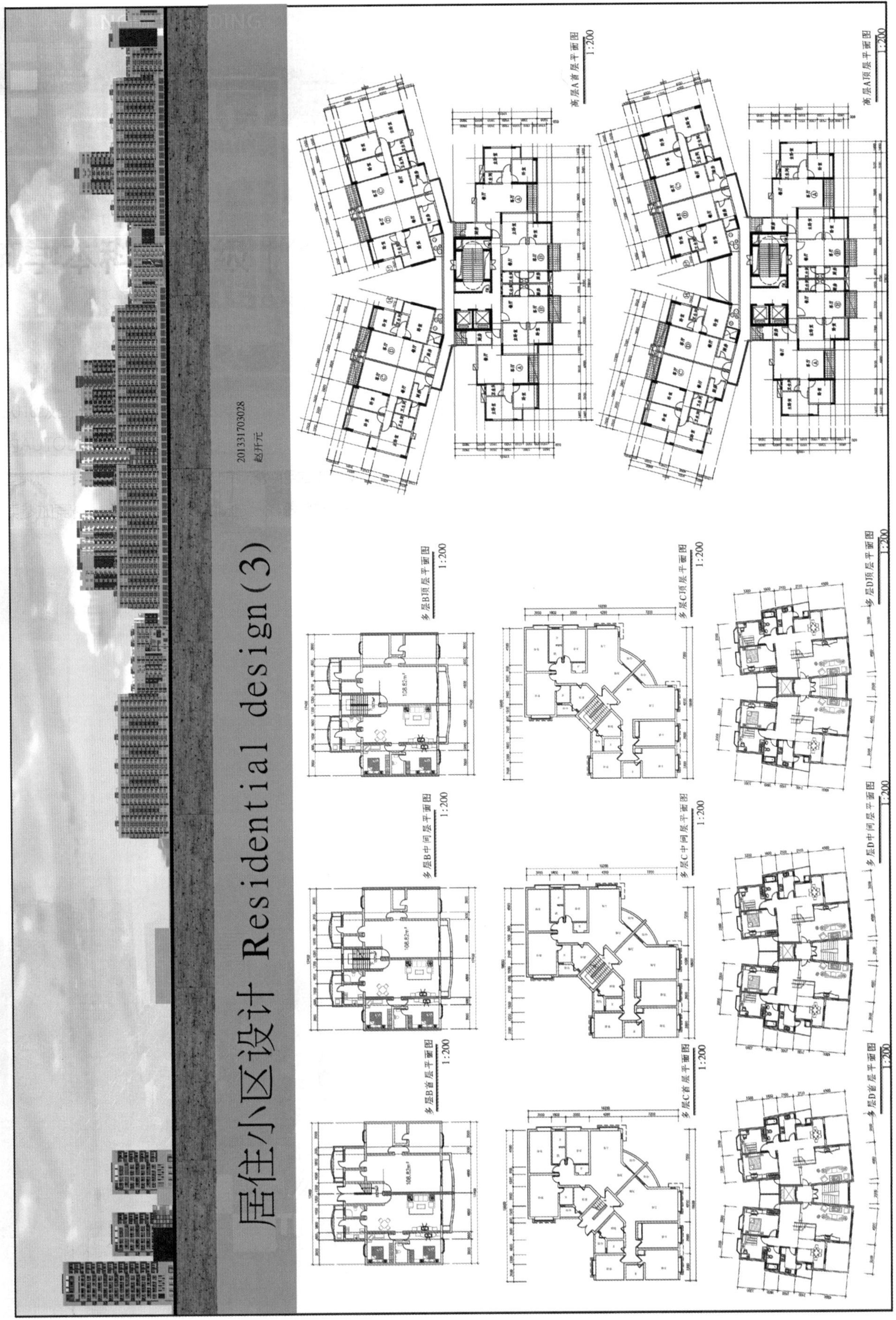
居住小区设计 Residential design(3)
201331703028
赵开元
高层A首层平面图 1:200
高层A顶层平面图 1:200
多层B首层平面图 1:200
多层B中间层平面图 1:200
多层B顶层平面图 1:200
多层C首层平面图 1:200
多层C中间层平面图 1:200
多层C顶层平面图 1:200
多层D首层平面图 1:200
多层D中间层平面图 1:200
多层D顶层平面图 1:200

居住小区设计 Residential design(4)
201331703028
赵开元

03

建筑学四年级课程教学及作业

四年级建筑设计教学简介

四年级教学组老师：李明融　毛刚　尹伟　唐尧

一、教学理念

建筑学专业四年级的专业教学定位于职业教育阶段，强调适应工程设计实践和设计的研究深度。课程设计选题倾向于技术复杂、功能复杂并与工程实践紧密相连的项目，主要涵盖城市设计、大跨度建筑、高层建筑、医疗建筑等内容的设计理论和设计方法。

二、课程教学目标及训练主线

学生通过一、二、三年级的建筑设计基础阶段的学习后，四年级的设计教学进入深入提高阶段。这个阶段，需要培养学生多方案探索的能力及综合解决问题的能力，以及设计过程中图纸、思维和语言的表达能力。同时训练学生全面、综合运用所学理论基础知识与技术基础知识，以及各类型专业设计课程知识，培养学生分析问题、解决实际设计问题的能力。深化学生对结构、构造、材料等技术问题的综合处理能力，也是这个阶段的重点。

建筑学四年级建筑设计课程中依据建筑设计课程主题式教学体系的要求，围绕本年级“建筑与城市”的主题展开教学体系。

三、训练主线

1. 城市空间环境的总体把握和构思布局（城市设计）；
2. 对城市空间环境影响较大的大型公建（大跨度建筑和医疗建筑）；
3. 对城市空间环境影响较大，同时技术较为复杂的大型建筑（高层旅馆建筑）。

建筑学本科四年级 | 观演建筑设计

影剧院为城市中的重要空间节点，选题同样与城市设计相结合，在前置“城市设计”成果的基础上选择地块，让学生紧密把握城市与建筑的关系，形成城市宏观角度思考建筑单体问题。

教学过程中需要学生对这类大型综合性公共建筑的基本特征、组织方式以及相关设计原理和设计方法加以学习并基本掌握。同时需要学生初步具备处理厅堂室内物理环境（视、听觉等）的能力，并结合建筑设计作相应的厅堂室内物理环境设计。通过学习使学生掌握厅堂设计的基本知识和基本方法，包括视线设计、声学设计、防火疏散、结构选型、材料与构造运用。

疏 · 影苑

影剧院设计一

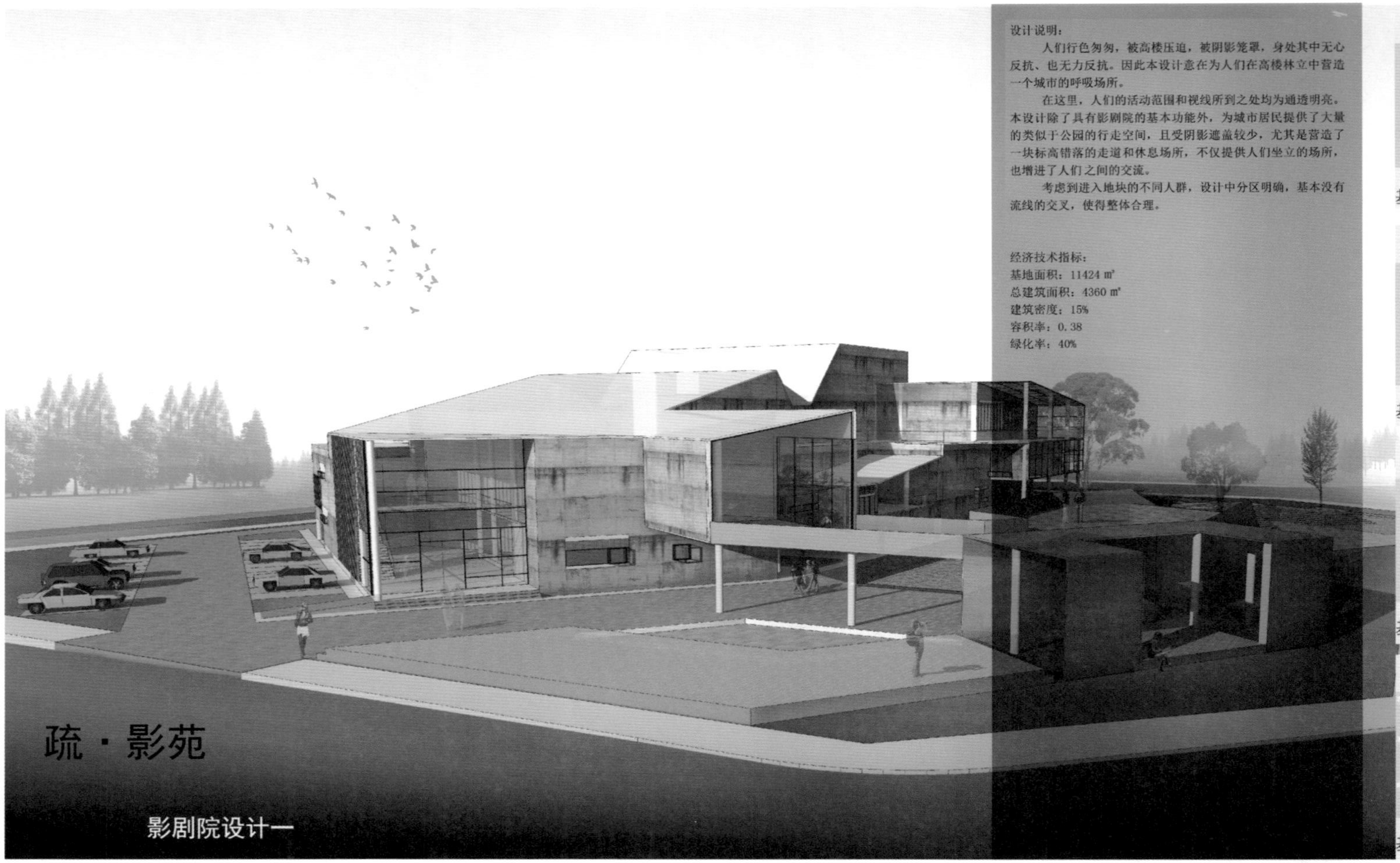

设计说明：

人们行色匆匆，被高楼压迫，被阴影笼罩，身处其中无心反抗、也无力反抗。因此本设计意在为人们在高楼林立中营造一个城市的呼吸场所。

在这里，人们的活动范围和视线所到之处均为通透明亮。本设计除了具有影剧院的基本功能外，为城市居民提供了大量的类似于公园的行走空间，且受阴影遮盖较少，尤其是营造了一块标高错落的走道和休息场所，不仅提供人们坐立的场所，也增进了人们之间的交流。

考虑到进入地块的不同人群，设计中分区明确，基本没有流线的交叉，使得整体合理。

经济技术指标：
基地面积：11424 ㎡
总建筑面积：4360 ㎡
建筑密度：15%
容积率：0.38
绿化率：40%

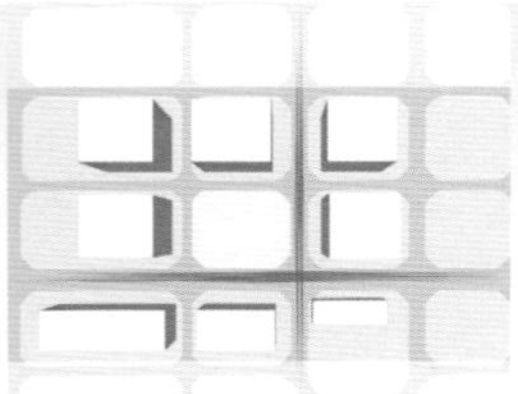

基地周边主要车流

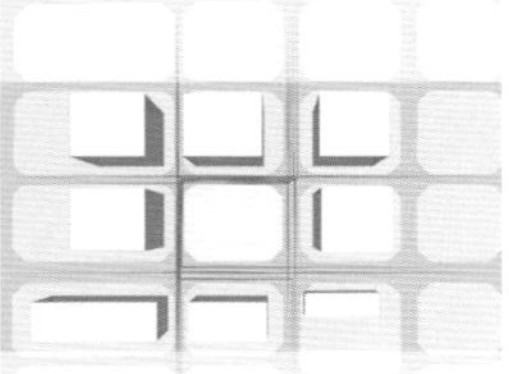

基地周边车流方向

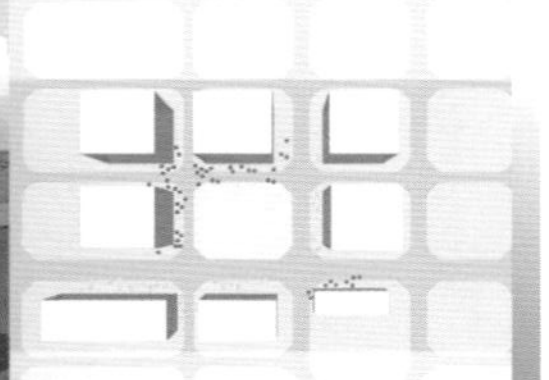

基地行人活动

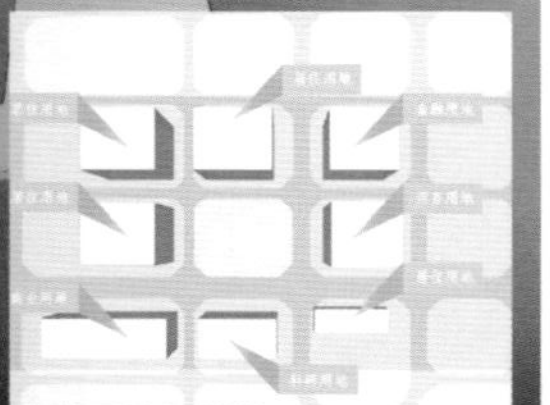

基地周边用地情况

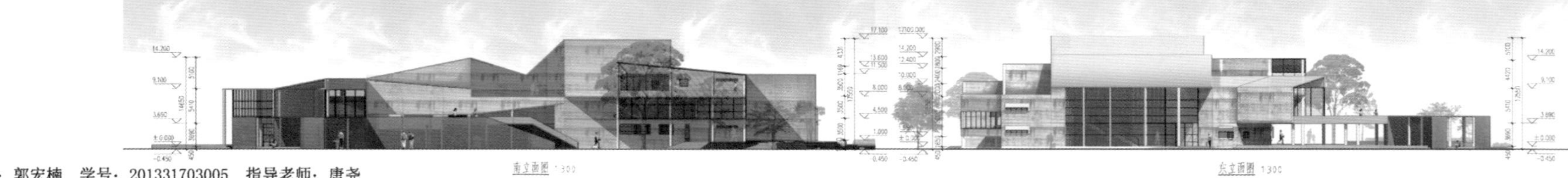

姓名：郭宏楠　学号：201331703005　指导老师：唐尧

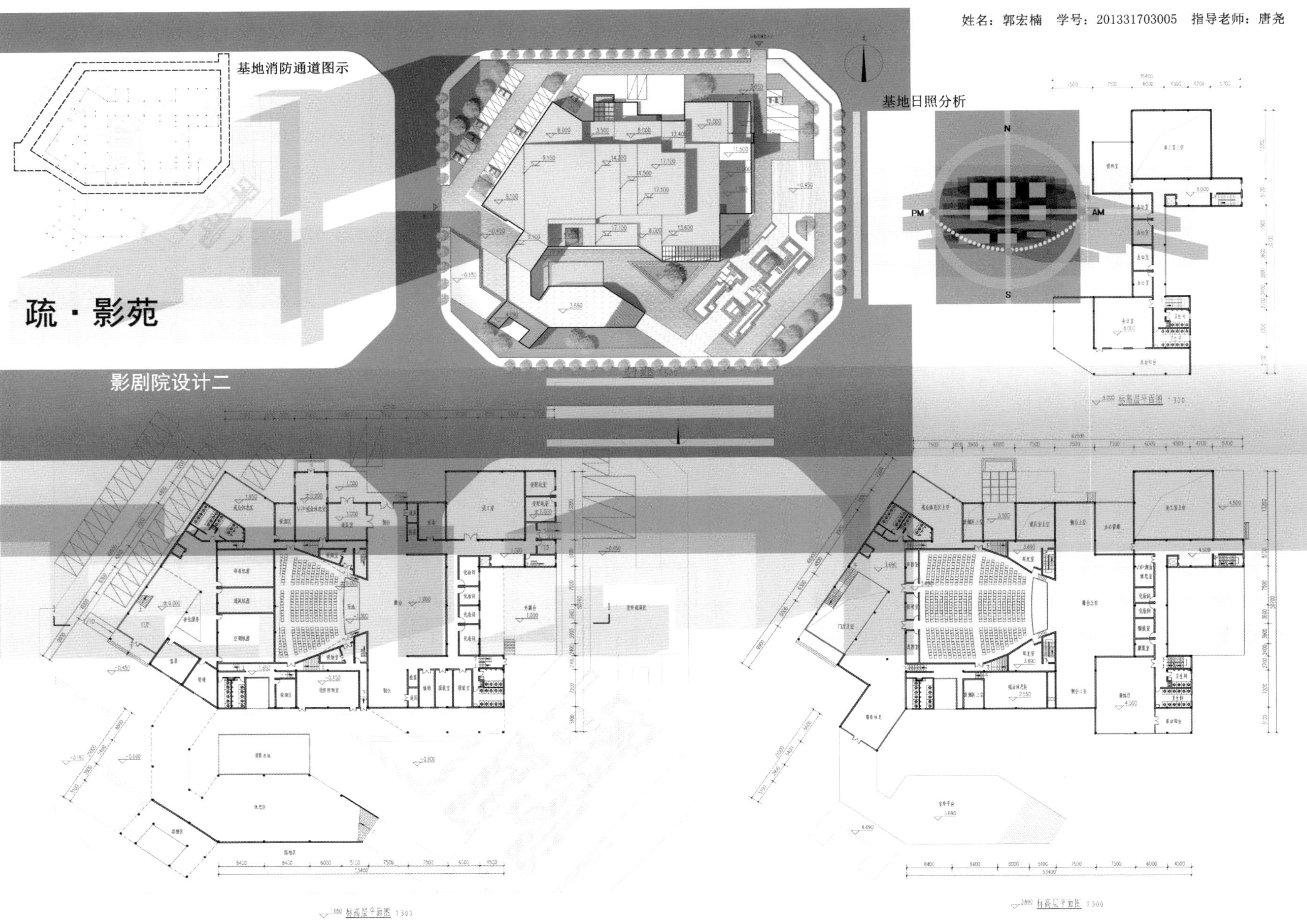
姓名：郭宏楠 学号：201331703005 指导老师：唐尧
基地消防通道图示
基地日照分析
N
S
PM
AM
疏·影苑
影剧院设计二

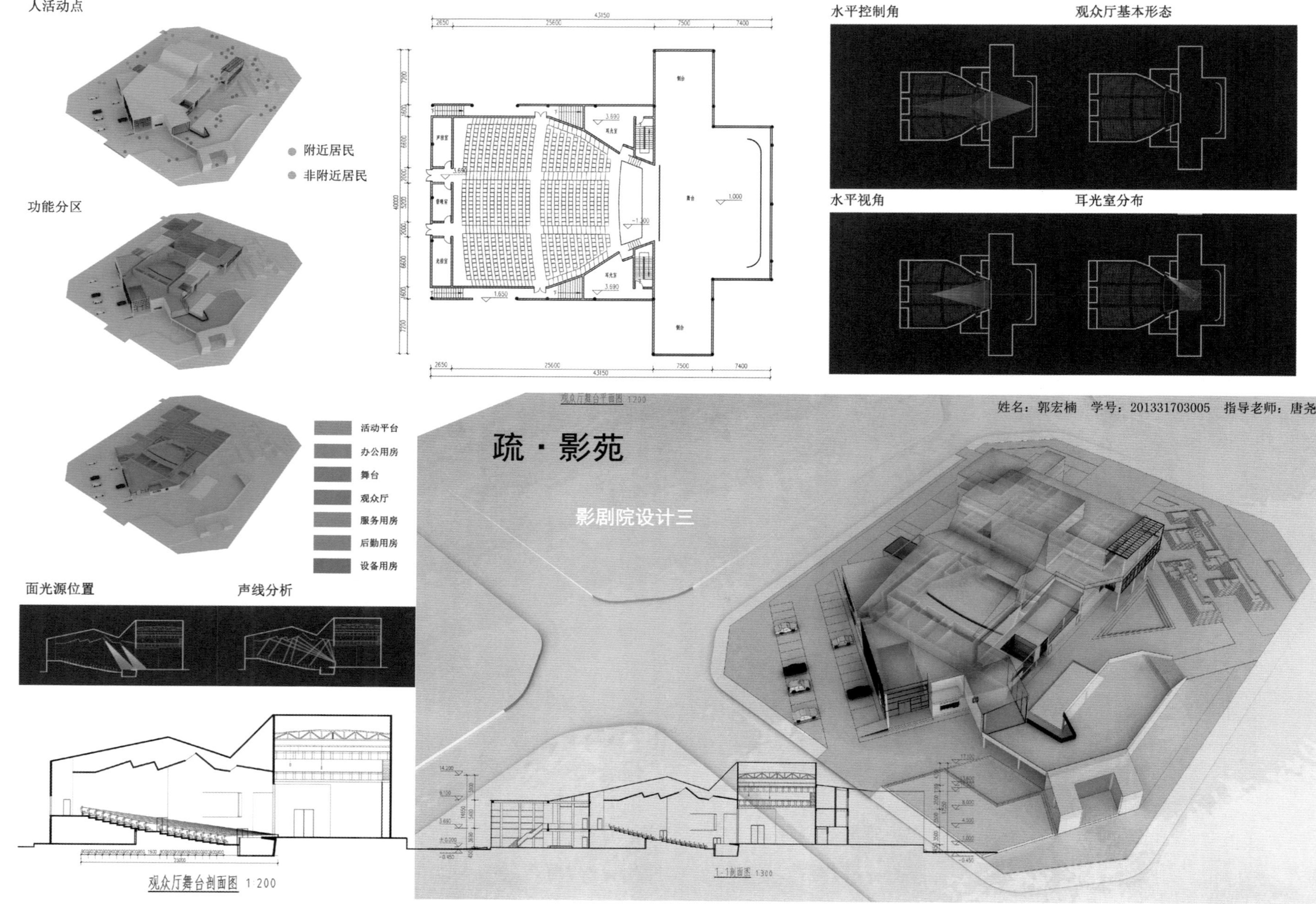

人活动点
附近居民
非附近居民
功能分区
活动平台
办公用房
舞台
观众厅
服务用房
后勤用房
设备用房
面光源位置
声线分析
观众厅舞台剖面图 1:200
水平控制角
观众厅基本形态
水平视角
耳光室分布
观众厅舞台平面图 1:200
姓名：郭宏楠 学号：201331703005 指导老师：唐尧
疏·影苑
影剧院设计三
1-1剖面图 1:300

建筑学本科四年级 | 城市设计

“城市设计”是“建筑与城市”课程主题式教学体系的核心课程。选题包括成都天府新区华阳客运站地块、成都郫县沱江河两侧地区城市更新地块、成都天府新区新川科技园等，主要设计内容契合当前城市建设中所面临的可持续发展主题，以城市更新设计研究旧城改造中有序、健康的发展，以新城建设研究新旧城区的和谐发展。

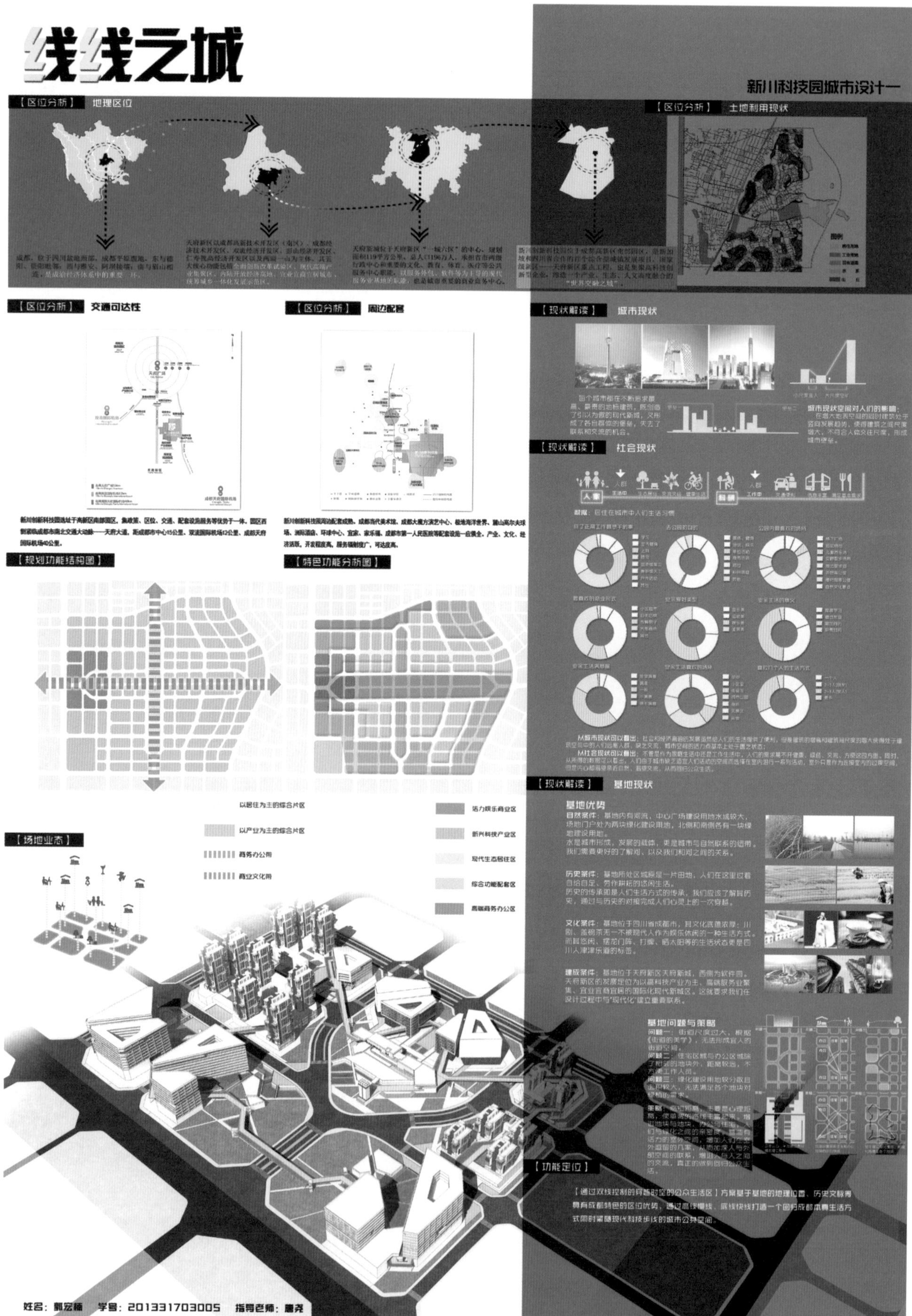
线线之城
新川科技园城市设计一
【区位分析】 地理区位
【区位分析】 土地利用现状
【区位分析】 交通可达性
【区位分析】 周边配套
【现状解读】 城市现状
【现状解读】 社会现状
【规划功能结构图】
【特色功能分析图】
以居住为主的综合片区
以产业为主的综合片区
商务办公南
商业文化南
活力娱乐商业区
新兴科技产业区
现代生态居住区
综合功能配套区
高端商务办公区
【场地业态】
【现状解读】 基地现状
基地优势
基地问题与策略
【功能定位】
姓名：郭宏楠 学号：2013317030O5 指导老师：唐尧

线线之城

新川科技园城市设计二

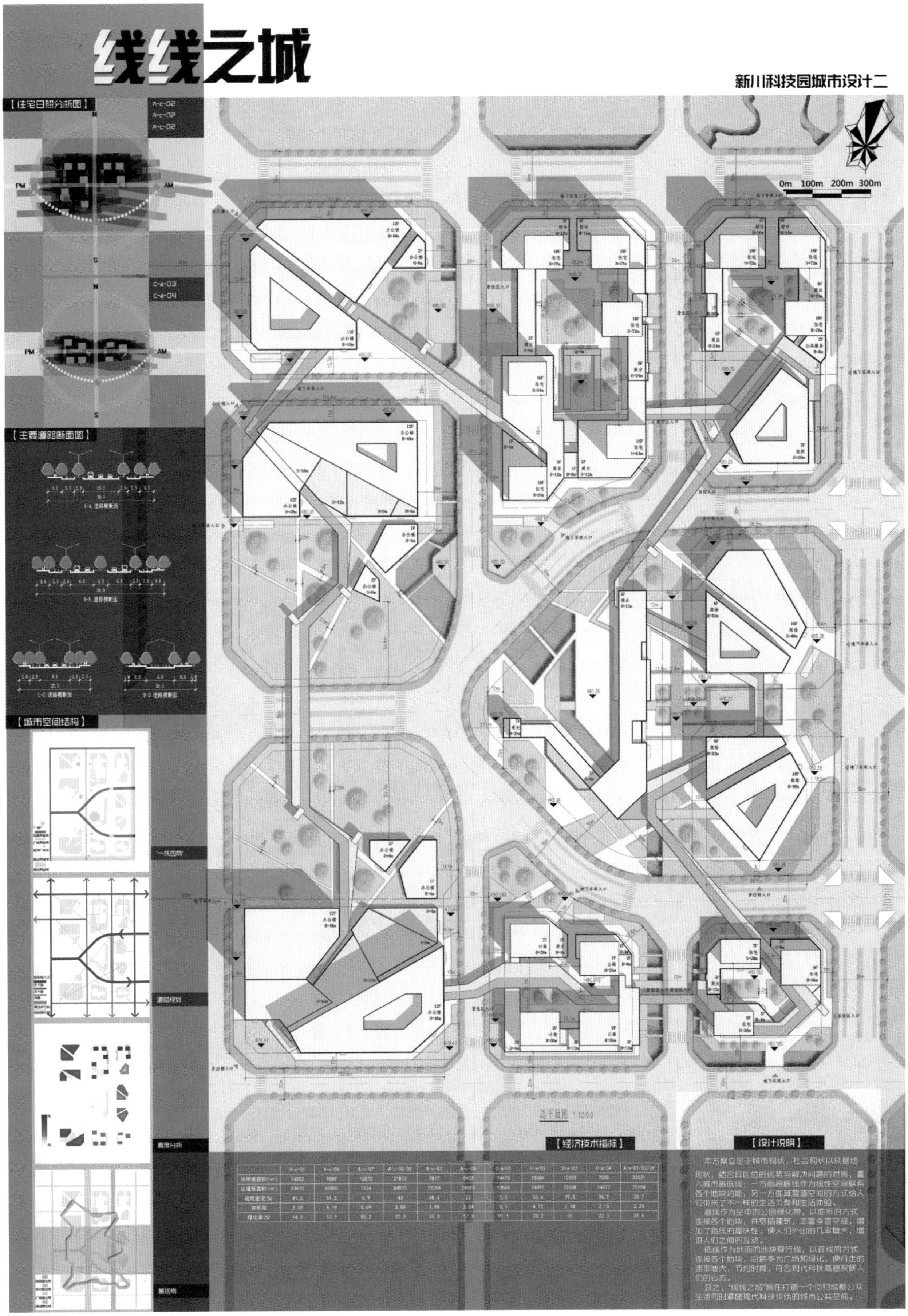

【经济技术指标】

	A-c-01	A-c-04	A-c-07	A-c-02/05	A-c-03	A-c-06	C-a-01	C-a-02	C-a-03	C-a-04	A-a-01/02/09
总用地面积(m²)	14052	9589	12872	21873	7817	9403	14476	15684	10353	7038	33531
总建筑面积(m²)	33610	49800	1124	84870	15254	24813	13686	74097	22568	14977	75194
建筑密度(%)	41.5	51.5	6.9	43	48.3	22	7.5	56.6	39.5	36.9	25.7
容积率	2.39	5.19	0.09	3.69	1.95	2.64	0.1	4.72	2.18	2.13	2.24
绿化率(%)	14.0	17.9	85.2	22.3	25.3	17.3	91.1	28.3	30	22.3	31.5

【设计说明】

本方案立足于城市现状、社会现状以及基地现状，结合其区位的优势与解决问题的对策，置入城市高低线：一方面高低线作为线性空间联系各个地块功能，另一方面其营造空间的方式给人们带来了不一样的生活节奏和生活体验。

高线作为空中的公园绿化带，以曲折的方式连接各个地块，并穿插建筑，丰富垂直空间，增加了路线的趣味性，使人们外出的几率增大，增进人们之间的互动。

低线作为地面的地块穿行线，以直线的方式连接各个地块，沿路多为广场和绿化，使行走的速率增大，节约时间，符合现代科技高速发展人们的心态。

总之，"线线之城"旨在打造一个回归成都公众生活同时紧随现代科技步伐的城市公共空间。

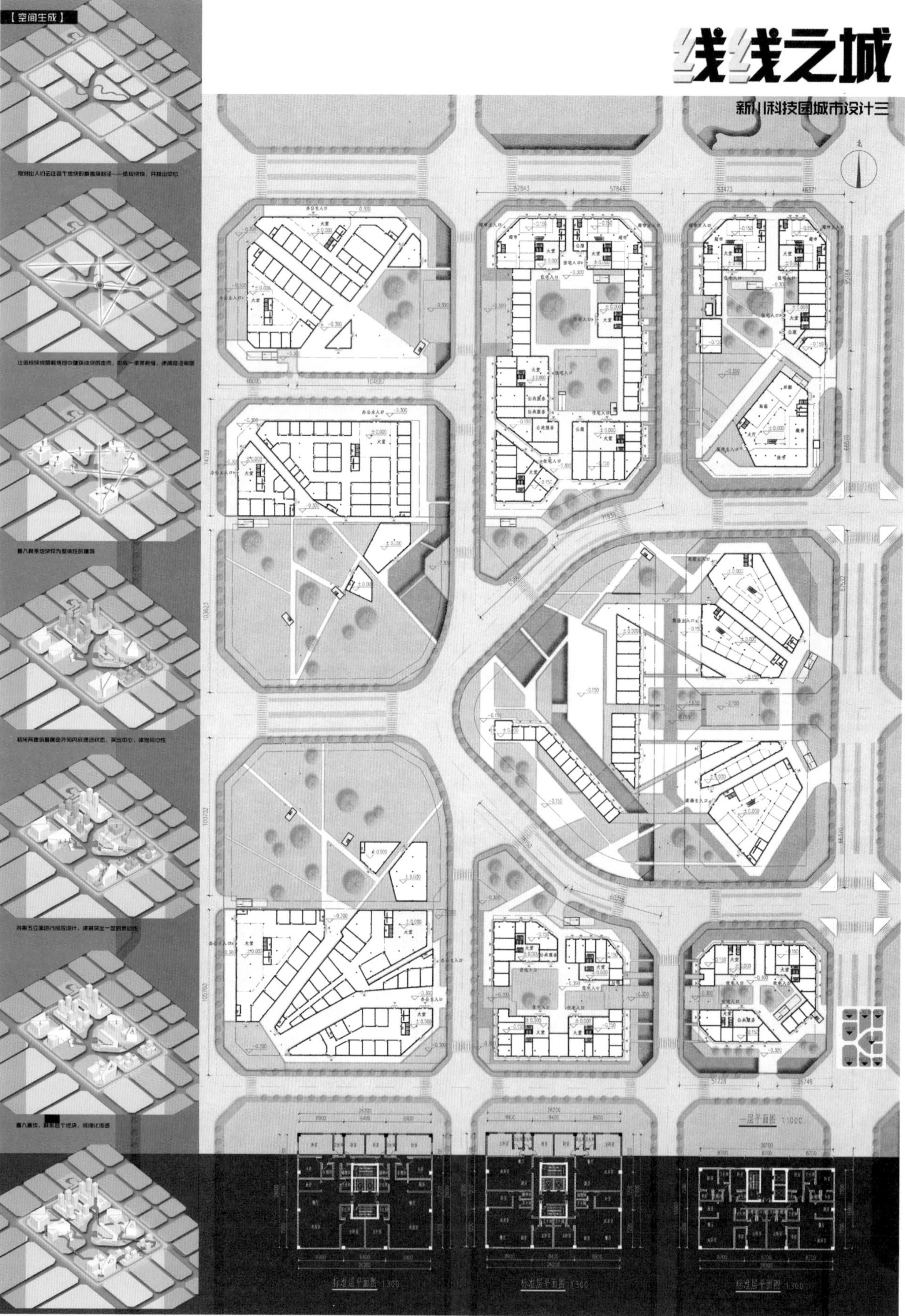
【空间生成】
线线之城
新川科技园城市设计三
一层平面图 1:1000
标准层平面图 1:300
标准层平面图 1:300
标准层平面图 1:300

线线之城

新川科技园城市设计四

中心广场及商业街

广场界面局部及办公楼

廊线分析

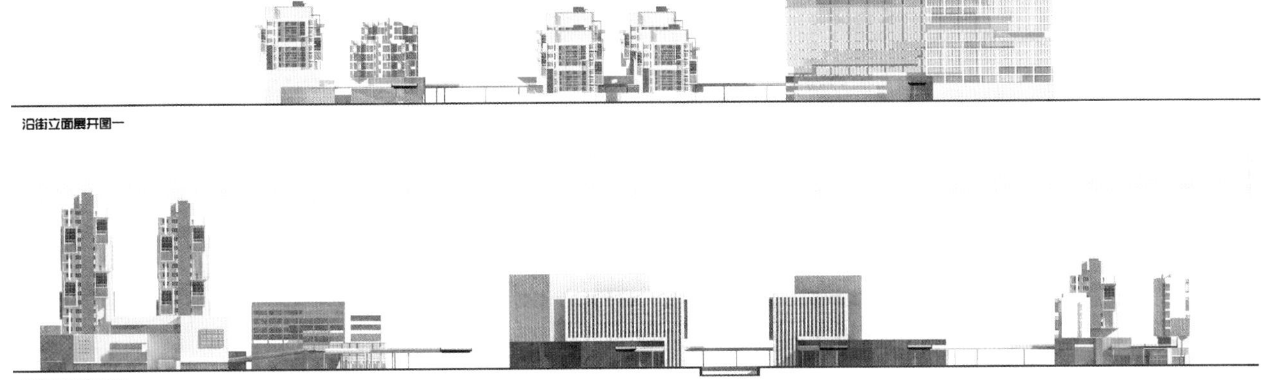

沿街立面展开图一

沿街立面展开图二

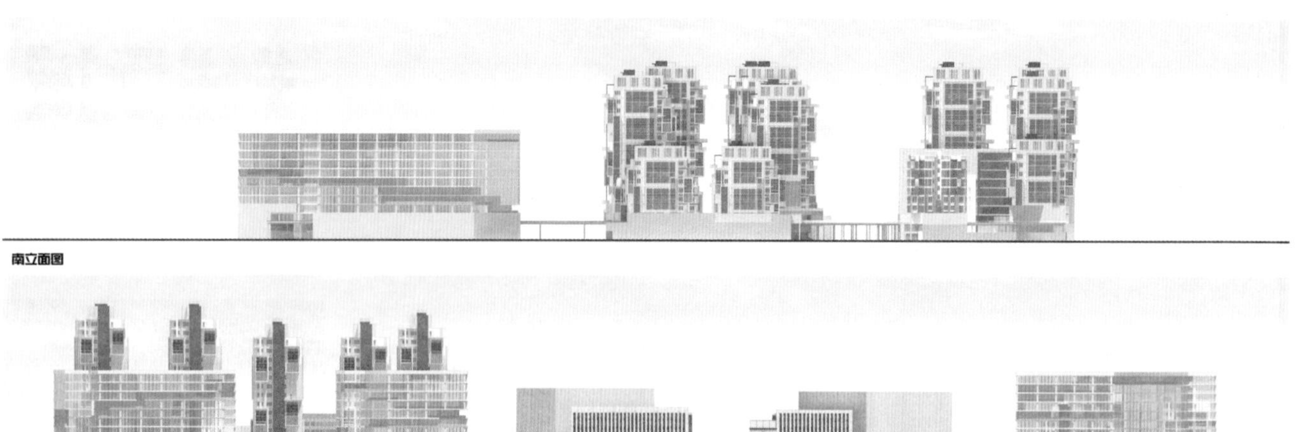

南立面图

西立面图

新川科技园城市设计导则一

线线之城

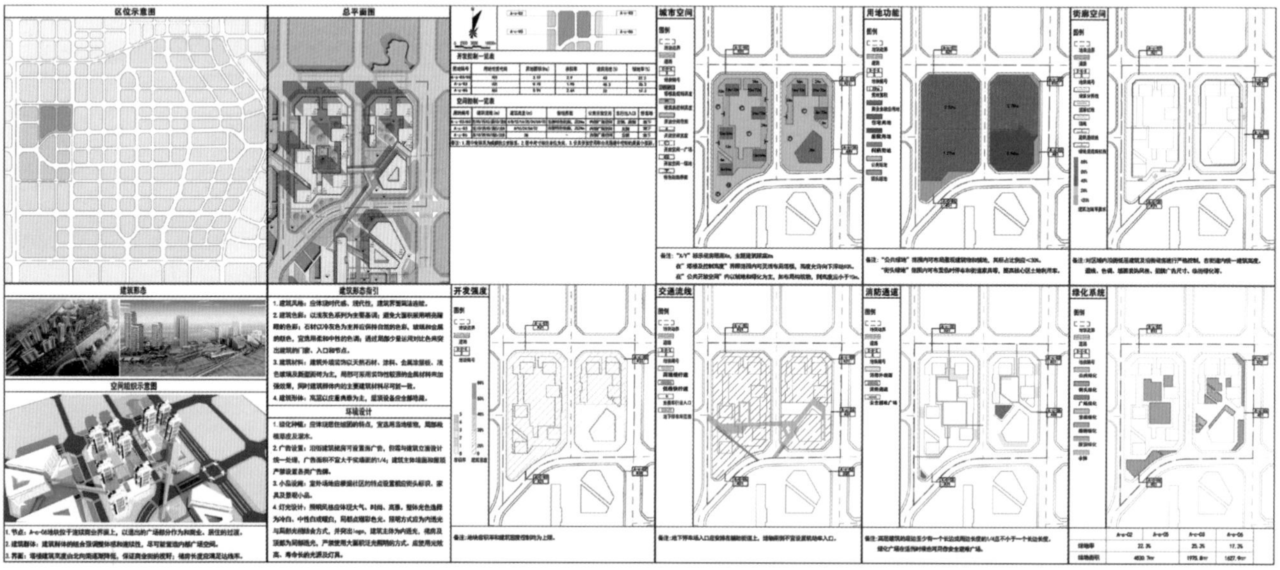

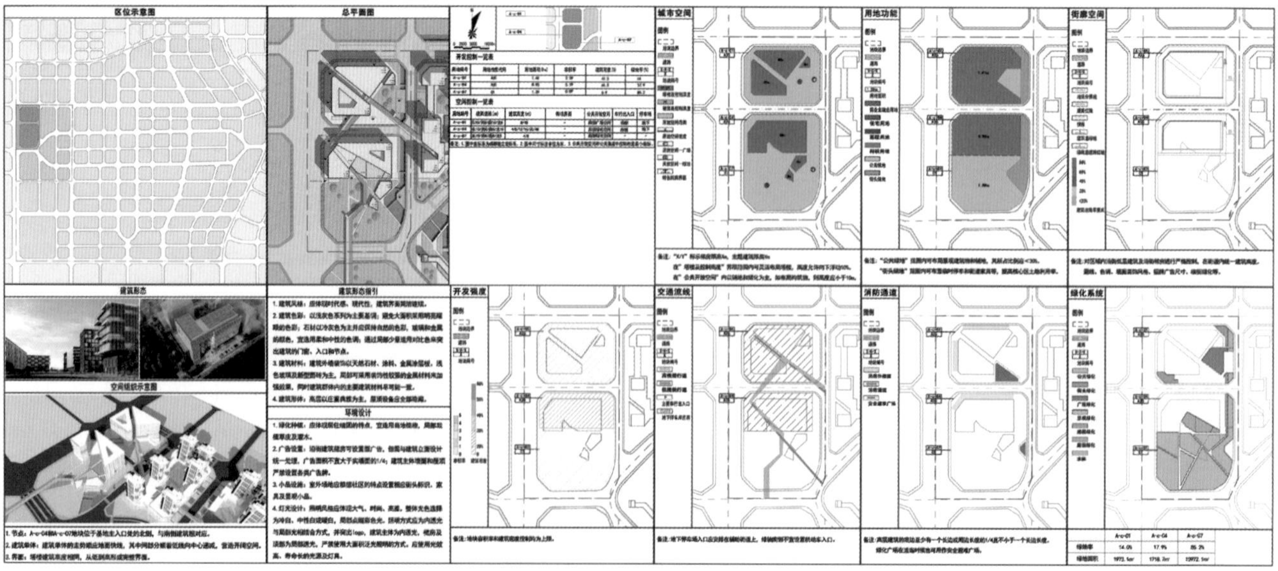

区位示意图

总平面图

开发控制一览表

空间控制一览表

城市空间

用地功能

街廓空间

建筑形态

建筑形态指引

空间组织示意图

环境设计

开发强度

交通流线

消防通道

绿化系统

区位示意图

总平面图

开发控制一览表

空间控制一览表

城市空间

用地功能

街廓空间

建筑形态

建筑形态指引

空间组织示意图

环境设计

开发强度

交通流线

消防通道

绿化系统

线线之城

新川科技园城市设计导则二

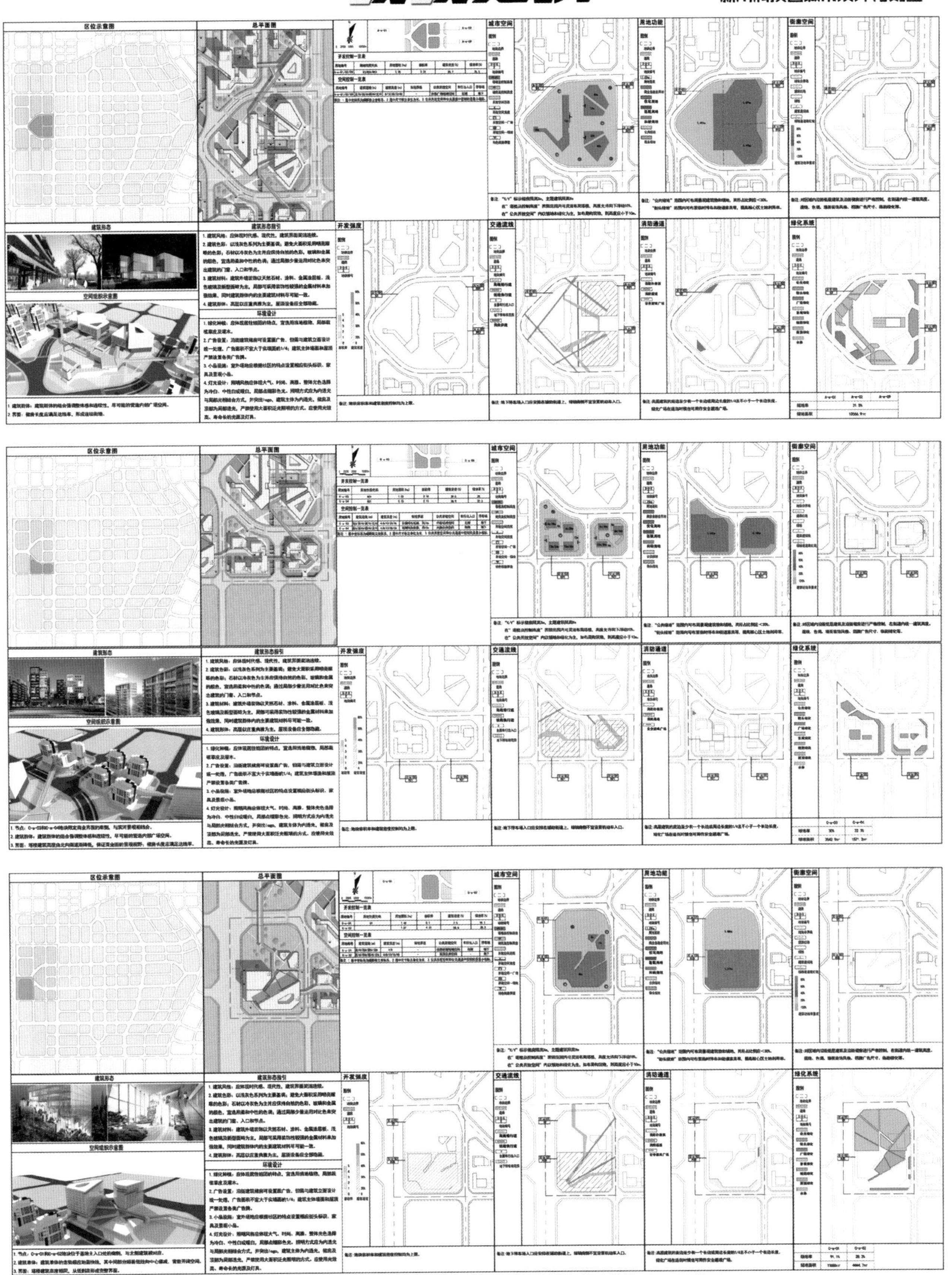

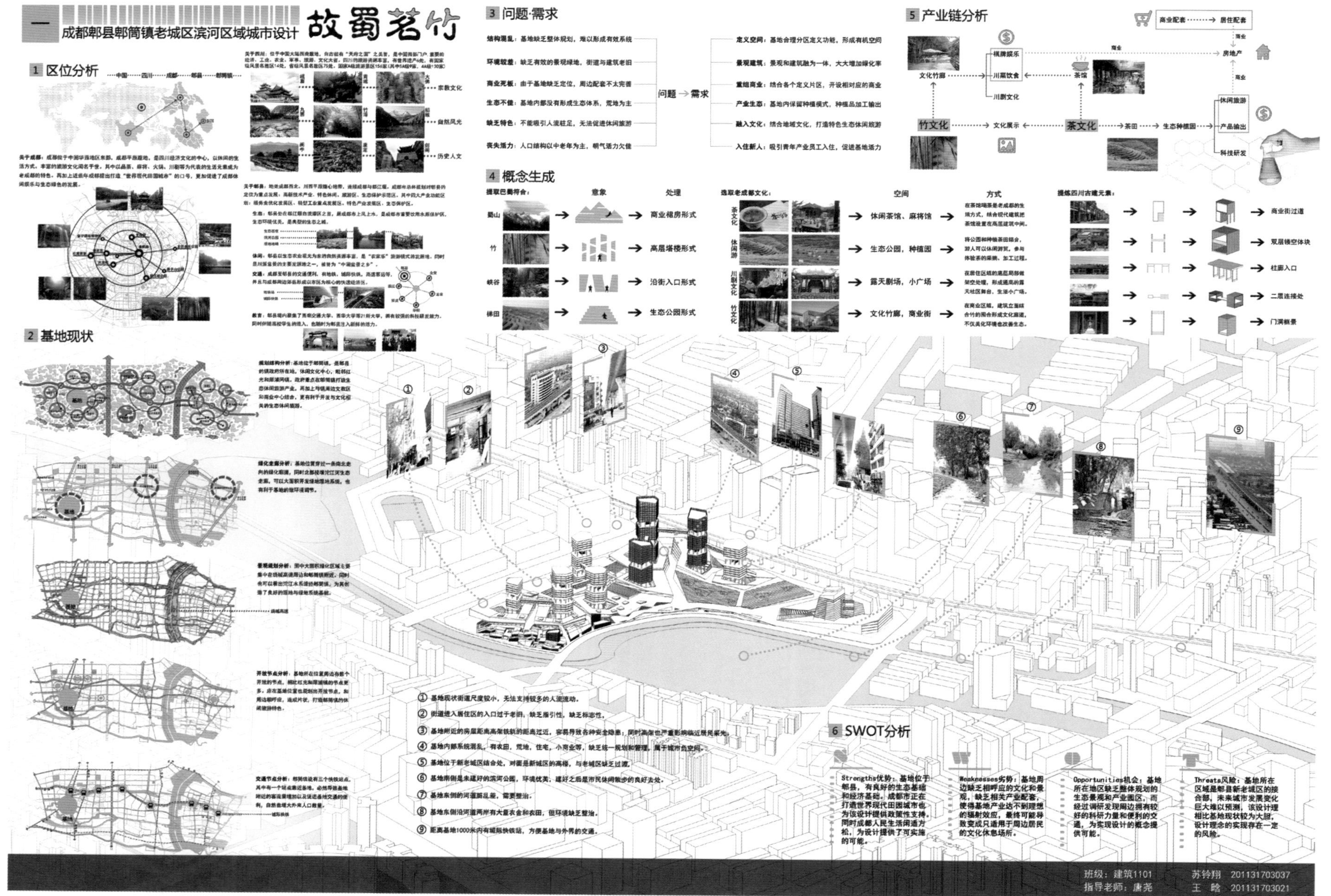

一 成都郫县郫筒镇老城区滨河区域城市设计
故蜀茗竹
1 区位分析
中国……四川……成都……郫县……郫筒镇
宗教文化
自然风光
历史人文
2 基地现状
3 问题·需求
结构混乱：基地缺乏整体规划，难以形成有效系统
环境较差：缺乏有效的景观绿地，街道与建筑老旧
商业死板：由于基地缺乏定位，周边配套不太完善
生态不佳：基地内部没有形成生态体系，荒地为主
缺乏特色：不能吸引人流驻足，无法促进休闲旅游
丧失活力：人口结构以中老年为主，朝气活力欠佳
问题→需求
定义空间：基地合理分区定义功能，形成有机空间
景观建筑：景观和建筑融为一体，大大增加绿化率
重组商业：结合各个定义片区，开设相对应的商业
产业生态：基地内保留种植模式，种植品加工输出
融入文化：结合地域文化，打造特色生态休闲旅游
入住新人：吸引青年产业员工入住，促进基地活力
4 概念生成
提取巴蜀符合：
意象
处理
蜀山 → 商业裙房形式
竹 → 高层塔楼形式
峡谷 → 沿街入口形式
梯田 → 生态公园形式
选取老成都文化：
空间
方式
茶文化 → 休闲茶馆、麻将馆
休闲游 → 生态公园，种植园
川剧文化 → 露天剧场，小广场
竹文化 → 文化竹廊，商业街
提炼四川古建元素：
商业街过道
双层镂空体块
柱廊入口
二层连接处
门洞框景
5 产业链分析
商业配套 → 居住配套
房地产
棋牌娱乐
川菜饮食
川剧文化
文化竹廊
竹文化
文化展示
茶文化
茶馆
茶田
生态种植园
休闲旅游
产品输出
科技研发
① 基地现状街道尺度较小，无法支持较多的人流流动。
② 街道进入居住区的入口过于老旧，缺乏指引性，缺乏标志性。
③ 基地附近的房屋距离高架铁轨的距离过近，容易导致各种安全隐患，同时高架也严重影响临近居民采光。
④ 基地内部系统混乱，有农田、荒地、住宅、小商业等，缺乏统一规划和管理，属于城市负空间。
⑤ 基地位于新老城区结合处，对面是新城区的高楼，与老城区缺乏过渡。
⑥ 基地南侧是未建好的滨河公园，环境优美，建好之后是市民休闲散步的良好去处。
⑦ 基地东侧的河道脏乱差，需要整治。
⑧ 基地东侧沿河道两岸有大量农舍和农田，但环境缺乏整治。
⑨ 距离基地1000米内有城际快铁站，方便基地与外界的交通。
6 SWOT分析
Strengths优势：基地位于郫县，有良好的生态基础和经济基础。成都市正在打造世界现代田园城市也为该设计提供政策性支持。同时成都人民生活闲适为松，为设计提供了可实施的可能。
Weaknesses劣势：基地周边缺乏相呼应的文化和景观，缺乏相关产业配套，使得基地产业达不到理想的辐射效应，最终可能导致变成只适用于周边居民的文化休息场所。
Opportunities机会：基地所在地区缺乏整体规划的生态景观和产业园区，而经过调研发现周边拥有较好的科研力量和便利的交通，为实现设计的概念提供可能。
Threats风险：基地所在区域是郫县新老城区的接合部，未来城市发展变化巨大难以预测，该设计理相比基地现状较为大胆，设计理念的实现存在一定的风险。
班级：建筑1101
指导老师：唐亮
苏钤翔 201131703037
王晗 201131703021

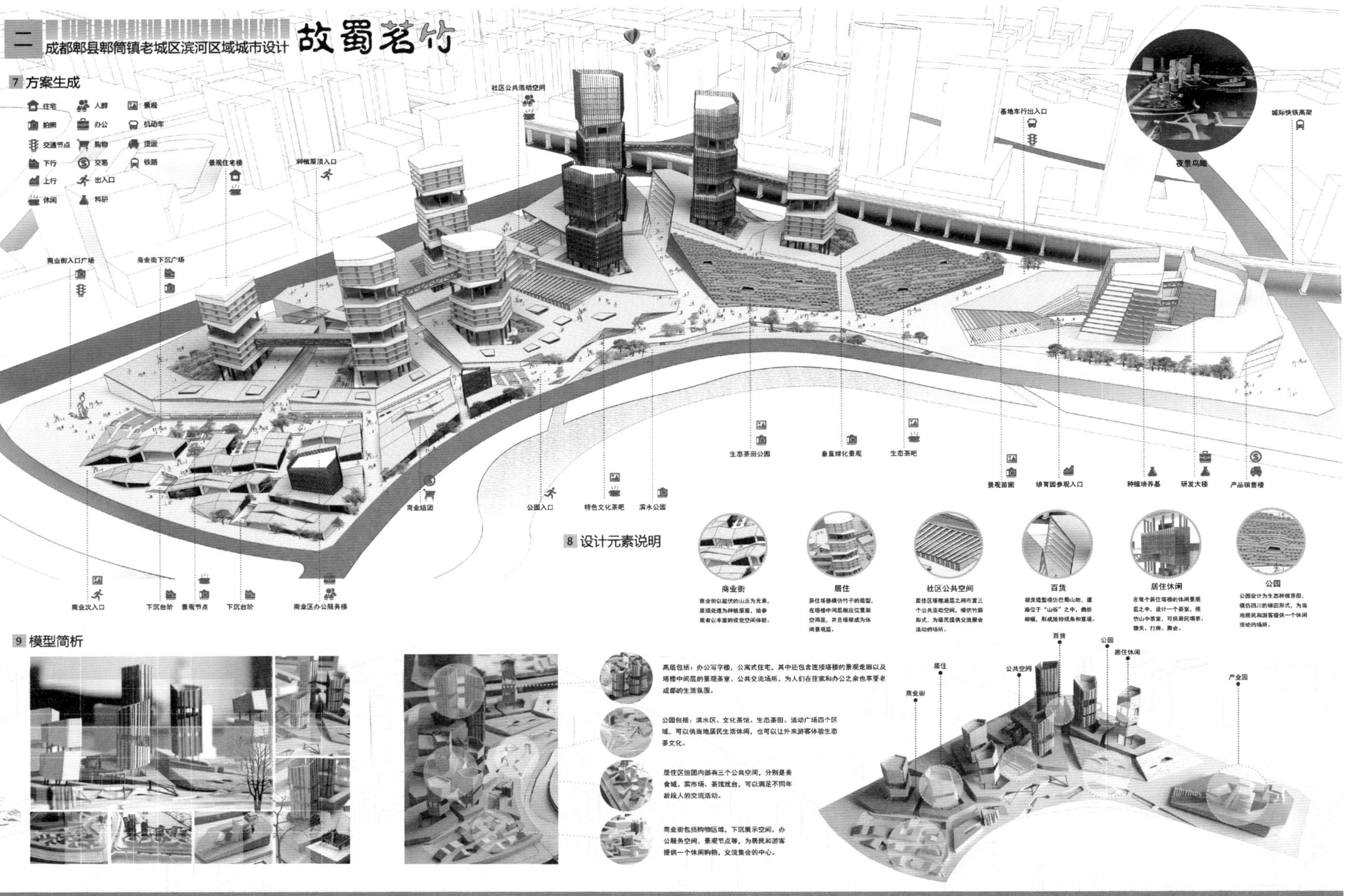

二 成都郫县郫筒镇老城区滨河区域城市设计
故蜀茗竹
7 方案生成
住宅 人群 景观
拍照 办公 机动车
交通节点 购物 货运
下行 交易 铁路
上行 出入口
休闲 科研
社区公共活动空间
景观住宅楼
种植屋顶入口
基地车行出入口
城际快铁高架
夜景鸟瞰
商业街入口广场
商业街下沉广场
生态茶田公园
垂直绿化景观
生态茶吧
景观苗圃
培育园参观入口
种植培养基
研发大楼
产品销售楼
商业组团
公园入口
特色文化茶吧
滨水公园
商业次入口
下沉台阶
景观节点
下沉台阶
商业区办公服务楼
8 设计元素说明
商业街
商业街以起伏的山丘为元素，屋顶处理为种植屋面，给参观者以丰富的视觉空间体验。
居住
居住塔楼模仿竹子的造型，在塔楼中间层相应位置架空两层，并且绿植成为休闲景观层。
社区公共空间
居住区塔楼底层之间布置三个公共活动空间，模仿竹廊形式，为居民提供交流聚会活动的场所。
百货
裙房造型模仿巴蜀山地，道路位于“山谷”之中，曲折蜿蜒，形成独特视角和意境。
居住休闲
在每个居住塔楼的休闲景观层之中，设计一个茶室，模仿山中茶室，可供居民喝茶、聊天、打牌、聚会。
公园
公园设计为生态种植茶田，模仿四川的梯田形式，为当地居民和游客提供一个休闲活动的场所。
9 模型简析
高层包括：办公写字楼，公寓式住宅，其中还包含连接塔楼的景观走廊以及塔楼中间层的景观茶室、公共交流场所。为人们在住家和办公之余也享受老成都的生活氛围。
公园包括：滨水区、文化茶馆、生态茶田、活动广场四个区域，可以供当地居民生活休闲，也可以让外来游客体验生态茶文化。
居住区组团内部有三个公共空间，分别是美食城、菜市场、茶馆戏台，可以满足不同年龄段人的交流活动。
商业街包括购物区域，下沉展示空间，办公服务空间，景观节点等，为居民和游客提供一个休闲购物，交流集会的中心。
商业街
居住
公共空间
百货
公园
居住休闲
产业园
班级：建筑1101
指导老师：唐尧
苏铃翔 201131703037
王 晗 201131703021

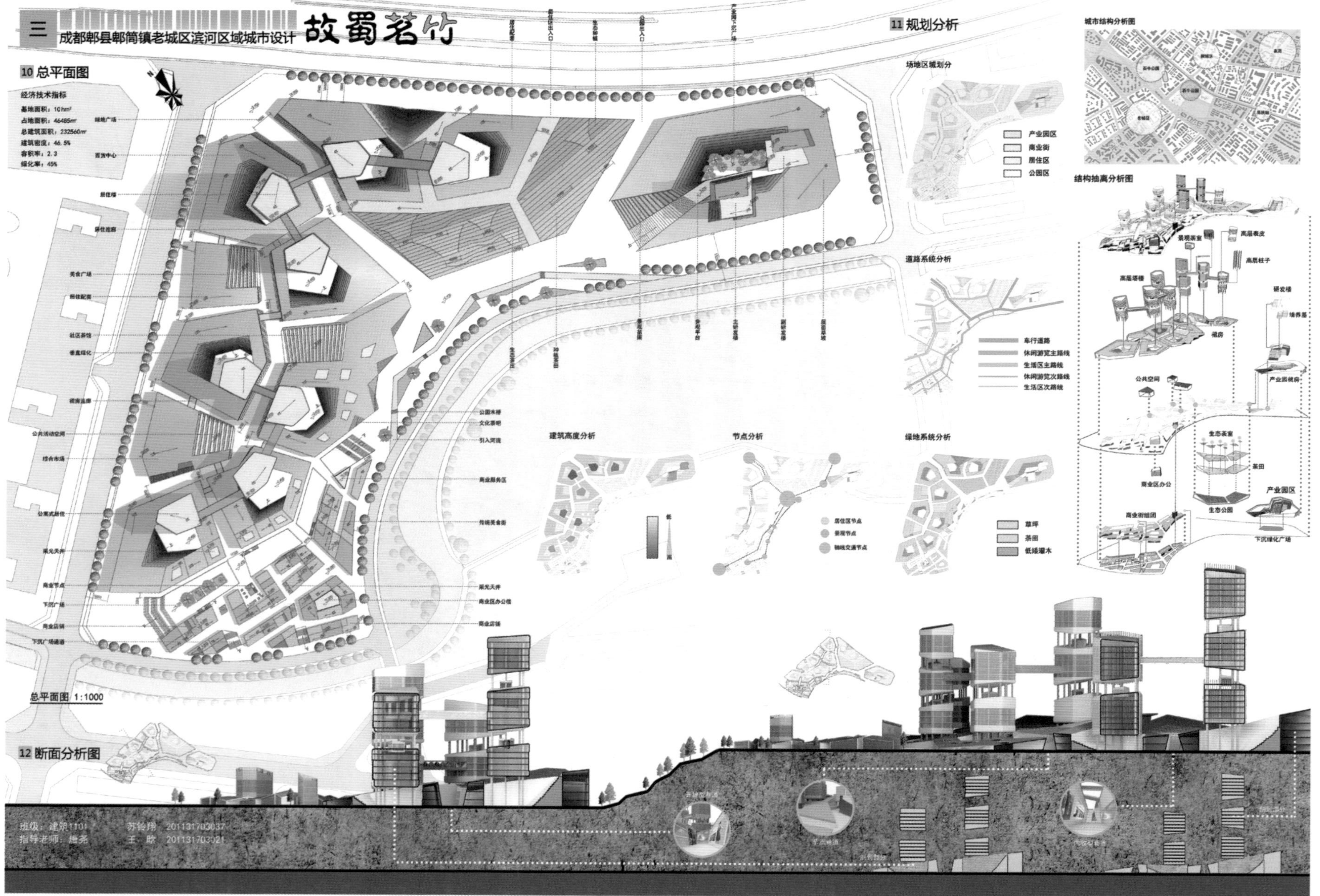
三 成都郫县郫筒镇老城区滨河区域城市设计
故蜀茗竹
10 总平面图
经济技术指标
基地面积：10hm²
占地面积：46485m²
总建筑面积：232560m²
建筑密度：46.5%
容积率：2.3
绿化率：45%
总平面图 1:1000
11 规划分析
场地区域划分
产业园区
商业街
居住区
公园区
道路系统分析
车行道路
休闲游览主路线
生活区主路线
休闲游览次路线
生活区次路线
建筑高度分析
节点分析
居住区节点
景观节点
轴线交通节点
绿地系统分析
草坪
茶田
低矮灌木
城市结构分析图
结构抽离分析图
景观茶室
高层表皮
高层柱子
高层塔楼
研发楼
培养基
厂房
公共空间
产业园机房
生态茶室
茶田
商业区办公
产业园区
商业街组团
生态公园
下沉绿化广场
公园木桥
文化茶吧
引入河流
商业服务区
传统美食街
采光天井
商业区办公楼
商业店铺
12 断面分析图
班级：建筑1101　苏铃翔　201131703037
指导老师：魏亮　王晗　201131703021

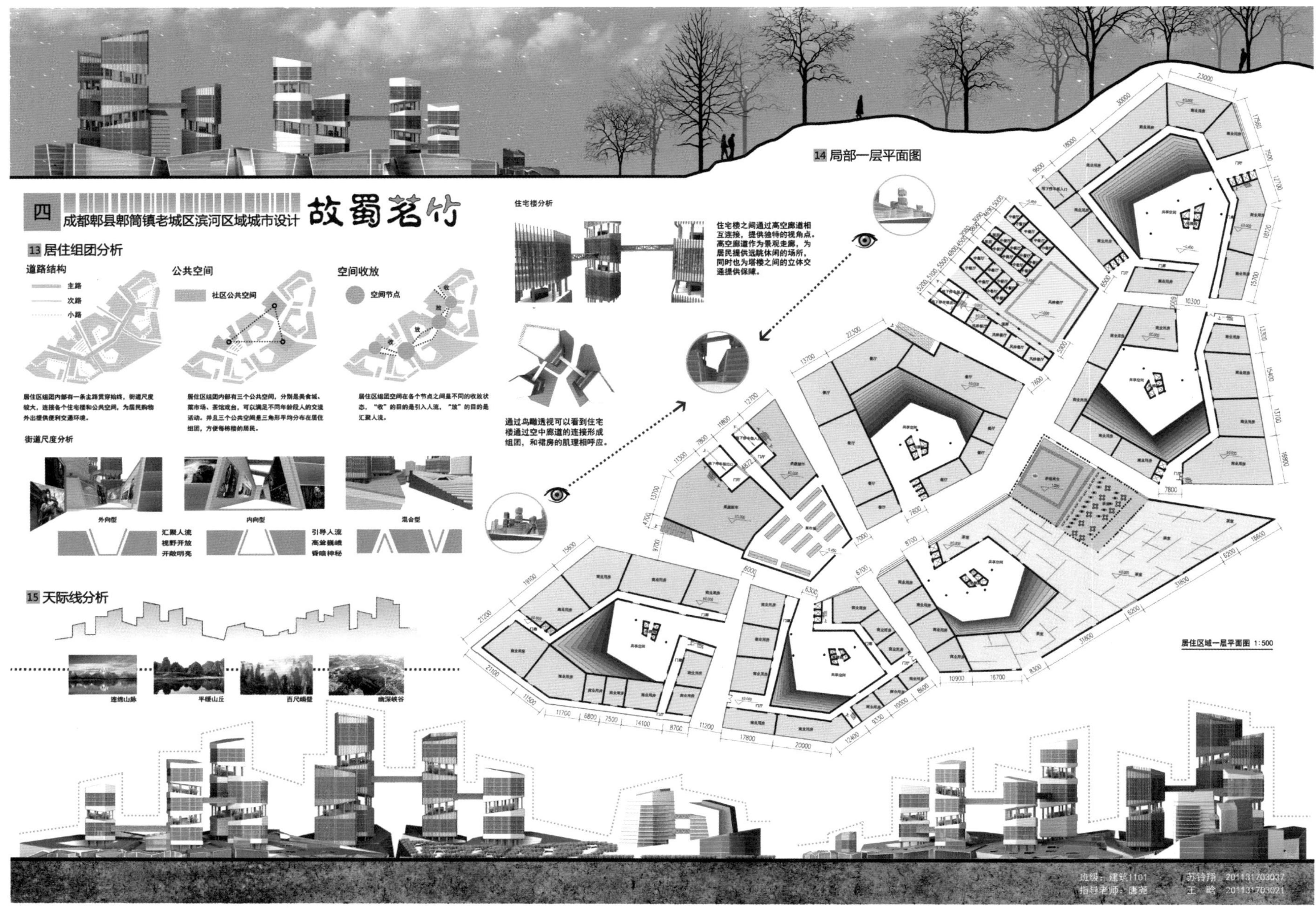

四 成都郫县郫筒镇老城区滨河区域城市设计 故蜀茗竹
13 居住组团分析
道路结构
主路
次路
小路
居住区组团内部有一条主路贯穿始终，街道尺度较大，连接各个住宅楼和公共空间，为居民购物外出提供便利交通环境。
公共空间
社区公共空间
居住区组团内部有三个公共空间，分别是美食城、菜市场、茶馆戏台，可以满足不同年龄段人的交流活动。并且三个公共空间呈三角形平均分布在居住组团，方便每栋楼的居民。
空间收放
空间节点
收
放
居住区组团空间在各个节点之间呈不同的收放状态，“收”的目的是引入人流，“放”的目的是汇聚人流。
街道尺度分析
外向型
汇聚人流
视野开放
开敞明亮
内向型
引导人流
高耸巍峨
昏暗神秘
混合型
住宅楼分析
住宅楼之间通过高空廊道相互连接，提供独特的视角点。高空廊道作为景观走廊，为居民提供远眺休闲的场所，同时也为塔楼之间的立体交通提供保障。
通过鸟瞰透视可以看到住宅楼通过空中廊道的连接形成组团，和裙房的肌理相呼应。
14 局部一层平面图
居住区域一层平面图 1:500
15 天际线分析
连绵山脉
平缓山丘
百尺峭壁
幽深峡谷
班级：建筑1101
指导老师：唐尧
苏铃翔 201131703037
王 晗 201131703021

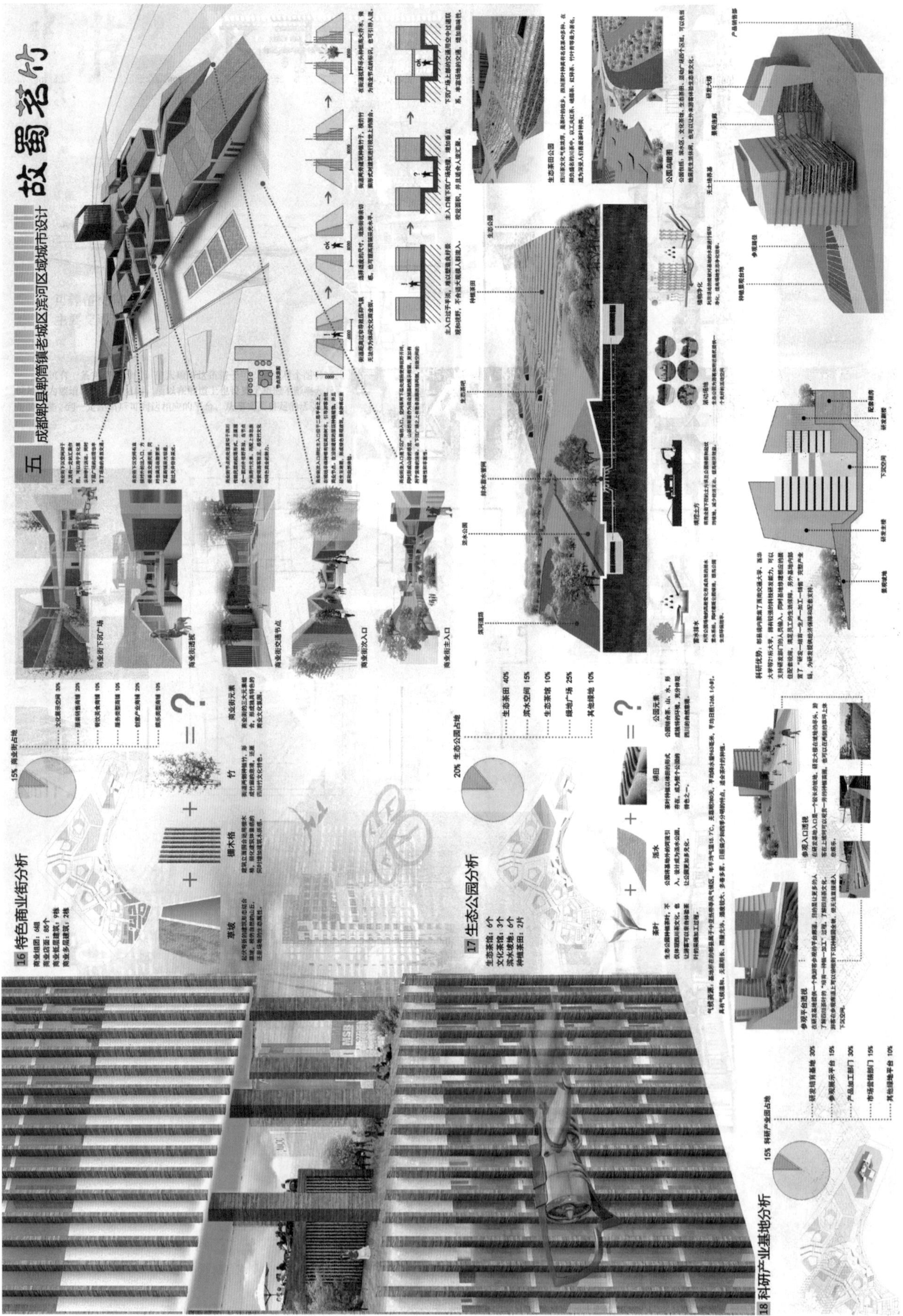
五
成都郫县郫筒镇老城区滨河区域城市设计
故蜀茗竹
16 特色商业街分析
17 生态公园分析
18 科研产业基地分析

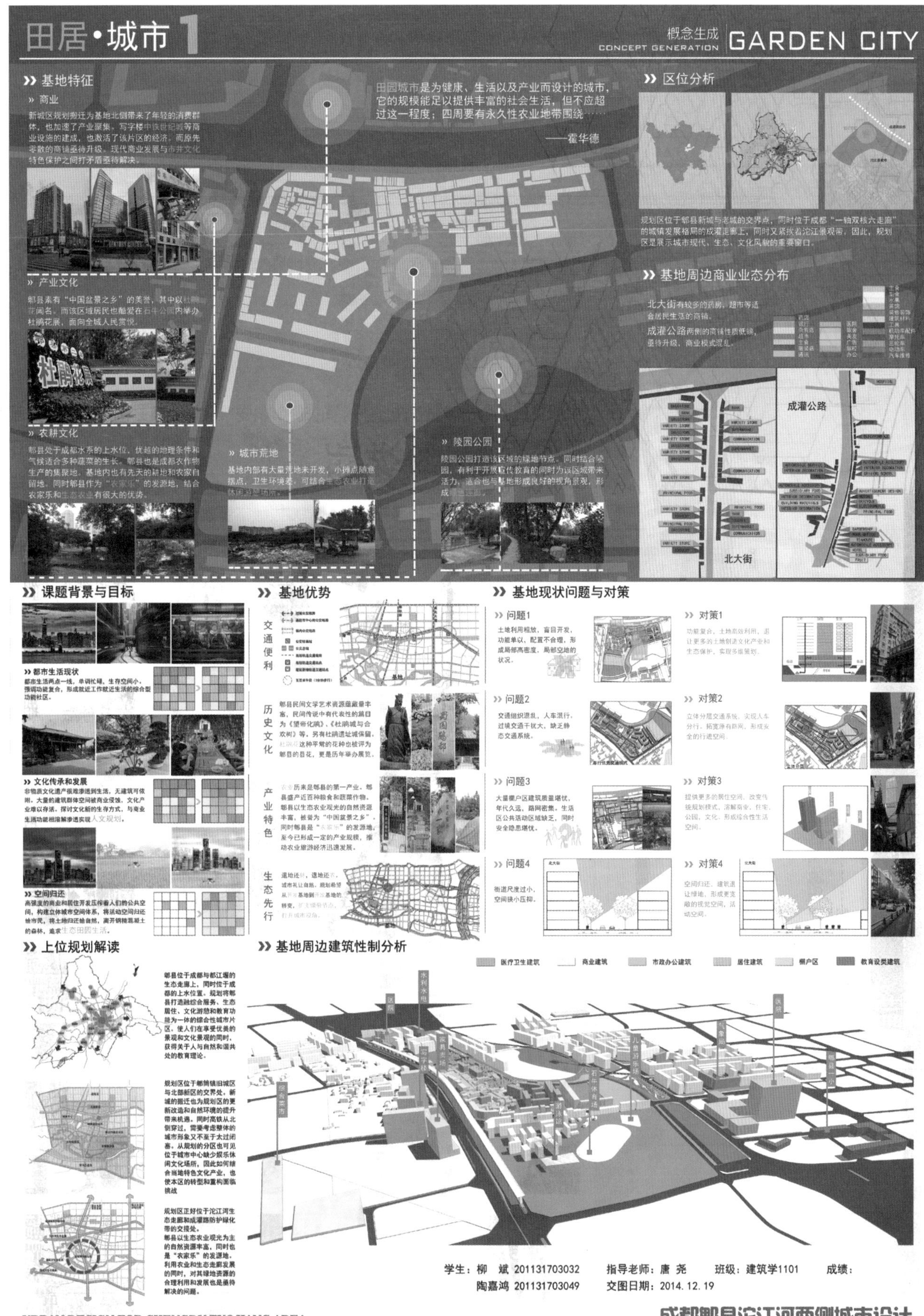
田居·城市 1
概念生成 CONCEPT GENERATION GARDEN CITY
基地特征
商业
产业文化
农耕文化
城市荒地
陵园公园
田园城市是为健康、生活以及产业而设计的城市，它的规模能足以提供丰富的社会生活，但不应超过这一程度；四周要有永久性农业地带围绕……
——霍华德
区位分析
基地周边商业业态分布
成灌公路
北大街
课题背景与目标
基地优势
基地现状问题与对策
上位规划解读
基地周边建筑性制分析
学生：柳 斌 201131703032 陶嘉鸿 201131703049
指导老师：唐 尧
班级：建筑学1101
成绩：
交图日期：2014. 12. 19
URBAN DESIGN FOR CHENGDU TUOJIANG AREA
成都郫县沱江河两侧城市设计

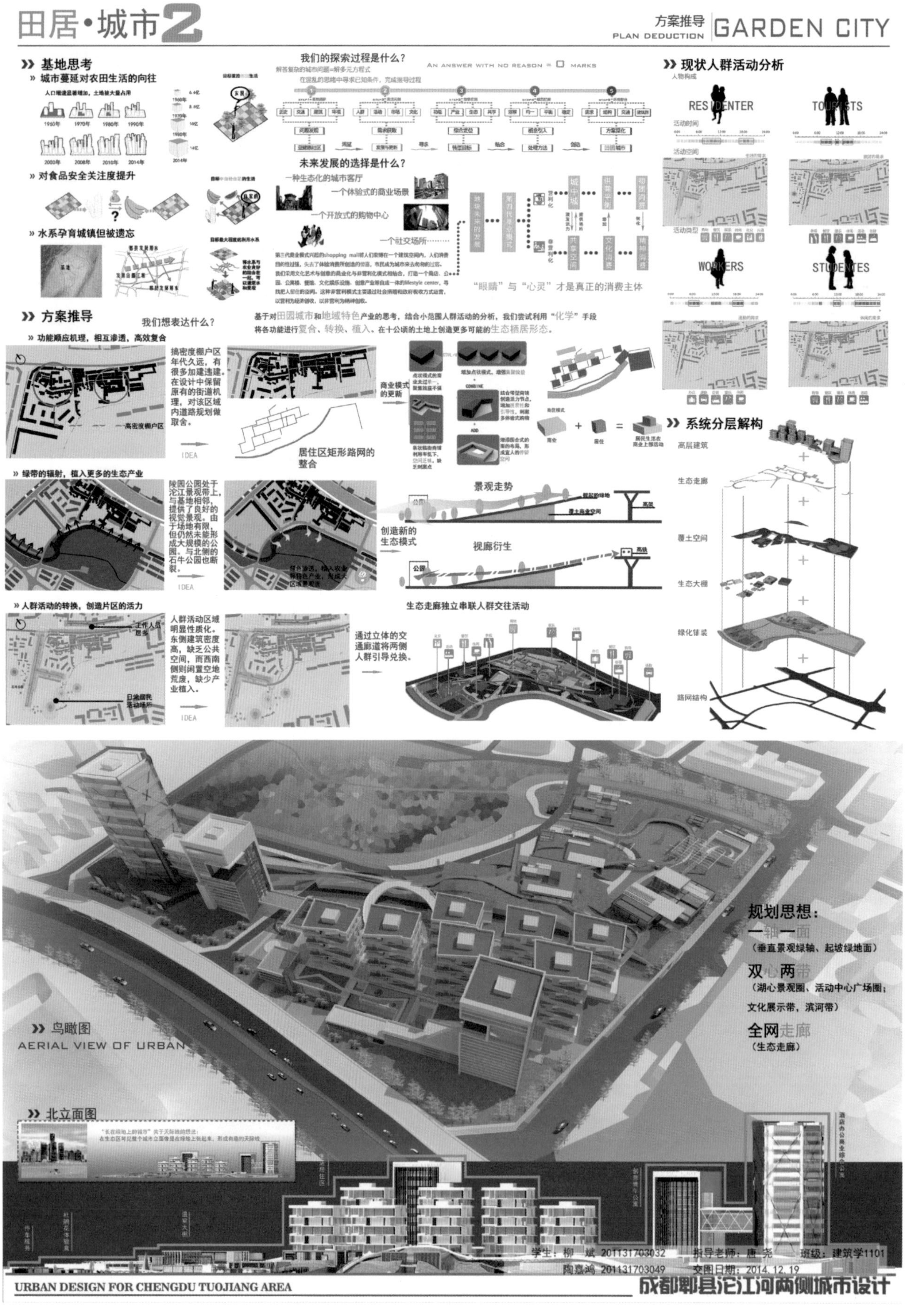

田居·城市2
方案推导
PLAN DEDUCTION
GARDEN CITY
基地思考
城市蔓延对农田生活的向往
对食品安全关注度提升
水系孕育城镇但被遗忘
我们的探索过程是什么？
未来发展的选择是什么？
一种生态化的城市客厅
一个体验式的商业场景
一个开放式的购物中心
一个社交场所……
“眼睛”与“心灵”才是真正的消费主体
现状人群活动分析
RESIDENTER
TOURISTS
WORKERS
STUDENTES
方案推导
我们想表达什么？
基于对田园城市和地域特色产业的思考，结合小范围人群活动的分析，我们尝试利用“化学”手段将各功能进行复合、转换、植入。在十公顷的土地上创造更多可能的生态栖居形态。
功能顺应机理，相互渗透，高效复合
搞密度棚户区年代久远，有很多加建违建。在设计中保留原有的街道机理，对该区域内道路规划做取舍。
居住区矩形路网的整合
商业模式的更新
绿带的辐射，植入更多的生态产业
陵园公园处于沱江景观带上，与基地相邻，提供了良好的视觉景观。由于场地有限，但仍然未能形成大规模的公园。与北侧的石牛公园也断裂。
景观走势
视廊衍生
创造新的生态模式
人群活动的转换，创造片区的活力
人群活动区域明显性质化。东侧建筑密度高，缺乏公共空间，而西南侧则闲置空地荒废，缺少产业植入。
通过立体的交通廊道将两侧人群引导兑换。
生态走廊独立串联人群交往活动
系统分层解构
高层建筑
生态走廊
覆土空间
生态大棚
绿化铺装
路网结构
规划思想：
一轴一面
（垂直景观绿轴、起坡绿地面）
双心两带
（湖心景观圈、活动中心广场圈；文化展示带，滨河带）
全网走廊
（生态走廊）
鸟瞰图
AERIAL VIEW OF URBAN
北立面图
学生：柳 斌 201131703032
陶嘉鸿 201131703049
指导老师：唐 亮
交图日期：2014.12.19
班级：建筑学1101
URBAN DESIGN FOR CHENGDU TUOJIANG AREA
成都郫县沱江河两侧城市设计

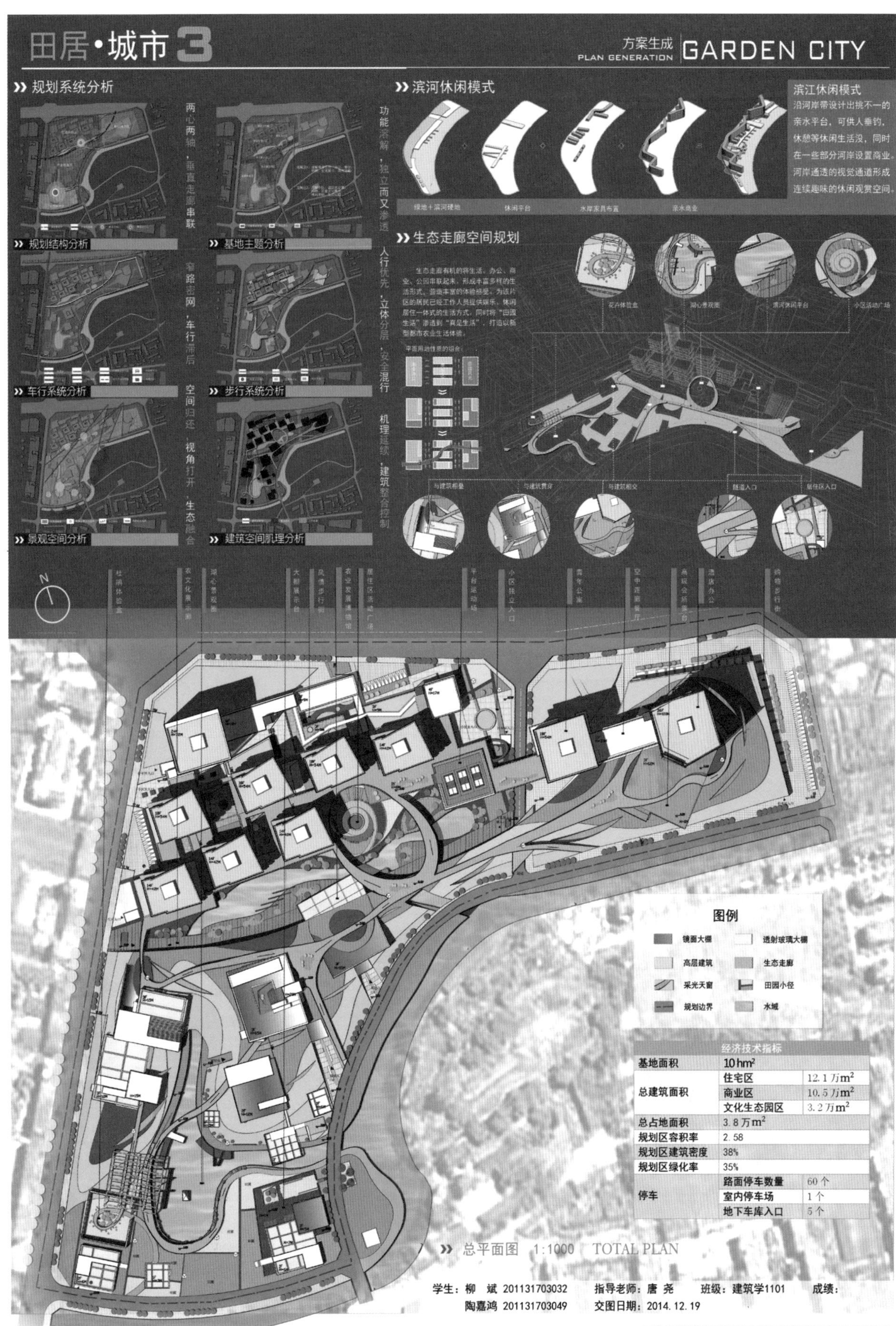

经济技术指标		
基地面积	10 hm^2	
总建筑面积	住宅区	12.1 万m^2
	商业区	10.5 万m^2
	文化生态园区	3.2 万m^2
总占地面积	3.8 万m^2	
规划区容积率	2.58	
规划区建筑密度	38%	
规划区绿化率	35%	
停车	路面停车数量	60 个
	室内停车场	1 个
	地下车库入口	5 个

URBAN DESIGN FOR CHENGDU TUOJIANG AREA

成都郫县沱江河两侧城市设计

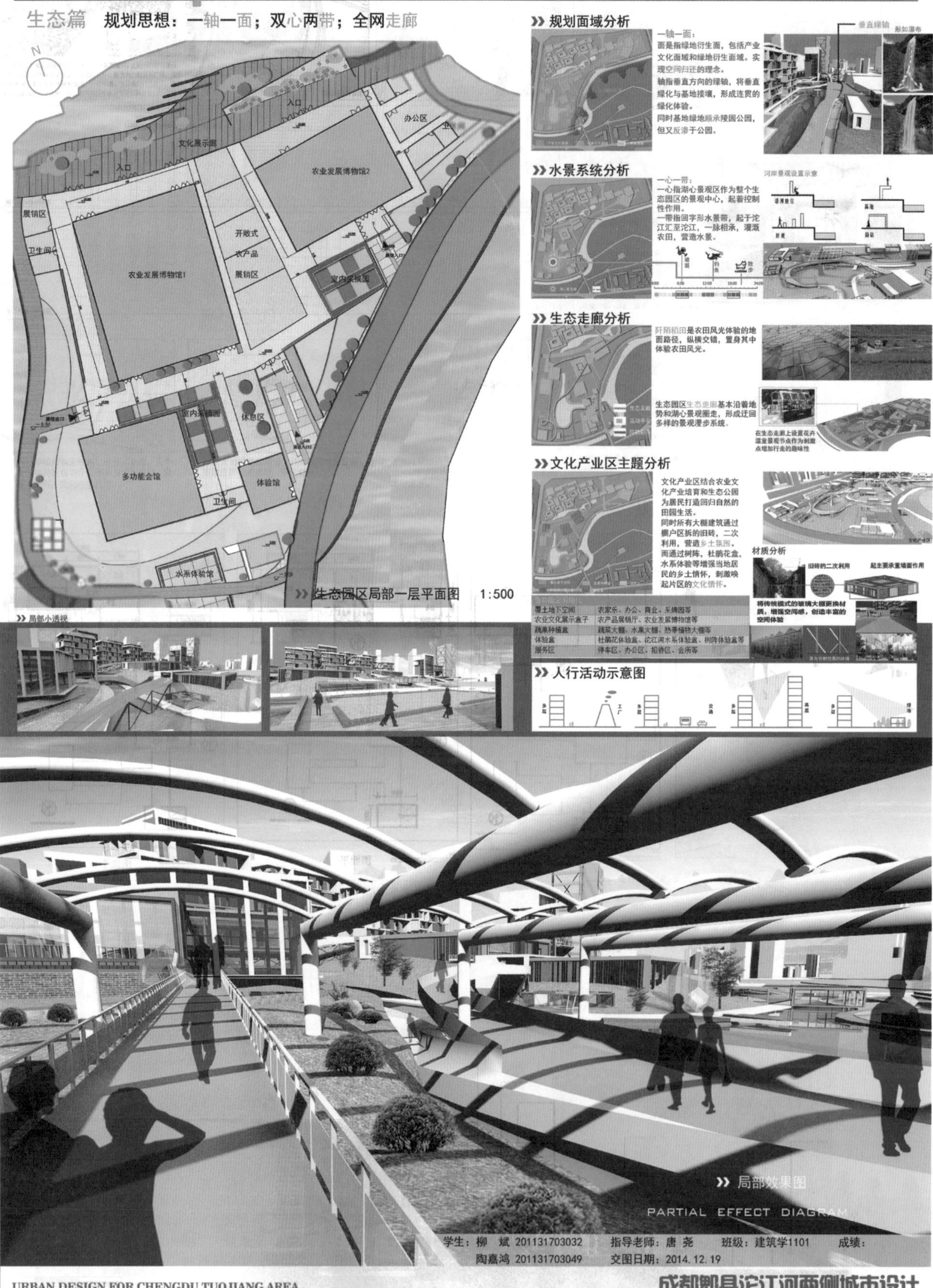
田居•城市4
场景呈现
SCENE SHOWING
GARDEN CITY
生态篇 规划思想：一轴一面；双心两带；全网走廊
N
文化展示廊
入口
办公区
农业发展博物馆2
展销区
卫生间
开敞式
农产品
展销区
农业发展博物馆1
室内采摘园
休息区
多功能会馆
体验馆
卫生间
水系体验馆
生态园区局部一层平面图 1:500
规划面域分析
一轴一面：
面是指绿地衍生面，包括产业文化面域和绿地衍生面域。实现空间归还的理念。
轴指垂直方向的绿轴，将垂直绿化与基地接壤，形成连贯的绿化体验。
同时基地绿地顺承陵园公园，但又反渗于公园。
垂直绿轴
形如瀑布
水景系统分析
一心一带：
一心指湖心景观区作为整个生态园区的景观中心，起着控制性作用。
一带指回字形水景带，起于沱江汇至沱江，一脉相承，灌溉农田，营造水景。
灌溉
钓鱼
散步
0:00
6:00
12:00
18:00
24:00
河岸景观设置示意
生态走廊分析
阡陌稻田是农田风光体验的地面路径，纵横交错，置身其中体验农田风光。
生态园区生态走廊基本沿着地势和湖心景观圈走，形成迂回多样的景观漫步系统。
在生态走廊上设置花卉温室景观节点作为刺激点增加行走的趣味性
文化产业区主题分析
文化产业区结合农业文化产业培育和生态公园为居民打造回归自然的田园生活。
同时所有大棚建筑通过棚户区拆的旧砖，二次利用，营造乡土氛围。
而通过树阵，杜鹃花盒，水系体验等增强当地居民的乡土情怀，刺激唤起片区的文化情怀。
文化产业区
材质分析
旧砖的二次利用
起主要承重墙面作用
将传统模式的玻璃大棚更换材质，增强空间感，创造丰富的空间体验
局部小透视
人行活动示意图
多层
工厂
多层
交通
多层
高层
多层
绿地
局部效果图
PARTIAL EFFECT DIAGRAM
学生：柳 斌 201131703032 指导老师：唐 尧 班级：建筑学1101 成绩：
陶嘉鸿 201131703049 交图日期：2014.12.19
URBAN DESIGN FOR CHENGDU TUOJIANG AREA
成都郫县沱江河两侧城市设计

覆土地下空间	农家乐、办公、商业、采摘园等
农业文化展示盒子	农产品展销厅、农业发展博物馆等
蔬果种植盒	蔬菜大棚、水果大棚、热带植物大棚等
体验盒	杜鹃花体验盒、沱江河水系体验盒、树阵体验盒等
服务区	停车区、办公区、招待区、会所等

田居·城市5

场景呈现 SCENE SHOWING | GARDEN CITY

居住篇

规划思想：一轴一面；双心两带；全网走廊

商业篇

东立面图

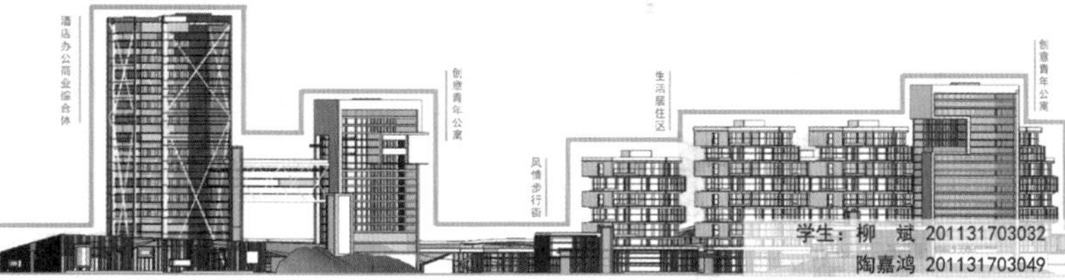

【未来·现在】

城市设计是为人们设计聚居地的一种艺术

我们追求的不是第一眼的震撼，而是实践的探索、时间的考验

学生：柳 斌 201131703032 指导老师：唐 尧 班级：建筑学1101 成绩：

陶嘉鸿 201131703049 交图日期：2014. 12. 19

URBAN DESIGN FOR CHENGDU TUOJIANG AREA

成都郫县沱江河两侧城市设计

建筑学本科四年级 | 医疗建筑设计

“医疗建筑设计”受城市空间、功能布局和交通设计的影响较大，但受学时限制，选题主要为社区医院，选址与旧城区更新改造结合，或是在新城的建成区域内，让学生充分理解建筑与环境的关系，城市交通对建筑的影响。

教学训练中需要学生能运用环境设计理论，加强建筑体外部形体尺度的协调感，较好地处理建筑与周围环境要素之间的关系，并在充分了解服务对象需求的基础上进行设计。同时，了解国家政策法规及地方相关规定对建筑设计的指导性意义，掌握医疗建筑的基本规范要求，充分重视并满足规范要求，但要求不拘泥于法规和规范而限制设计思维。

院·望

社区卫生服务中心设计一

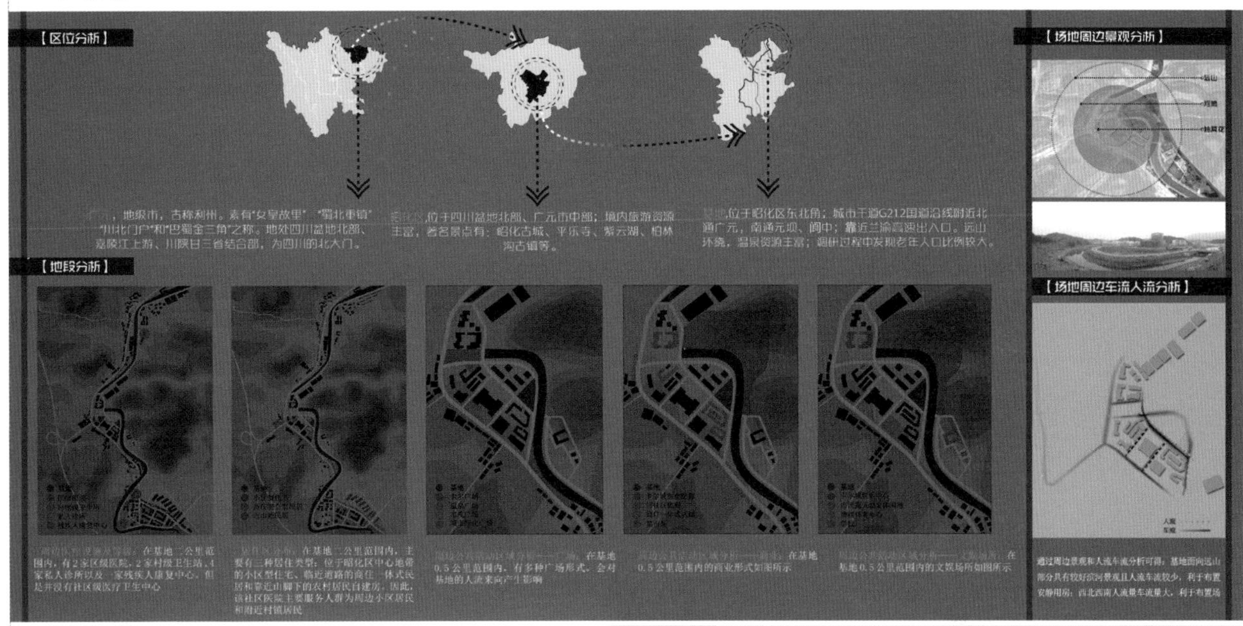

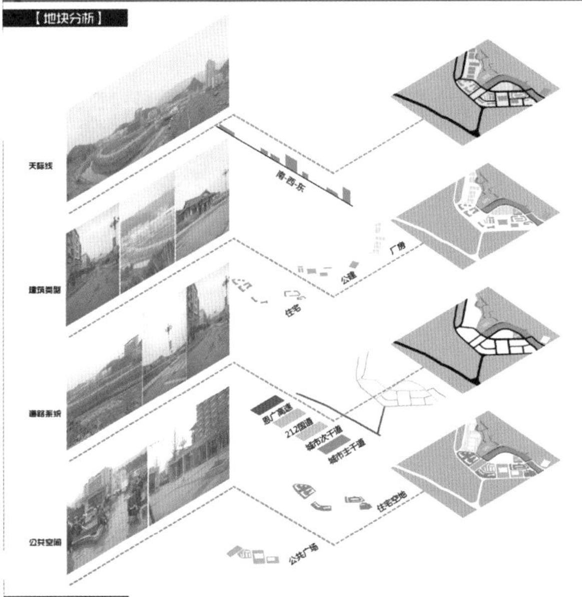

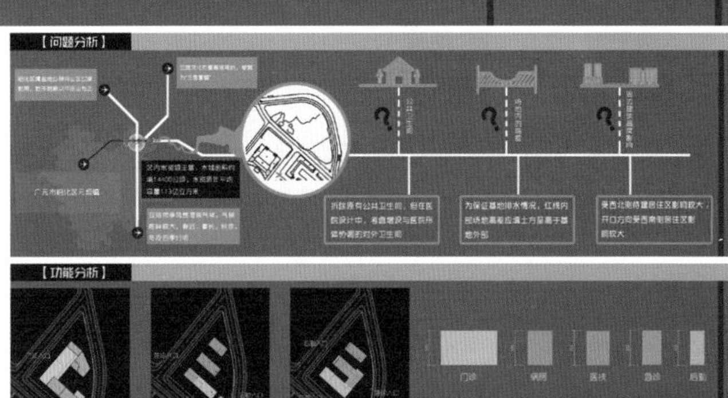

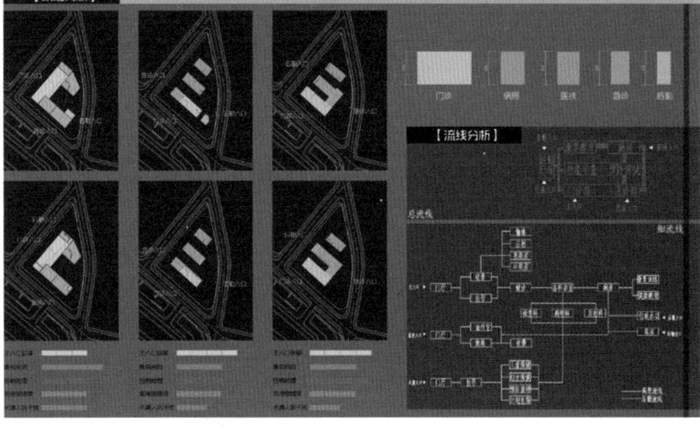

【小结】

通过以上分析可得该医院为主要服务于老人、儿童的社区医院，可结合周围景观设计为人们带来良好的视觉感受和心理感受。

【案例分析】

布局趋向集中

东京老龄化社区家庭式医院

项目信息：
项目位置：日本
建筑师：HKL事务所
基地面积：333.48m²

节约土地

为了获得最大的面积，建筑几乎占满整个L型场地。建筑可以看做这些大小不一的坡屋顶建筑侧墙面在一起的组合，使其更加紧凑集中。

医疗流程短

病人从进入医院门厅到进入诊室直接、便捷，用最短的路径和最短的时间达到了就医的目的。

水平、垂直联系便捷

建筑共有两层，为了方便老年人和残疾人，所有的临床检查室位于一层，医务办公室则位于二层。通过垂直交通的增强了两层之间的联系。

公共属性增强

计划生育中心：
黛安·冯·克斯健康中心

项目信息：
项目位置：纽约，皇后区
建筑师：Stephen Yablon Architecture

地标性、利于引导

这座建筑与旁边橘色石材建筑形成鲜明对比，这使得它成为了一座地标性的社区机构。采用简洁、流畅，明亮的室内装潢，便于识别，利于引导。

人性化

明亮的内部看上去让人兴奋，内部导航简单，减轻了病人的压力。室内的色彩搭配大胆，各功能空间定位明确，用户使用起来简便易行。

与城市之间相互影响

尼日尔综合医院

项目信息：
项目位置：尼日尔，尼亚美
设计公司：中德设计CADI
建筑面积：34000m²
年份：年份：2012/2016（设计/建成）

医院选址位于一片空旷平整的沙质土地，这里是正在发展的居民聚居区，基础设施薄弱，人们期待医院的建设能改善他们的生活状况。红褐色的外墙完全融入当地环境。

采用当地传统工艺“蒂罗尔”样式外墙的制作和施工方法，用当地尼日尔河的河沙、白水泥和水按比例混合，并由当地工匠进行人工喷涂。这种外墙材料不仅造价低廉，能长时间经受干热天气的考验，而且可以反复修补而没有瑕疵。

生态节能

圣约瑟夫医药中心的亚利桑那大学癌症研究中心

项目信息：
项目位置：美国，亚利桑那，凤凰城
建筑师：ZGF Architects LLP
建筑面积：22万平方英尺

可持续发展

建筑外部的遮阳系统和冷梁的设计大大促进了该建筑的可持续性。

余兆麒健康生活中心

项目信息：
项目位置：香港屯门
建筑设计：吕元祥建筑师事务所
建筑面积：800m²

引入绿化

事务所以「绿色脉搏」为主要设计概念，将一座医院大楼的荒废天台，改造成低碳绿化的健康空间。长期病患者可以在漫长的复康路上，除接受专业辅导之外，多享受户外的绿意与蓝天，从轻松的氛围中舒缓病患的压力。

信息管理

远程医疗

手机APP预约挂号

通过案例分析总结出现代医疗建筑四点发展趋势，其中“公共属性增强”对于本设计具有重要的指导意义

姓名：郭宏楠　学号：201331703005　指导老师：尹伟

院·望

社区卫生服务中心设计二

【概念深入】 现状因素

设计要点 —— 便捷 · 通透 · 人性化 · 与城市环境之间相互影响

【概念深入】 应对策略

便捷　交通便捷，可达性强　通透　室内外视线连续，引向景观

【概念深入】 小概念引入

人性化　"幼儿园场地"的引入

所谓"真正的现实"，就是隐藏在自然表象之下的"纯粹实在"。

——蒙德里安

三原色均具有象征的意义——黄色象征阳光的四射运动，蓝色象征着天空的无限延展，红色则是中性和谐配色，是"黄和蓝厮融时的细语交谈"。

——苏珊·格克尔

与城市环境之间相互影响　"立体庭院"的引入

横滨立体庭院住宅HouseOM

——藤本壮介

庭院通过各种不同方式与其他空间相连接，成为一个介于内与外的模糊界限。

【概念深入】 心理建设

【造型意向】

对传统坡屋顶进行改造以进行屋顶的采光，在室内形成特殊的光影效果，在室外形成独特的建筑造型，成为城市中的一件"建筑艺术品"。

【设计说明】

本设计通过对场地的分析、对广元公共服务设施的调研、对现代医疗建筑的了解，总结出"便捷"、"通透"、"人性化"、"与城市环境之间相互影响"四点设计要素。旨在打造一个交通便捷、视线连续的社区卫生服务中心，并且引入了"幼儿园场地"和"立体庭院"两个概念，使建筑不光满足病人对于医院功能上的需求，同时克服其心理上对于医院的抵触和恐惧。建筑的使用对象不光病人，同时还有医生等工作人员和周围社区的社会人士，所以该建筑也通过相应的设计成为城市公共建筑设计中的一道亮丽的风景线。

"幼儿园场地"即以幼儿园的设计方式设计儿童活动场地，使儿童不再害怕看病，而是在温馨的环境中得到治疗。充满活力的儿童场地也为整个场地带来了活力与生机。"立体庭院"即将庭院进行竖向的联系使空间更加丰富，加强室内外联系，增进人们走向户外的活动性。

建筑功能分区明确，有效避免了流线交叉，但通过立面通透性设置以及立体庭院的联系，构建一系列对望空间，形成病人与病人、病人与医生、病人与社会人士视线上的交流与沟通。

①-⑦ 立面图 1:300

Ⓐ-Ⓖ 立面图 1:300

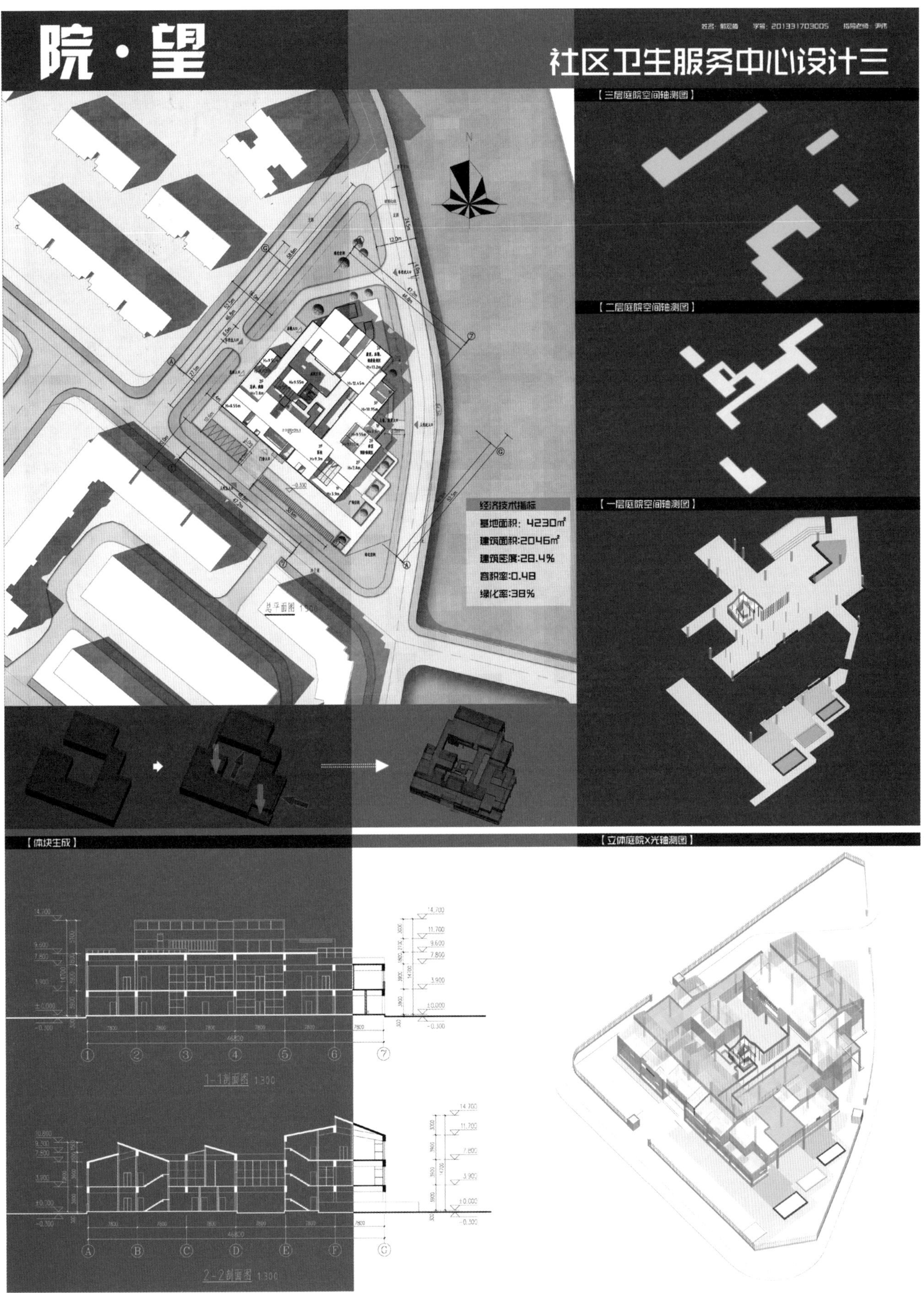

院·望
学号：201331703005
指导老师：尹伟
社区卫生服务中心设计三
【三层庭院空间轴测图】
【二层庭院空间轴测图】
【一层庭院空间轴测图】
经济技术指标
基地面积：4230㎡
建筑面积：2046㎡
建筑密度：28.4%
容积率：0.48
绿化率：38%
总平面图 1:500
【体块生成】
【立体庭院×光轴测图】
1-1剖面图 1:300
2-2剖面图 1:300

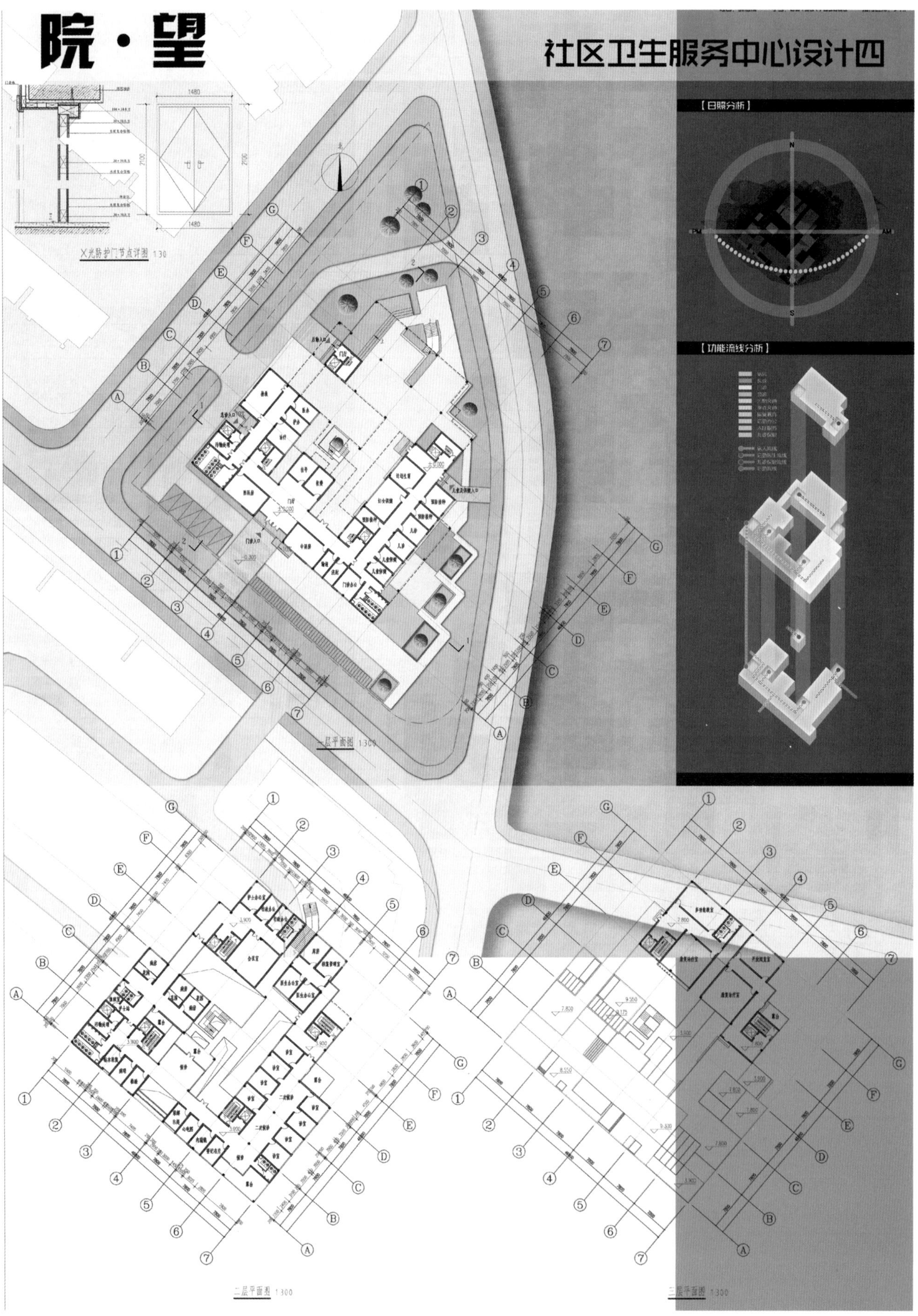
院·望
社区卫生服务中心设计四
【日照分析】
【功能流线分析】
X光防护门节点详图 1:30
一层平面图 1:300
二层平面图 1:300
三层平面图 1:300

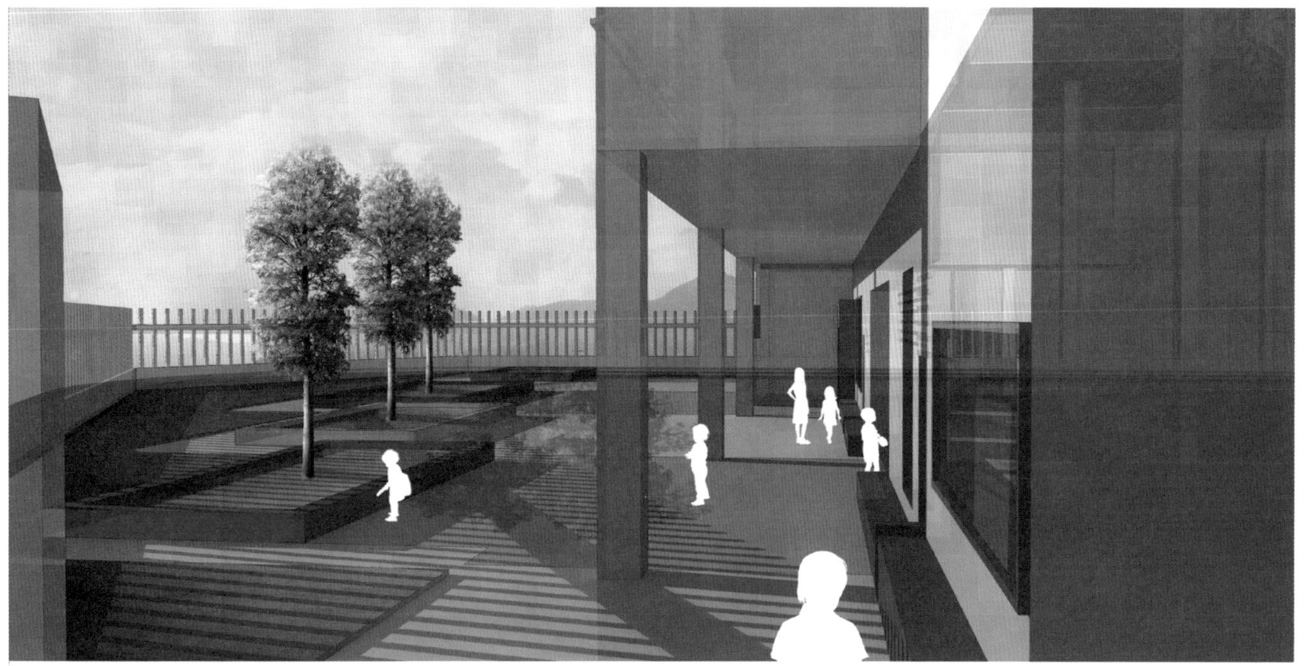

姓名：郭宏楠　　学号：201331703005　　指导老师：尹伟

院·望

社区卫生服务中心设计五

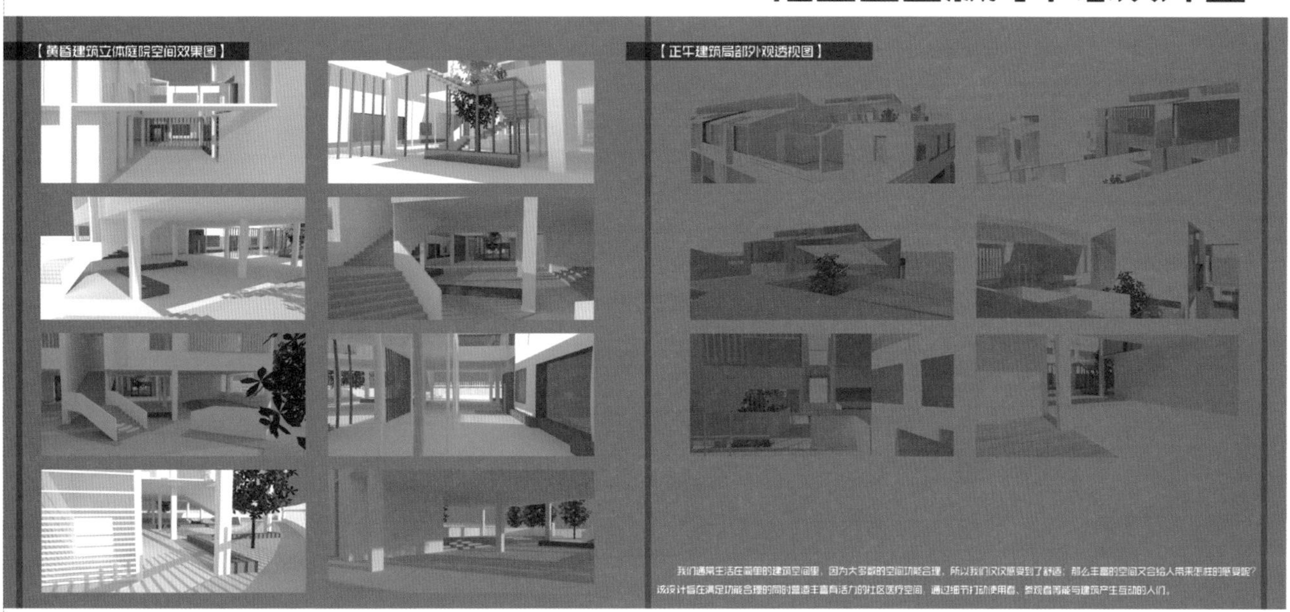

【黄昏建筑立体庭院空间效果图】
【正午建筑局部外观透视图】
我们通常生活在简单的建筑空间里，因为大多数的空间功能合理，所以我们仅仅感受到了舒适；那么丰富的空间又会给人带来怎样的感受呢？该设计旨在满足功能合理的同时营造丰富有活力的社区医疗空间，通过细节打动使用者、参观者等能与建筑产生互动的人们。

【建筑室内装修风格意向图】

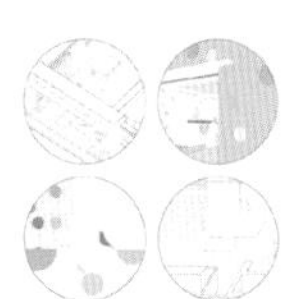

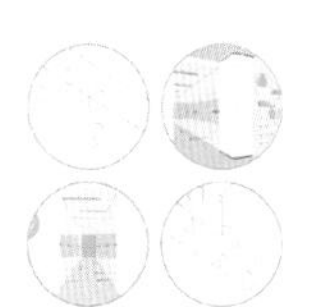

社区卫生服务中心设计（一）

医院建筑的起源和历史

起源：在原始社会，人们认为疾病是受到诅咒而失去神的庇护造成的，最早的医学产生于神学，医疗建筑起源于宗教建筑。

启示：医院（hospital）一词出自拉丁文，原意为供人避难的场所。可见早起医疗技术落后，医院更多的是作为收容和看护的场所。

早期：古代城市卫生条件差，人口达到一定规模就容易引发瘟疫等疾病，因此最早的医院依附于修道院这类清修产所。

启示：修道院大多远离城市，自给自足，可知最早的医院选址主要注重于环境。注重于好的环境对于病人的疗养。

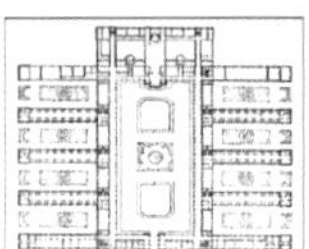

成型：医院作为单独的建筑出现是在公元5世纪的罗马士兵病院，形成的原因是修道院无法容纳过多的伤员，并使宗教活动不受干扰。

启示：从早期医院的平面可以看出，早期的医院仍然像一个"看守所"每一个"枝丫"相互独立并设有护士站以提高效率，看护才是其主要的功能。

改善：工业革命为新建筑的发展提供了可能，现代主义建筑从功能出发，极大地改善老旧医院卫生，通风条件差等问题。

启示：科学的发展使医院的作用终于开始从"看护"到"治病"转变，各种机器以及手术的引入让医院的形式出现了根本的变化。

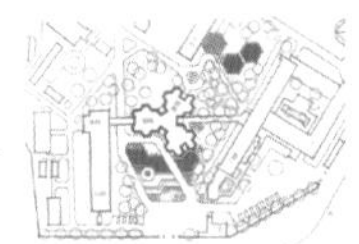

综合与细化：20世纪后，医院建筑的发展主要有两个方向，一是科室细分化，二是加强与教学，科研的紧密结合的综合性发展。

启示：这使得医院的功能和流线越来越复杂了，因为要满足更多种人群的需求，组织流线就成为了医院建筑设计的重点。

信息与节能：21世纪是信息爆炸的时代，出现了如远程治疗，远程手术等案例。此外医疗建筑也逐渐打破冰冷的印象，向绿色生态，节能的方向发展。

启示：除了考虑流线的组织外，病人的体验开始变得越发的重要了，如何给病人好的环境感受是设计的要点。

发展趋势及案例分析

（1）注重病人体验与环境塑造

哥本哈根癌症治疗与康复医院，中心的设计将多座小房子融合成一座建筑，如同一个小村落，环境对人们的疾病康复有着积极的影响。人性化和温馨的氛围有助于人们恢复健康。

进入建筑，就会发现自己身处一个舒适的休息区。这里可通往建筑的其他部分，包括一个用于沉思的庭院、多个锻炼的空间、一间公共厨房、患者小组会议室等。

提炼：一个内向的庭院或是景观有利于于医院环境的改善，就如同最早的修道院医院一样，塑造安静温馨的环境有益于病人的疗养与康复。

北海道儿童医院，通过巧妙移动小的组合单元来实现复杂的建筑功能。建筑的平面是灵活的，因为它是随机的。

由于单元体是随机布置，一定会产生一些凹空间。在生活区玩耍的儿童可以躲藏在其中。孩子们在其中游戏，如原始人一般自由的建立对环境的认识，并在其中自得其乐。

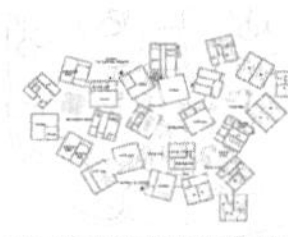

提炼：虽然形体打碎后有利于将功能分开，还过于自由不利于方向的引导，这样做只适用于儿童，若是综合医院可能会给病人造成困惑。

（2）布局趋向于集中

项目名称：东京老龄化社区家庭医院
项目位置：日本
建筑师：HKL事务所
基地面积：333.48平方米
建筑面积：200.05平方米

为了获得最大的面积，建筑几乎占满整个L形场地。建筑可以看做这些大小不一的坡屋顶建筑侧墙面在一起的组合，使其更加紧凑集中。

医疗流程短

病人从进入医院门厅到进入诊室直接、便捷，用最短的路径和最短的时间达到了就医的目的。

水平、垂直联系便捷

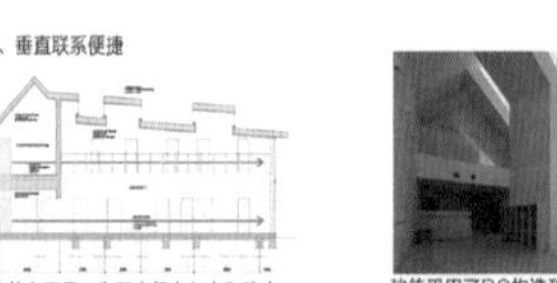

建筑共有两层，为了方便老年人和残疾人，所有的临床检查室位于一层，医务办公室则位于二层。通过垂直交通的增强了两层之间的联系。

建筑采用了RC构造和钢筋混凝土框架结构。设计过程中，建筑师希望在未来，建筑与附近的居民建立起密切关系，成为社区中的一个"家"。

提炼：在城市用地紧张导致医院向集中式发展，如何提高效率以及如何更方便的管理仍然是重点，所以要考虑的问题是：1.病人如何快速而便捷的完成就诊的过程。2.医护人员是否能方便的看护到每个病人以及医生到医院的每个位置是否快速便捷。

（3）生态节能

新加坡Punggol社区中心综合医院大楼，称为绿洲平台，面积为27,400平方米，其中9400平方米将将用于医疗设施，其余场地将建设包括"公共花园，娱乐场所，健身房，零售区域，餐饮和学习空间。

建筑与希望周边相关景观联系起来。中央社区广场是"一个向水渠倾斜的郁郁葱葱的花园平台"，不仅能够发挥其美观的作用，还能够通过这个"园艺工程"与社区居民保持良好的关系。

公共花园间有坡道连接，花园设有美食城、咖啡店和在商店。俯瞰社区是一片餐厅、教育中心和综合医院的户外区域。建筑的特点是打造一个明亮开放式的社区。让阳光和微风穿过整个建筑。

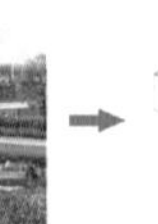

提炼：绿色建筑除了生态节能之外，其归根结底在于改善人的生活环境，医院也可以通过与其他类型的功能如商业，休闲相关联，打破传统医院的冰冷感。

（4）信息技术应用

信息时代，医院已经开始出现如远程医疗，远程手术，手机APP挂号等。传统的医疗模式正在逐渐的改变。

提炼：从信息技术的发展来看，未来人们去医院的概率可能会越来越小，结构功能会有很大的变化，值得我们去思考。

总结及初步概念

纵观医院的历史以及对最新医院发展趋势的分析，可以看到医院的发展整体区域复杂化，从最初的"收容所"到"看护所"再到"集诊断，治疗，看护"一体化。如同一个庞大的机器在不断增添它的零件。因此对于医院设计的一些思考如下：

1.为保证这个复杂系统的正常运转，效率性十分重要，因此交通流线必须简单明了。避免弯路，回头路。

2.医院千年的发展来看，唯一不变的是"看护"的功能，类似于监狱的"监视塔"，医生，护士必须位于一个能统领全局的位置，要尽可能的能"监视"到每一个病人。

3.从最初的修道院医院就开始重视"环境对疾病的治愈"好的环境有利于病情的康复，但这在现代城市中变得越来越难以实现，因此对于基地内景观环境的塑造以及对周边环境的利用是很有必要的。

4.从绿色建筑的发展来看，医院在设计过程中要注意好的朝向和自然通风，创造良好的卫生环境。

5.虽然医院是一个复杂的"机器"，在保证医生的工作效率的同时，也需要开始思考病人的体验，如舒适性和私密性。

初步构思：

（1）确定"监视塔"的核心位置，即医生护士所在区域位于医院的中心，以便更好地"监视"所有患者。

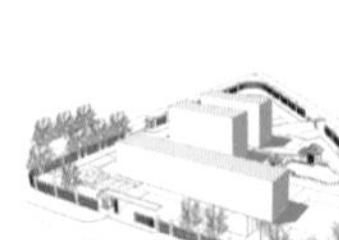

（2）确定每个体块都有良好的采光，确定通风没有问题。

（3）交通空间贯穿筒所有的功能，简单直接，不拐弯抹角。

（4）围合出半开放的庭院，争取与周边环境取得联系，为景观营造提供空间。

姓名：卢叶炅　学号：201331703020　指导老师：尹伟

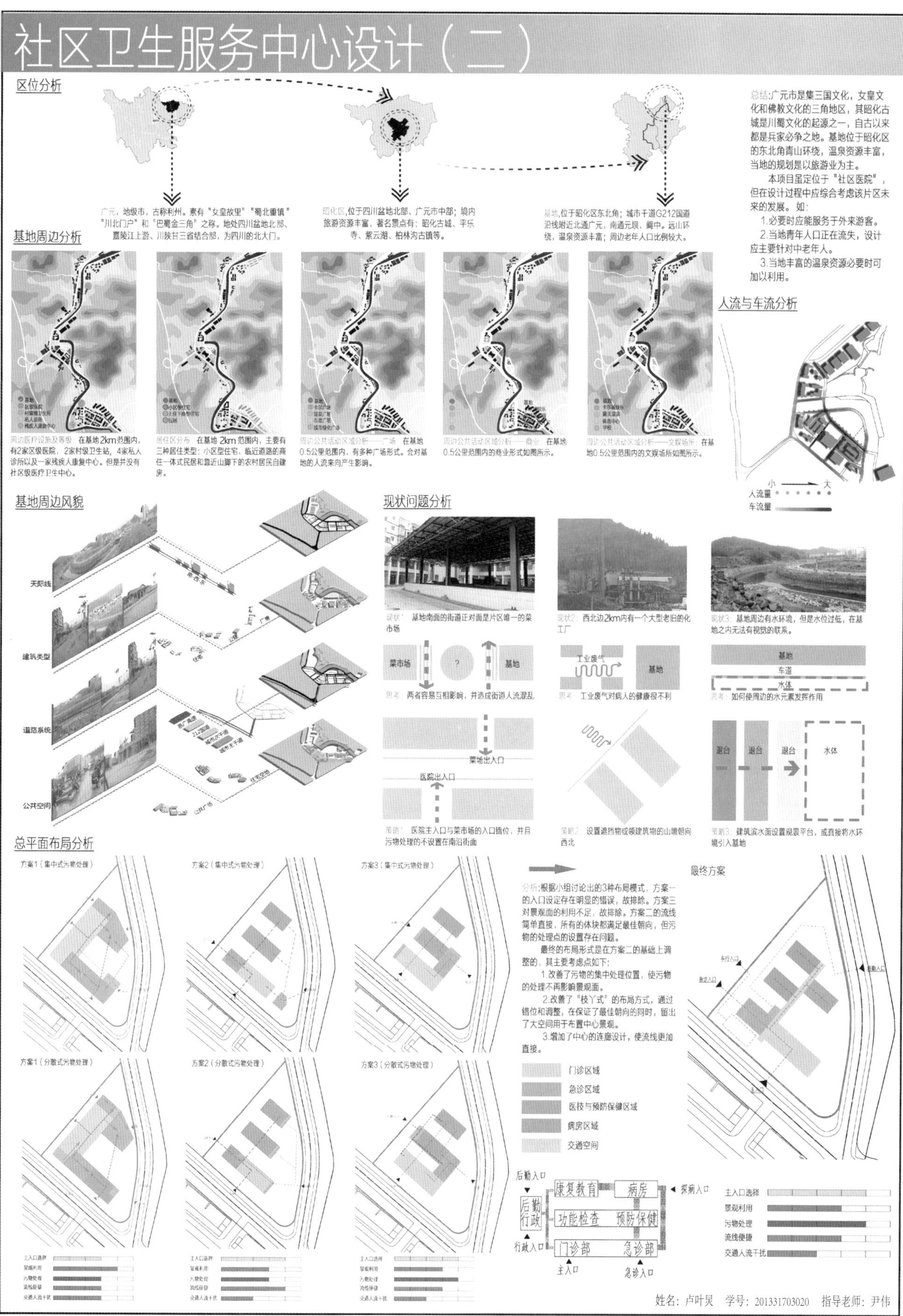

社区卫生服务中心设计（二）
区位分析
广元，地级市，古称利州。素有"女皇故里""蜀北重镇""川北门户"和"巴蜀金三角"之称。地处四川盆地北部、嘉陵江上游、川陕甘三省结合部，为四川的北大门。
昭化区,位于四川盆地北部、广元市中部；境内旅游资源丰富，著名景点有：昭化古城、平乐寺、紫云湖、柏林沟古镇等。
基地,位于昭化区东北角；城市干道G212国道沿线附近北通广元，南通元坝、阆中。远山环绕，温泉资源丰富；周边老年人口比例较大。
总结:广元市是集三国文化，女皇文化和佛教文化的三角地区，其昭化古城是川蜀文化的起源之一，自古以来都是兵家必争之地。基地位于昭化区的东北角青山环绕，温泉资源丰富，当地的规划是以旅游业为主。
本项目虽定位于"社区医院"，但在设计过程中应综合考虑该片区未来的发展。如：
1.必要时应能服务于外来游客。
2.当地青年人口正在流失，设计应主要针对中老年人。
3.当地丰富的温泉资源必要时可加以利用。
基地周边分析
周边医疗设施及等级：在基地2km范围内，有2家区级医院，2家村级卫生站，4家私人诊所以及一家残疾人康复中心。但是并没有社区级医疗卫生中心。
居住区分布：在基地 2km 范围内，主要有三种居住类型：小区型住宅、临近道路的商住一体式民居和靠近山脚下的农村居民自建房。
周边公共活动区域分析——广场：在基地0.5公里范围内，有多种广场形式。会对基地的人流来向产生影响。
周边公共活动区域分析——商业：在基地0.5公里范围内的商业形式如图所示。
周边公共活动区域分析——文娱场所：在基地0.5公里范围内的文娱场所如图所示。
人流与车流分析
小
大
人流量
车流量
基地周边风貌
天际线
建筑类型
道路系统
公共空间
现状问题分析
现状1：基地南面的街道正对面是片区唯一的菜市场
现状2：西北边2km内有一个大型老旧的化工厂
现状3：基地周边有水环境，但是水位过低，在基地之内无法有视觉的联系。
菜市场
?
基地
思考：两者容易互相影响，并造成街道人流混乱
工业废气
基地
思考：工业废气对病人的健康很不利
基地
车道
水体
思考：如何使周边的水元素发挥作用
菜场出入口
医院出入口
策略1：医院主入口与菜市场的入口错位，并且污物处理的不设置在南沿街面
策略2：设置遮挡物或领建筑物的山墙朝向西北
退台
退台
退台
水体
策略3：建筑滨水面设置观景平台，或直接将水环境引入基地
总平面布局分析
方案1（集中式污物处理）
方案2（集中式污物处理）
方案3（集中式污物处理）
方案1（分散式污物处理）
方案2（分散式污物处理）
方案3（分散式污物处理）
分析:根据小组讨论出的3种布局模式，方案一的入口设定存在明显的错误，故排除。方案三对景观面的利用不足，故排除。方案二的流线简单直接，所有的体块都满足最佳朝向，但污物的处理点的设置存在问题。
最终的布局形式是在方案二的基础上调整的，其主要考虑点如下：
1.改善了污物的集中处理位置，使污物的处理不再影响景观面。
2.改善了"枝丫式"的布局方式，通过错位和调整，在保证了最佳朝向的同时，留出了大空间用于布置中心景观。
3.增加了中心的连廊设计，使流线更加直接。
门诊区域
急诊区域
医技与预防保健区域
病房区域
交通空间
最终方案
急诊入口
主入口
后勤入口
后勤入口
康复教育
病房
探病入口
后勤行政
功能检查
预防保健
行政入口
门诊部
急诊部
主入口
急诊入口
主入口选择
景观利用
污物处理
流线便捷
交通人流干扰
姓名：卢叶炅 学号：201331703020 指导老师：尹伟

社区卫生服务中心设计（三）

姓名：卢叶炅　学号：201331703020　指导老师：尹伟

住宅

住宅

住宅

住宅

住宅

菜市场

住宅

N

河流

总平面图　1:500

设计说明：

基地位于广元市昭化区，风景优美，旅游资源丰富。我先从医疗建筑的发展历史，研究了医疗建筑的发展历程以及当今最新的医院的发展方向，希望能够借古喻今，探寻医疗建筑的设计核心。

本设计的核心在于希望在满足医院高效率的运作情况下能够为患者提供更为舒适的环境，首先在总平布局上保证良好的通风采光，用连廊串起各个分区，所有的走廊均为开敞式，每隔一段距离就能与外界取得联系。通过将“枝丫式”错位而形成三边围合的庭院。通过露台使患者能与远处的水景取得联系。在病房设计上，尝试了新的病房探索，主要目的在于将“交流”与“私密”的空间分开，减少不同患者之间的相互干扰。

技术经济指标：

建筑层数：
地上3层，地下一层
建筑高度：12.5m
建筑面积：1799m^2
建筑覆盖率：29%
绿化率：38%
容积率：0.42

流线分析

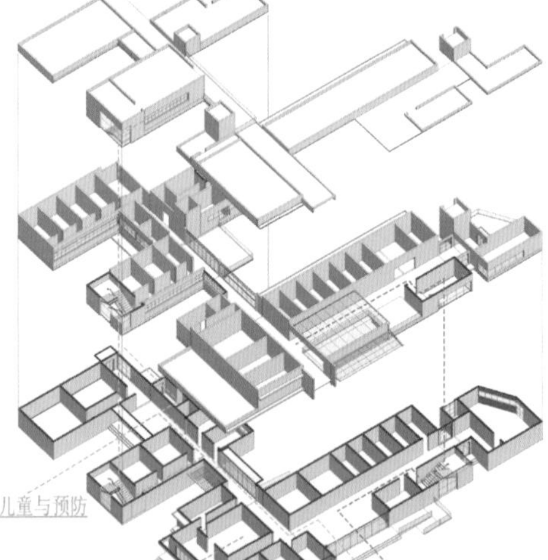

分层轴测图

景观设计

景观区的水环境依托于基地外的河流，希望能通过塑造良好的水环境改善患者的心情。与规整的建筑形体相对比采用的是中国传统的自然式的布局，通过活水的引入，将卫生所前后两个庭院的景观串联起来，并在水池边修筑花草以及园林小品等。

瀛洲亭

一池三山的景观布局

蓬莱亭　　方丈亭

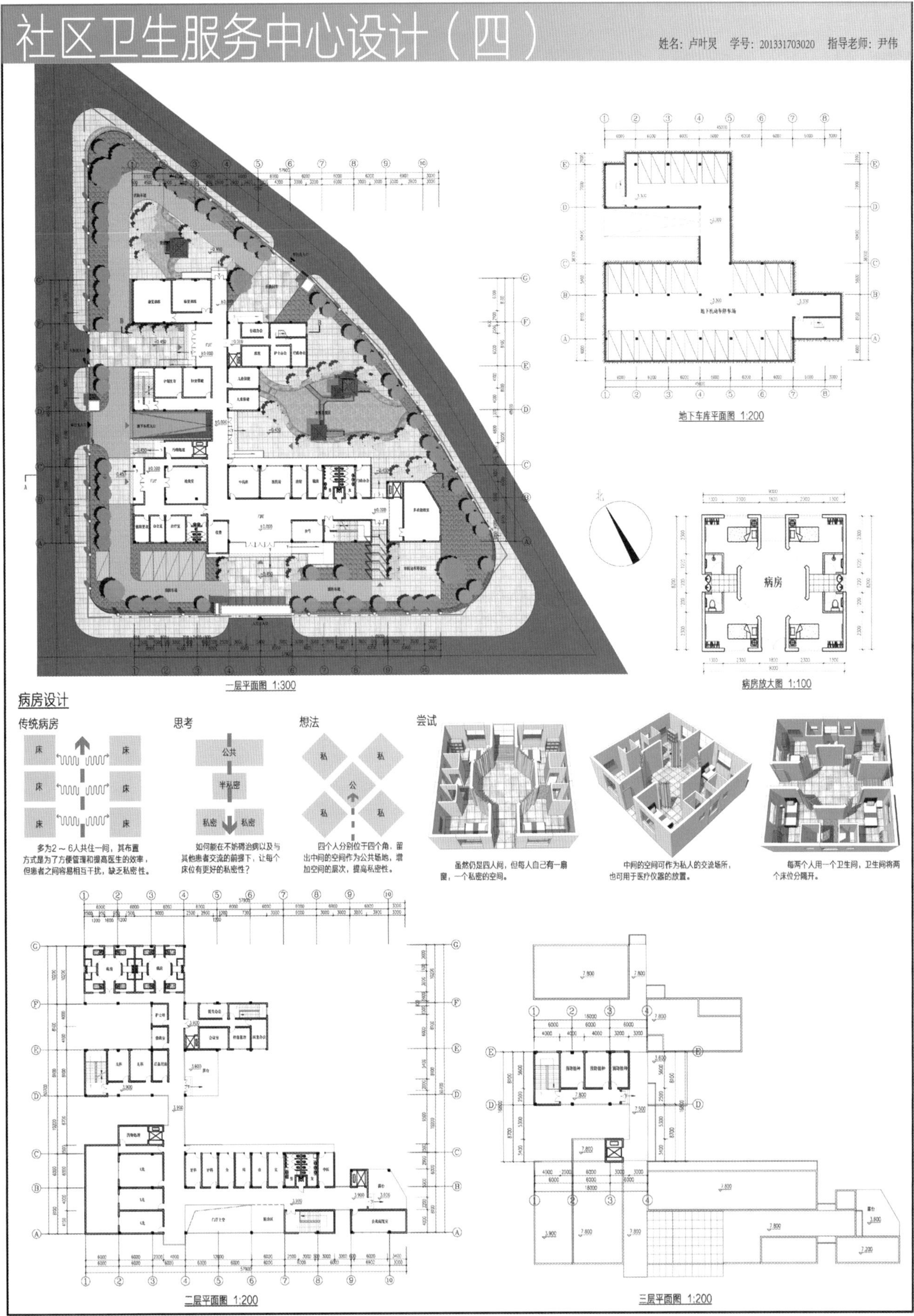
社区卫生服务中心设计（四）
姓名：卢叶炅 学号：201331703020 指导老师：尹伟
地下车库平面图 1:200
一层平面图 1:300
病房放大图 1:100
病房
病房设计
传统病房
床
多为2～6人共住一间，其布置方式是为了方便管理和提高医生的效率，但患者之间容易相互干扰，缺乏私密性。
思考
公共
半私密
私密
如何能在不妨碍治病以及与其他患者交流的前提下，让每个床位有更好的私密性？
想法
私
公
四个人分别位于四个角，留出中间的空间作为公共场地，增加空间的层次，提高私密性。
尝试
虽然仍是四人间，但每人自己有一扇窗，一个私密的空间。
中间的空间可作为私人的交流场所，也可用于医疗仪器的放置。
每两个人用一个卫生间，卫生间将两个床位分隔开。
二层平面图 1:200
三层平面图 1:200

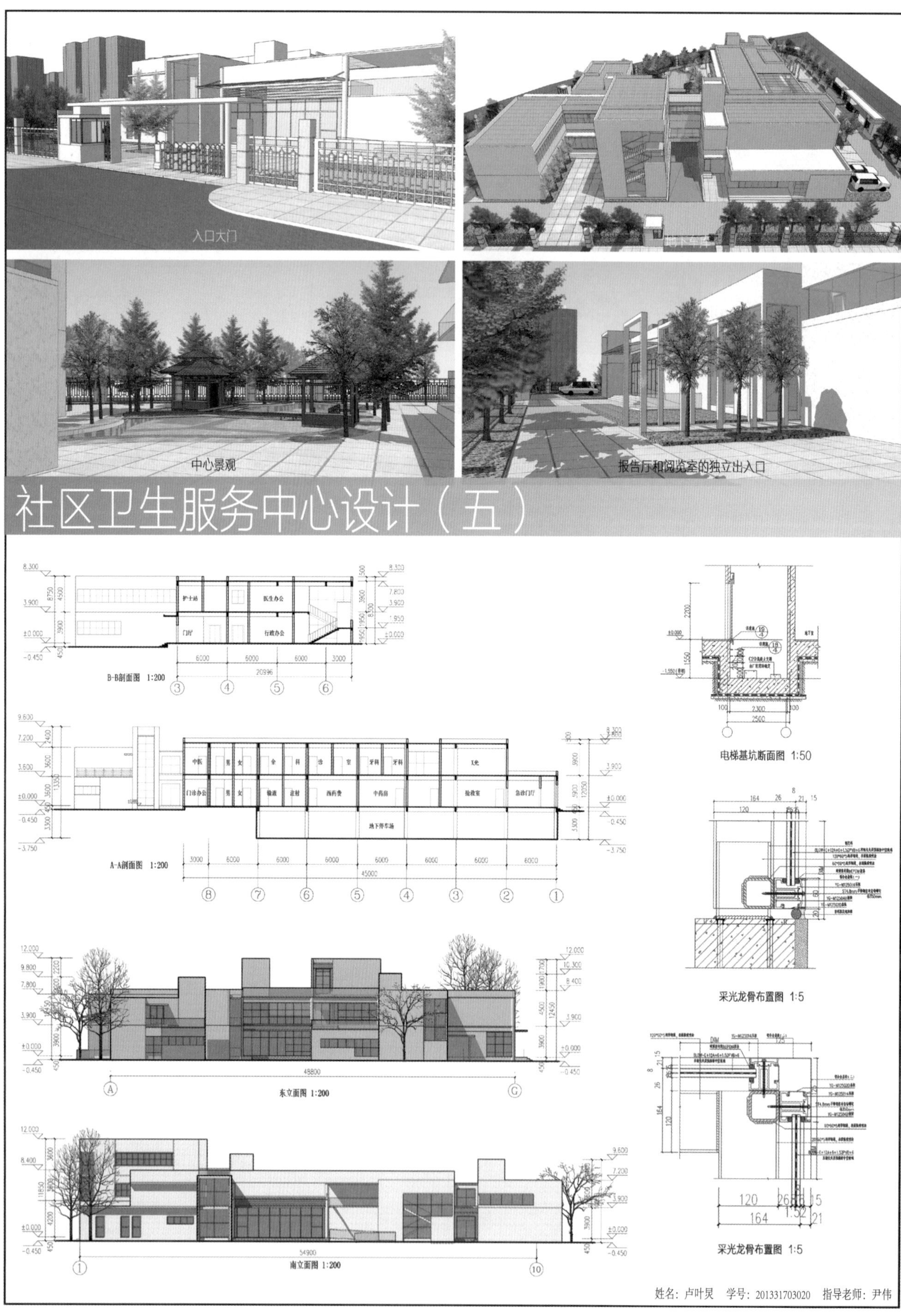
入口大门
中心景观
报告厅和阅览室的独立出入口
社区卫生服务中心设计（五）
B-B剖面图 1:200
A-A剖面图 1:200
东立面图 1:200
南立面图 1:200
电梯基坑断面图 1:50
采光龙骨布置图 1:5
采光龙骨布置图 1:5
姓名：卢叶炅 学号：201331703020 指导老师：尹伟

建筑学本科四年级 | 高层旅馆建筑设计

“高层旅馆设计”受城市空间环境影响较大，建构、空间、形态之间的复杂关系以及建筑技术（包括构造结构技术和设备技术）是设计训练中的重点。

选题的内容由容易形成城市地标的地块逐步过渡到与城市设计相结合，在前置课程“城市设计”的范围内选择地块，让学生能够从城市角度来看待高层旅馆建筑的形态、交通、功能等问题。同时，与当前工程设计实践的要求相适应，在设计中加入绿色建筑专项设计，需要学生结合前置课程——建筑物理的内容解决绿色建筑的设计要求。

通过课程设计的训练，使学生掌握高层旅馆建筑设计的一般原理、基本方法和设计步骤，以及功能布局、空间组合和相关防火规范设计，同时熟悉高层建筑的结构体系及核心筒设计，以及地下车库、地下空间的设计。

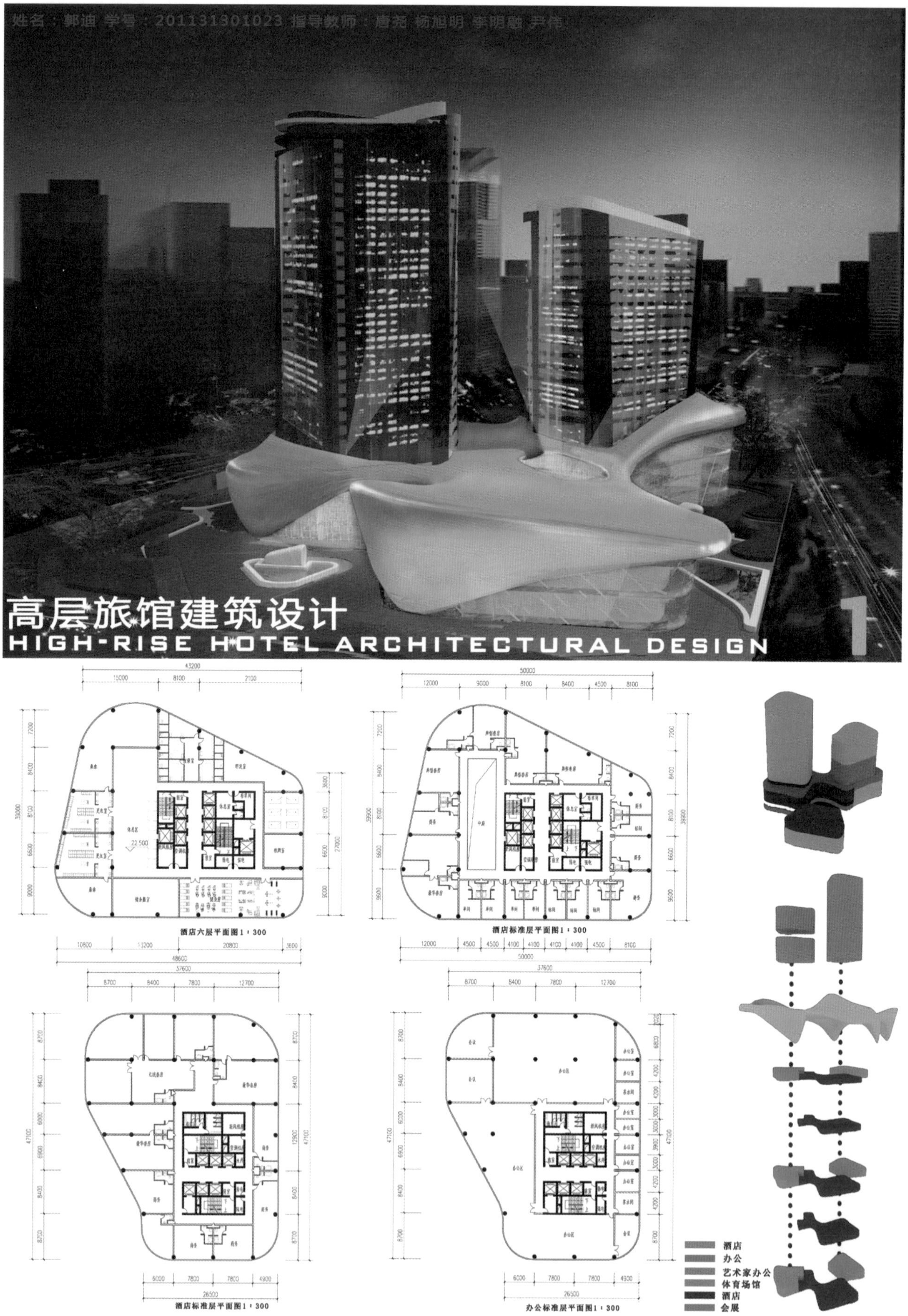

姓名：郭迪 学号：201131301023 指导教师：唐亮 杨旭明 李明融 尹伟

高层旅馆建筑设计
HIGH-RISE HOTEL ARCHITECTURAL DESIGN 1

酒店六层平面图 1：300

酒店标准层平面图 1：300

酒店标准层平面图 1：300

办公标准层平面图 1：300

酒店
办公
艺术家办公
体育场馆
酒店
会展

姓名：郭迪 学号：201131301023 指导教师：唐尧 杨旭明 李明融 尹伟
消防车停放处
消防车车道
消防车车道
消防示意图
设计说明：
地块周边现状分析：
四川省天府大道天仁路地块内设计星级高层旅馆，基地周边交通通达度高，公共交通线路广，火车南站交通枢纽综合体，公交线路，轨道交通系统，出行方便，方圆1公里内综合性集合餐饮娱乐广场，（凯丹广场，宜家家居，凯德天府，苏宁广场，迪卡侬），景观绿地面积大。地块综合指数：优。
地块周边未来发展分析：
未来7号线也会经过火车南站，届时成为1号线7号线的换乘站。交通通达性好。东瑞金融中心将建成，新南天地商务区定位更胜。新南天地商业片区规划方向：新增项目将更加突出建筑设计方面的特色，以使其在竞争中具有更多优势。
基地将兴建的旅馆最大个性与区别于周边其他旅馆在于它紧靠天府立交（成都市城建标志性建筑），天府立交可成就它所独特的景观视线，它也将成为途径天府立交所不可缺少的定位标志。在基地周边功能服务设施相对完备的情况下，树立自身的特色与个性特征。旅馆定位调研分析：避免空置率高的商业空间，因为基地周边商业过剩，所以本次设计将减少商业面积，避免大型集中商场，重新开辟新的发展方向渠道，参考近年大型房产公司走的综合型文化产业园，与旅游经济市场的倾向，选择更亲民，更具特点，与凯德天府形成双赢，业态互补的指针，是本次旅馆设计的大方向。本地块设计倾向：
主要致力于建设高端会展型酒店，包含高端政务接待，商企业的高层客户接待、高端商务会议和高端员工培训和奖励旅游，接待对象主要是各级党政官员、海内外投资商、专家学者、艺术创作人员、文化办公人群，成都市及成都周边的消费个体、家庭或团。
经济技术指标：
总用地面积：19716.5m²
占地面积：97000m²
酒店建筑面积：72000m²
会展建筑面积：12000m²
办公建筑面积：13000m²
容积率：4.9
建筑密度：45%
绿化率：30%
区位图
总平面图1：500
高层旅馆建筑设计
HIGH-RISE HOTEL ARCHITECTURAL DESIGN
2
单间标间平面图1：200
总统套房平面图1：200
豪华套房平面图1：200
典型套房平面图1：200
商务客房平面图1：200
残疾人客房平面图1：200

高层旅馆建筑设计

HIGH-RISE HOTEL ARCHITECTURAL DESIGN 3

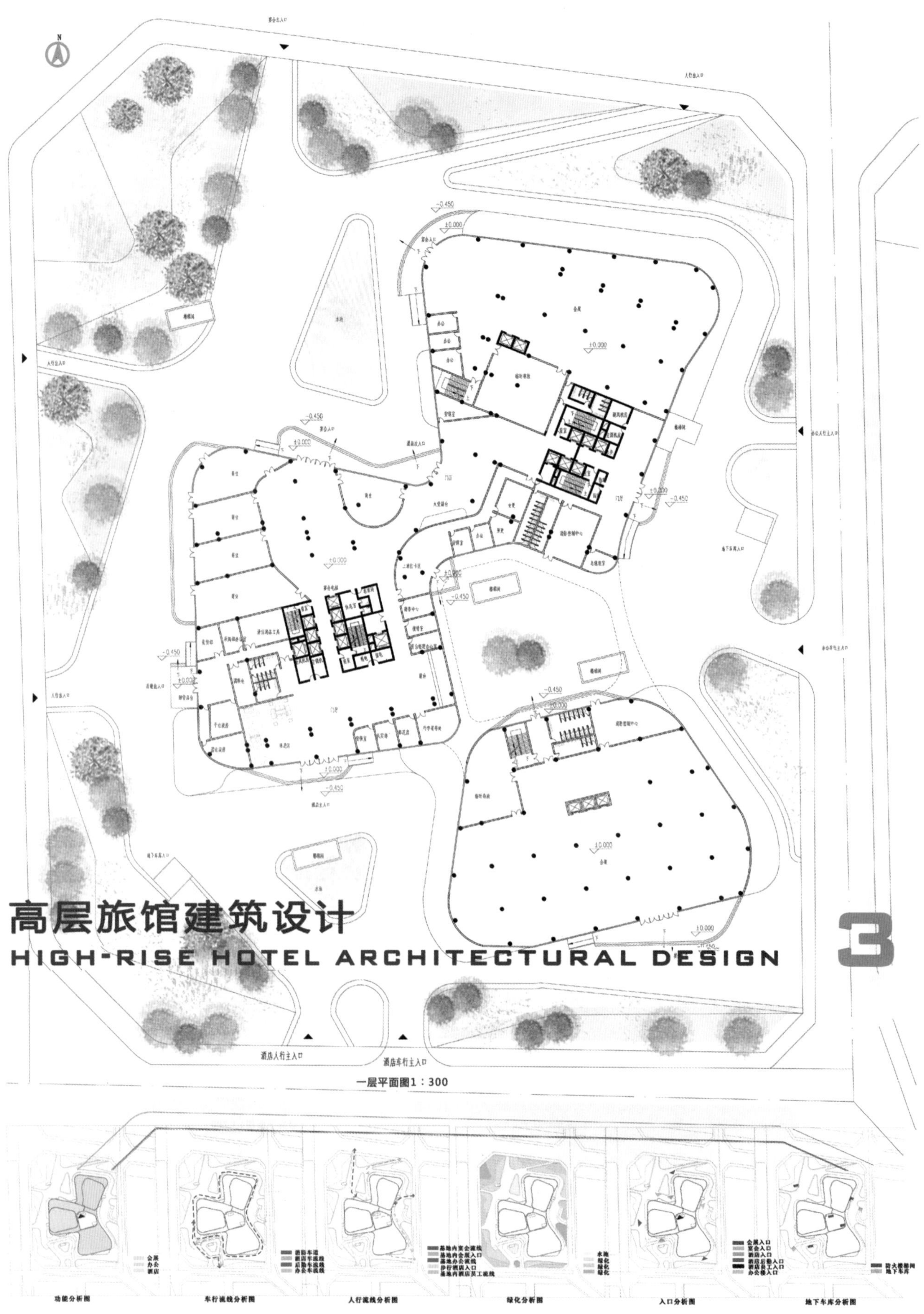

二层平面图1：300

高层旅馆建筑设计

HIGH-RISE HOTEL ARCHITECTURAL DESIGN

4

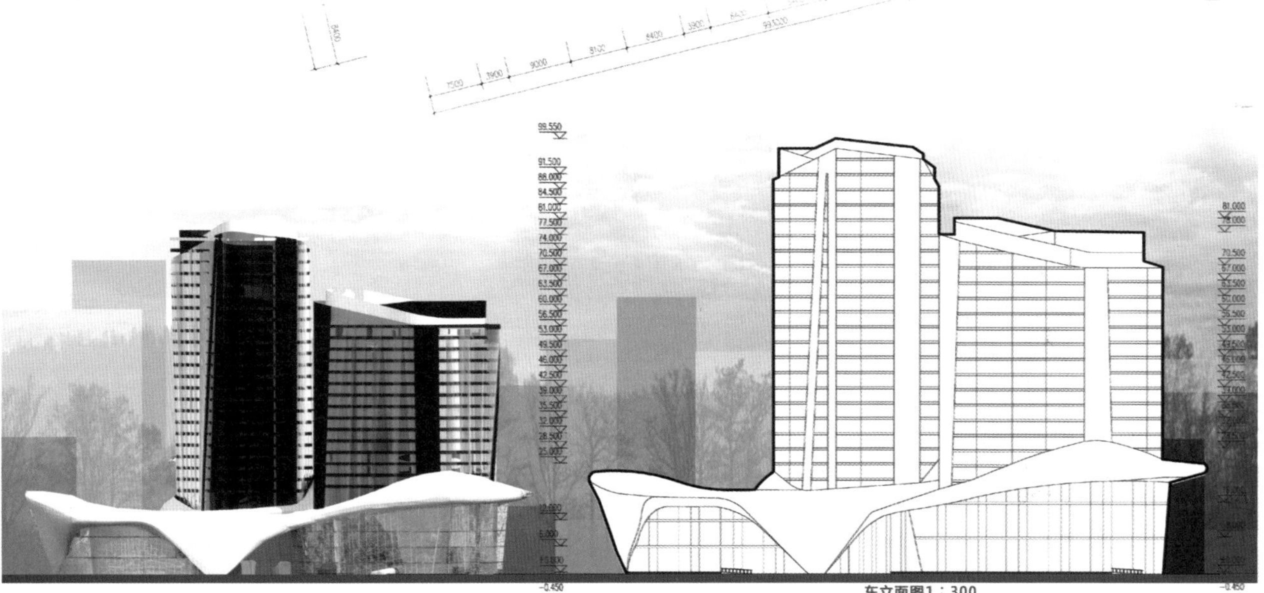

东立面图1：300

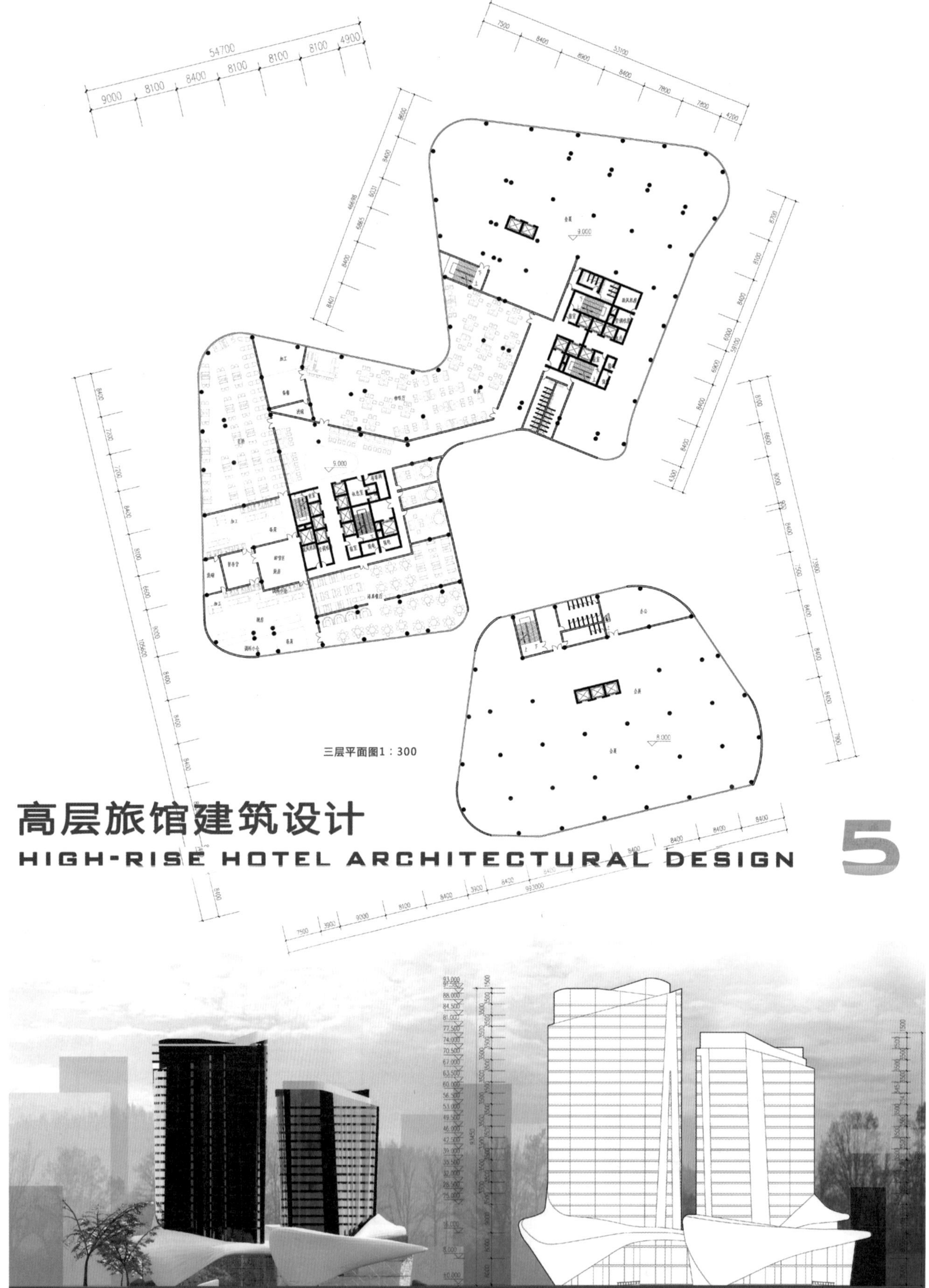

三层平面图1：300

高层旅馆建筑设计

HIGH-RISE HOTEL ARCHITECTURAL DESIGN 5

北立面图1：300

三层平面图1：300

高层旅馆建筑设计
HIGH-RISE HOTEL ARCHITECTURAL DESIGN

6

1-1剖面图1：300

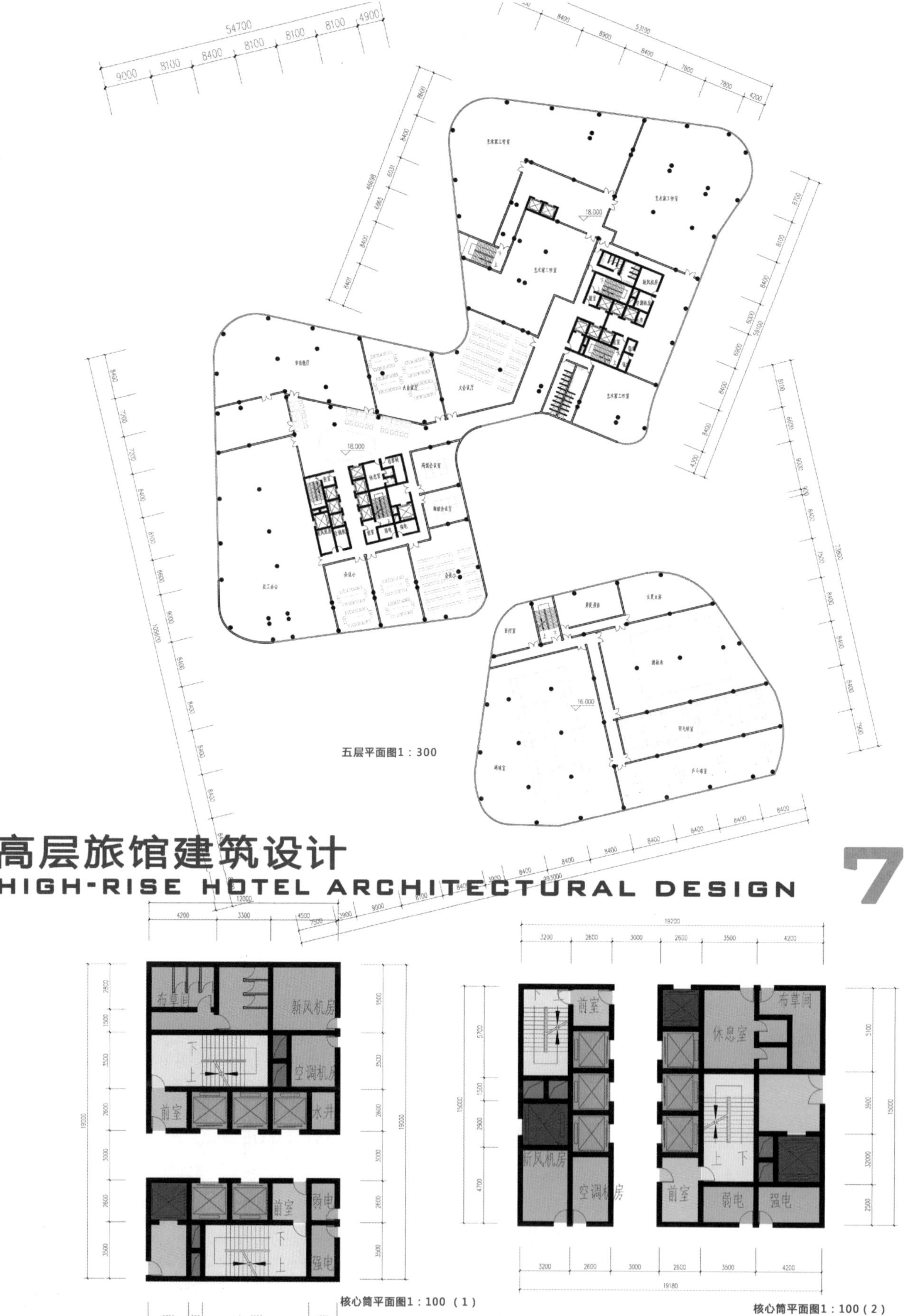

五层平面图1：300

高层旅馆建筑设计
HIGH-RISE HOTEL ARCHITECTURAL DESIGN 7

核心筒平面图1：100（1）

核心筒平面图1：100（2）

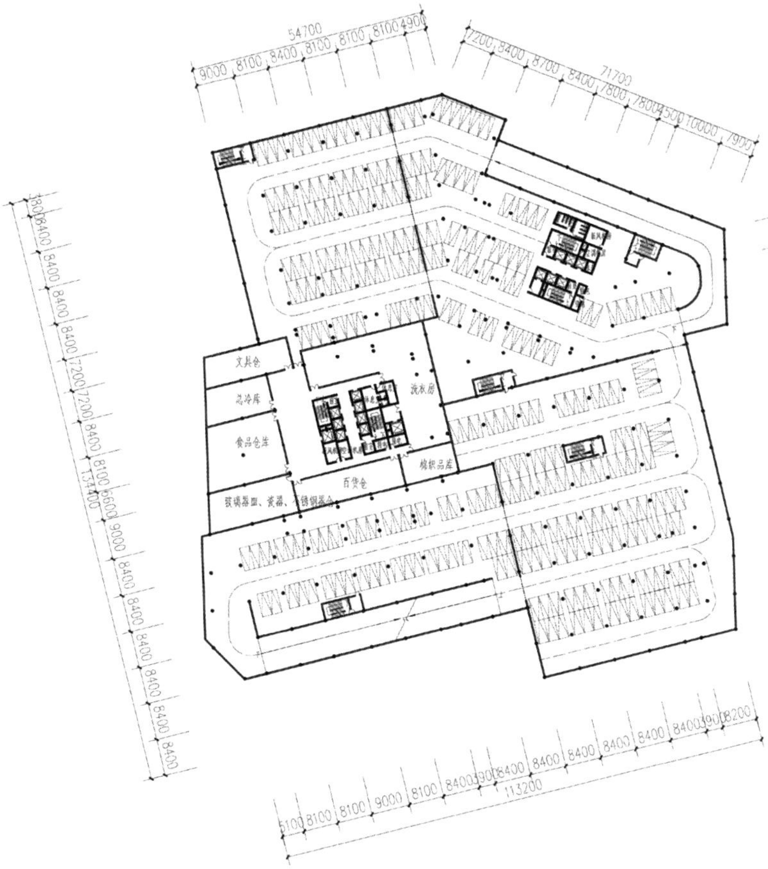

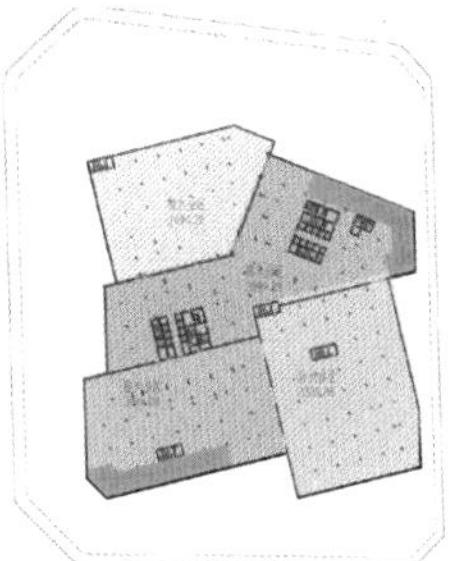

防火分区分析

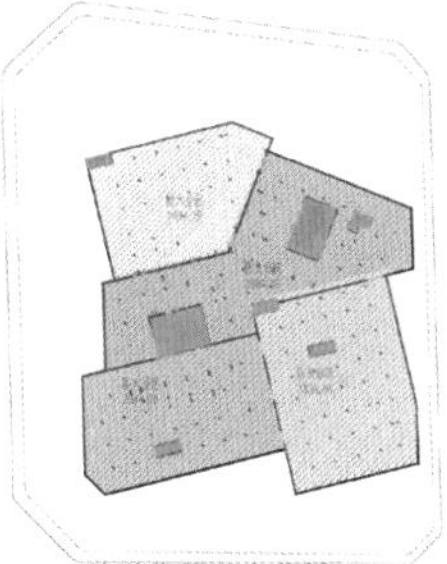

坡道位置示意分析

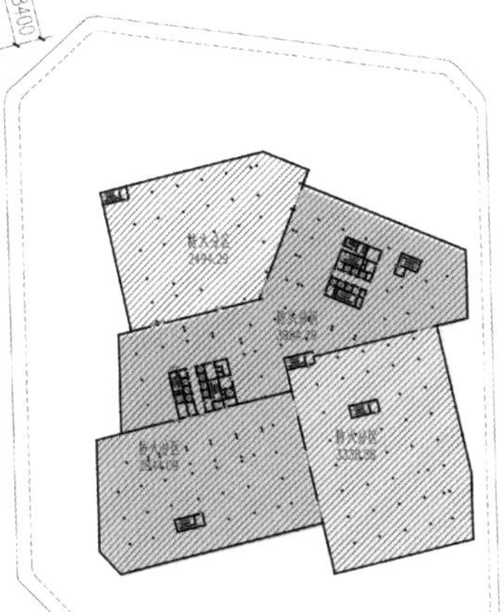

地下一层平面图1：500

垂直交通空间示意分析

高层旅馆建筑设计 HIGH-RISE HOTEL ARCHITECTURAL DESIGN 8

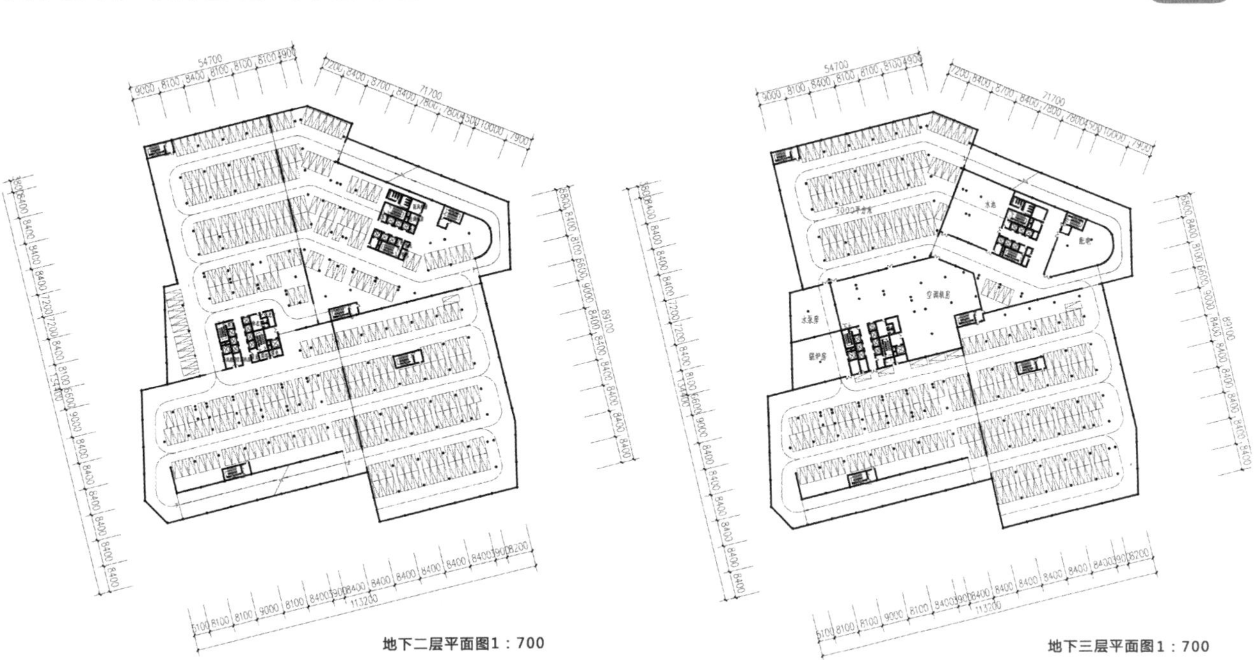

地下二层平面图1：700

地下三层平面图1：700

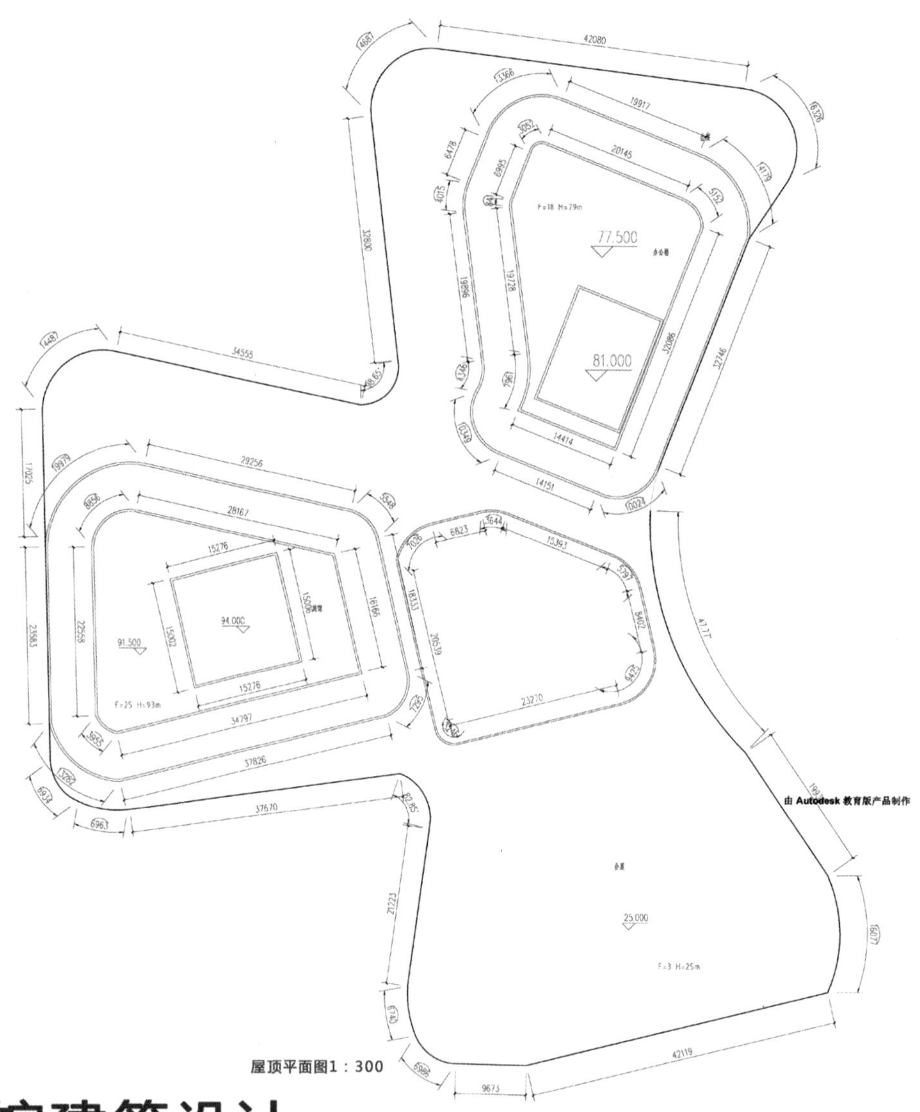

屋顶平面图1：300

高层旅馆建筑设计
HIGH-RISE HOTEL ARCHITECTURAL DESIGN

9

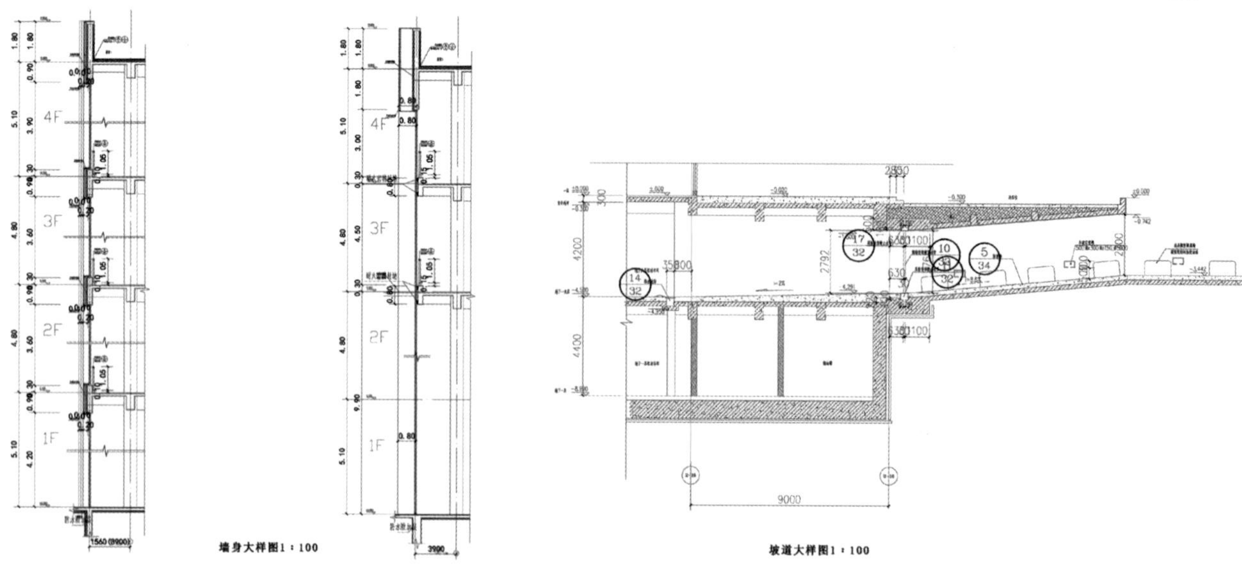

墙身大样图1：100

坡道大样图1：100

姓名：郭迪 学号：201131301023 指导教师：唐尧 杨旭明 李明融 尹伟

		绿色建筑要求	图例
控制项	1.1	场地建设不破坏当地文物，自然水系，湿地，基本农田森林和其他保护区	
	1.2	建筑场地选址无洪灾、泥石流及含氡土壤的威胁，建筑场地安全范围内无危害性电磁辐射危害及火、爆、有毒物质等危害源	
	1.3	不对周边建筑带来光污染，不影响周围居住建筑的日照需求	
	1.4	场地内无排放超标的污染源	
	1.5	在方案中规划水系统方案，统筹、综合利用各种水资源	
	1.6	设置合理的、完善的、供水排水系统	
	1.7	建筑造型要简约，无大量装饰性构架	
	1.8	采用集中空调的建筑，房间内的温度、湿度、风速等参数符合现行国家标准《公共建筑节能设计标准》中的设计参数	
	1.9	建筑围护结构内部和表面无结露、发霉现象	
	1.10	确定并实施节水等资源节约与绿化管理制度	
	1.11	建筑运行过程中无不达标废气、废水排放	
	1.12	分类收集和处理废弃物，且收集和处理过程中无二次污染	
	1.13	室外透水地面面积比大于40%	
	1.14	建筑设计总能耗低于国家批准备案的节能标准规定值的80%	
	1.15	根据当地气候和自然资源条件，充分利用太阳能、地热能等可再生能源，可再生能源产生的热水量不低于建筑生活热水消耗量的10%，或可再生能源发电量不低于建筑用电量的2%	
	1.16	办公楼、商场类建筑中非传统水源利用率不低于40%，旅馆类建筑不低于25%	
	1.17	采用资源消耗和环境影响小的建筑结构体系	
	1.18	采用合理措施改善室内或地下空间的自然采光效果	
一般项	2.1	场地环境噪声符合现行国家标准《城市区域环境噪声标准》GB 3096—1993的规定	
	2.2	建筑物周围人行区风速低于5m/s，不影响室外活动的舒适性和建筑通风	
	2.3	合理采用屋顶绿化、垂直绿化等方式	
	2.4	绿化物种选择适宜当地气候和土壤条件的乡土植物，且采用包含乔、灌木的复层绿化	
	2.5	场地交通组织合理，到达公共交通站点的步行距离不超过500m	
	2.6	合理开发利用地下空间	
	2.7	建筑外窗可开启面积不小于外窗总面积的30%，建筑幕墙具有可开启部分或设有通风换气装置	
	2.8	建筑总面平设计有利于冬季日照并避开冬季主导风向，夏季则利于自然通风	
	2.9	通过技术经济比较，合理确定雨水积蓄、处理及利用方案	
	2.10	绿化、景观、洗车等用水采用非传统水源	
	2.11	非饮用水采用再生水时，利用附近集中再生水厂的再生水；或通过技术经济比较，合理选择其他再生水水源和处理技术	
	2.12	将建筑施工、旧建筑拆除和场地清理时产生的固体废弃物分类处理并将其中可再利用材料、可再循环材料回收和再利用	
	2.13	办公、商场类建筑室内采用灵活隔断，减少重新装修时的材料浪费和垃圾产生	
	2.14	建筑设计和构造设计有促进自然通风的措施	
	2.15	建筑平面布局和空间功能安排合理，减少相邻空间的噪声干扰以及外界噪声对室内的影响	

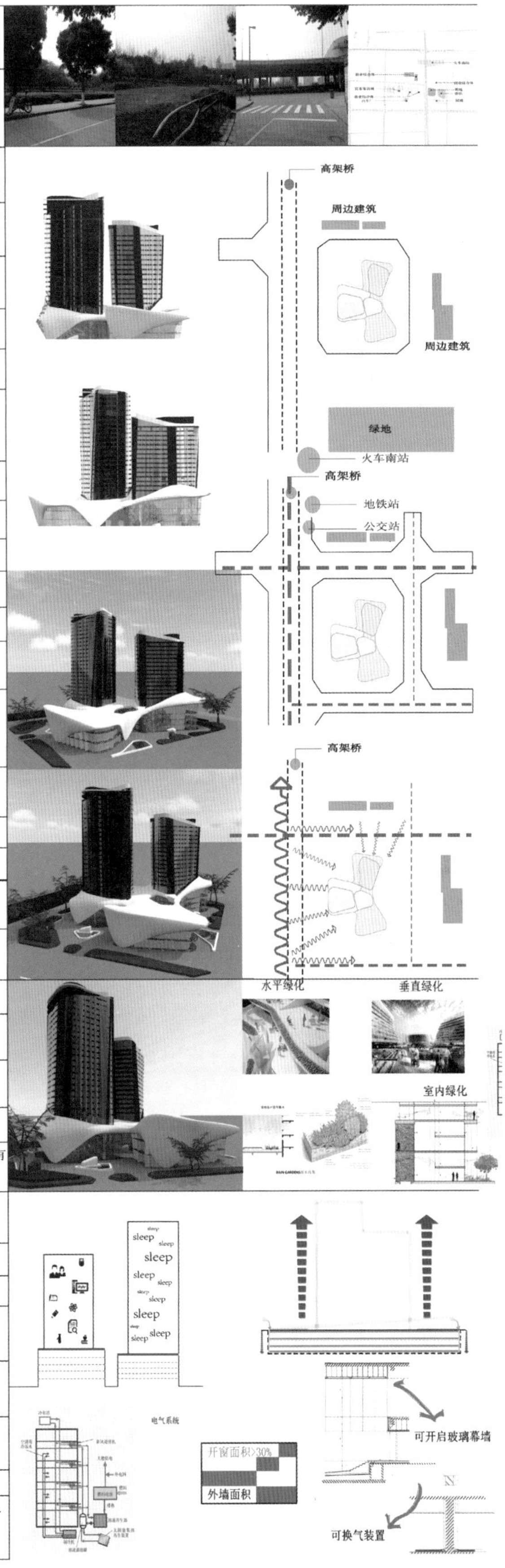

HOTEL DESIGN 1
高层旅馆设计
私域 · 空中花园
Private Garden in the Air
设计说明：
基地位于东大街和红星步行街的交叉路口处，紧邻北靠春熙路步行街，西接群光广场，东临正熙酒店和红星路步行街，南面是城市主干道东大街，位于成都中央商务区，周围多为高层。
本酒店按国际五星级饭店营运标准设计，以现代风格为主的建筑主体，充分体现成都特色的景观布局，打造春熙路周边高端景观酒店的新体验。外观造型以现代风格为主，造型富于变化，错落有致。
概念：基地位于城市中央商业区，以打造高端商业为主导。该酒店的设计为每层客房都争取到了不同的景观视角和空间体验，利用错落的塔楼平台创造出别具一格的景观酒店，带给每一位顾客前所未有的体验与享受。
SITE
成都
群光广场
SITE
IFS国际金融中心
银石广场
正熙国际酒店
精装租赁65191666
凯宾酒店

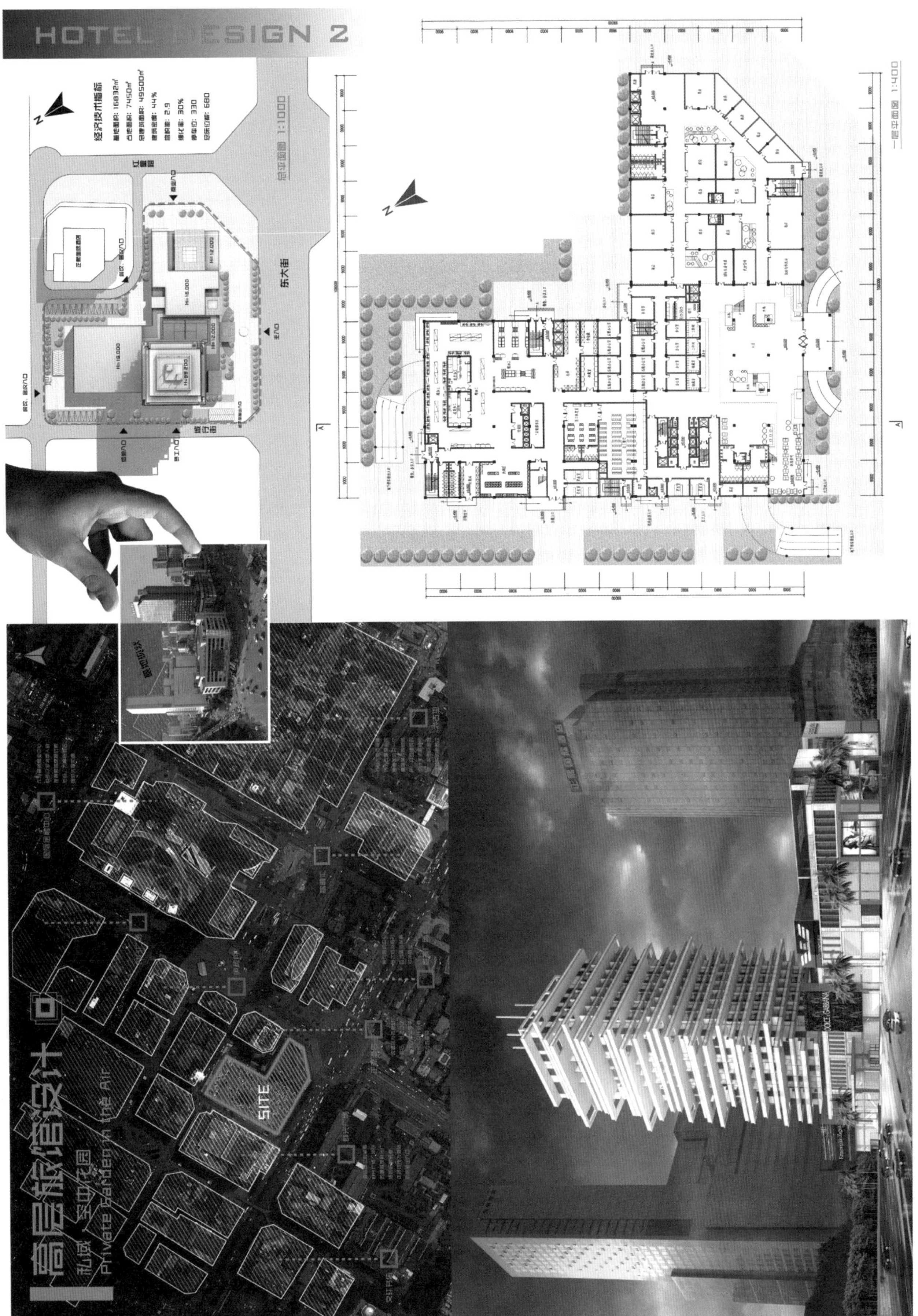

HOTEL DESIGN 2
经济技术指标
用地面积: 16832m²
占地面积: 7450m²
总建筑面积: 49500m²
建筑密度: 44%
容积率: 2.9
绿化率: 30%
停车位: 330
总床位数: 680
总平面图 1:1000
东大街
一层平面图 1:400
高层旅馆设计
私域 · 空中花园
Private Garden in the Air
SITE
DOLCE & GABBANA

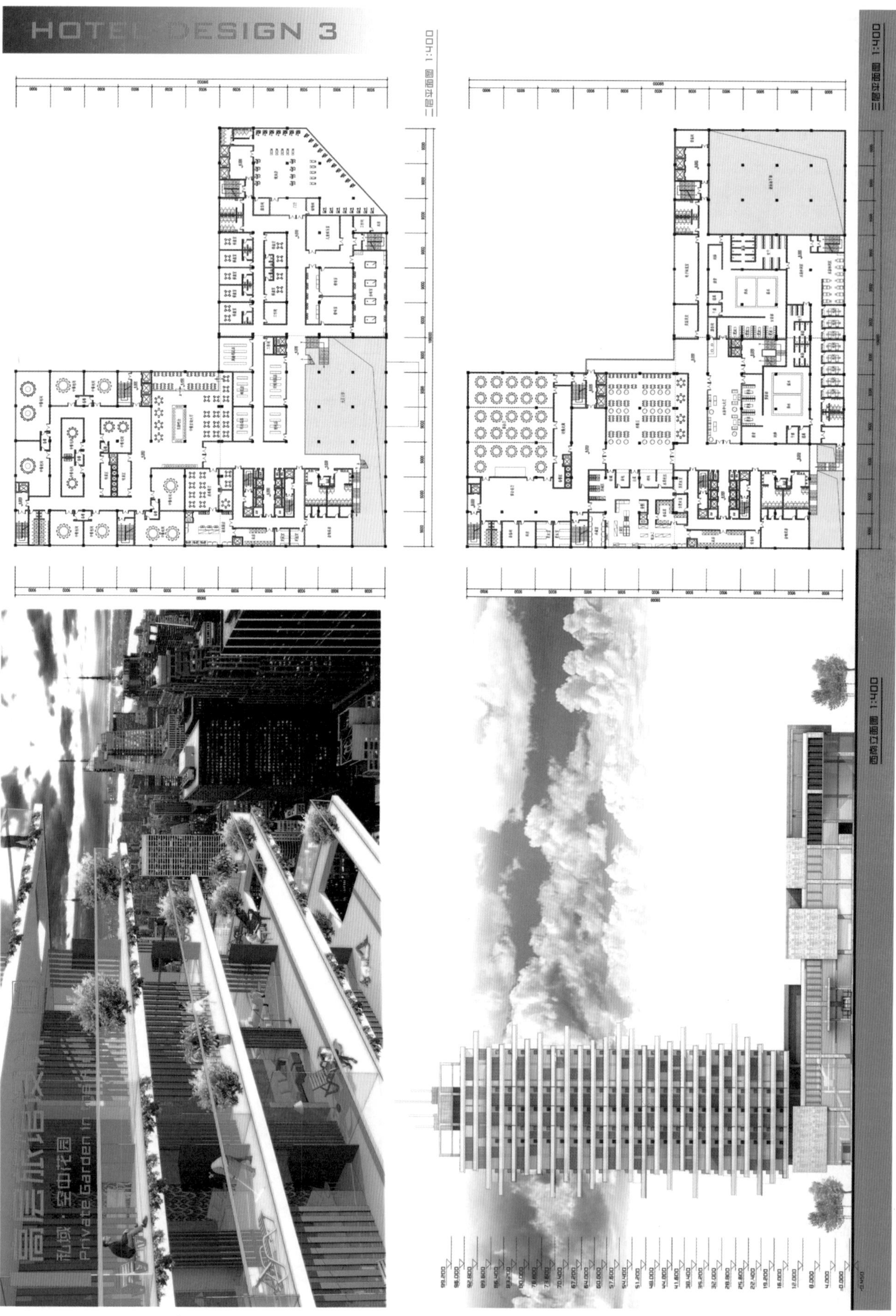
HOTEL DESIGN 3

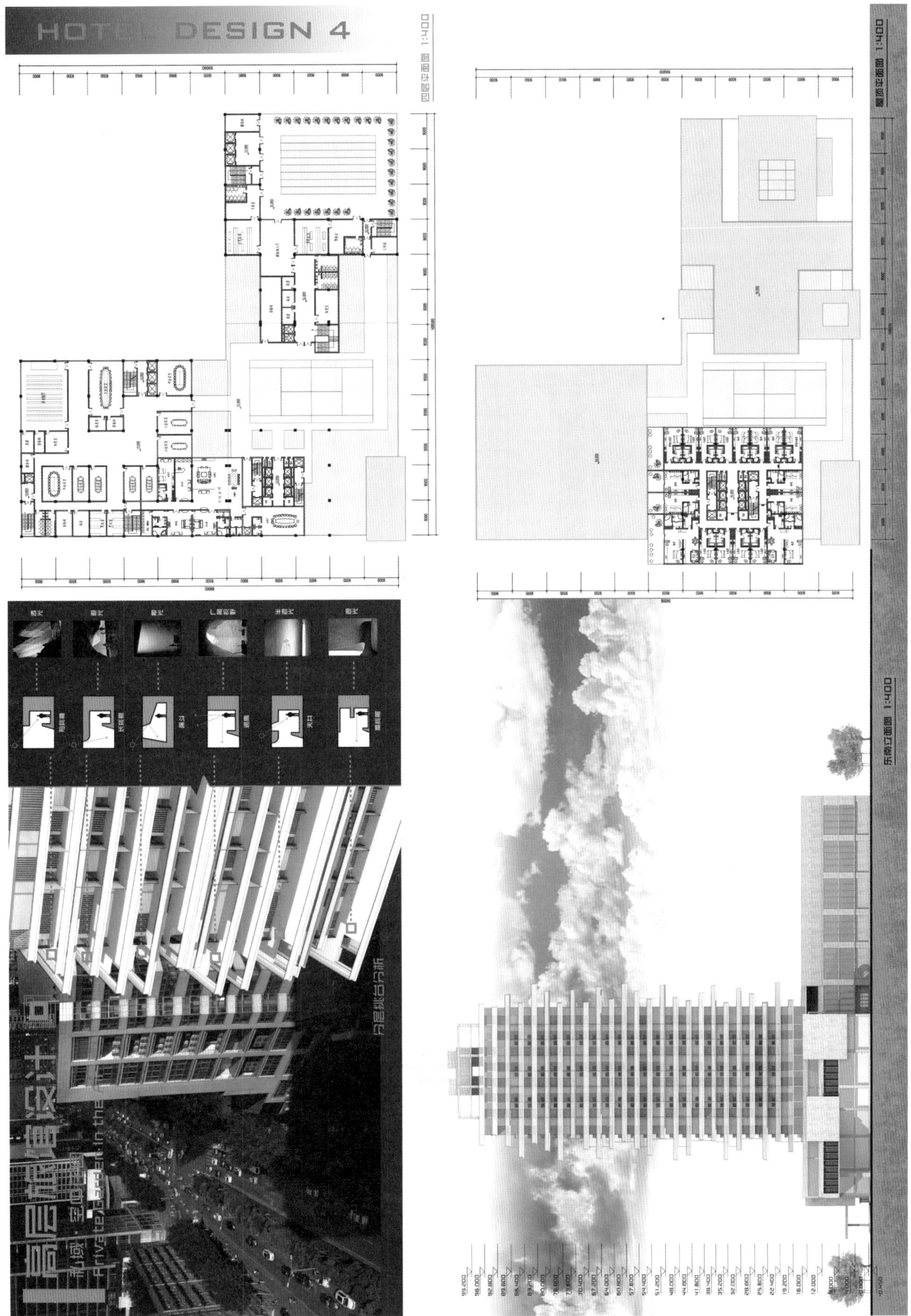
HOTEL DESIGN 4

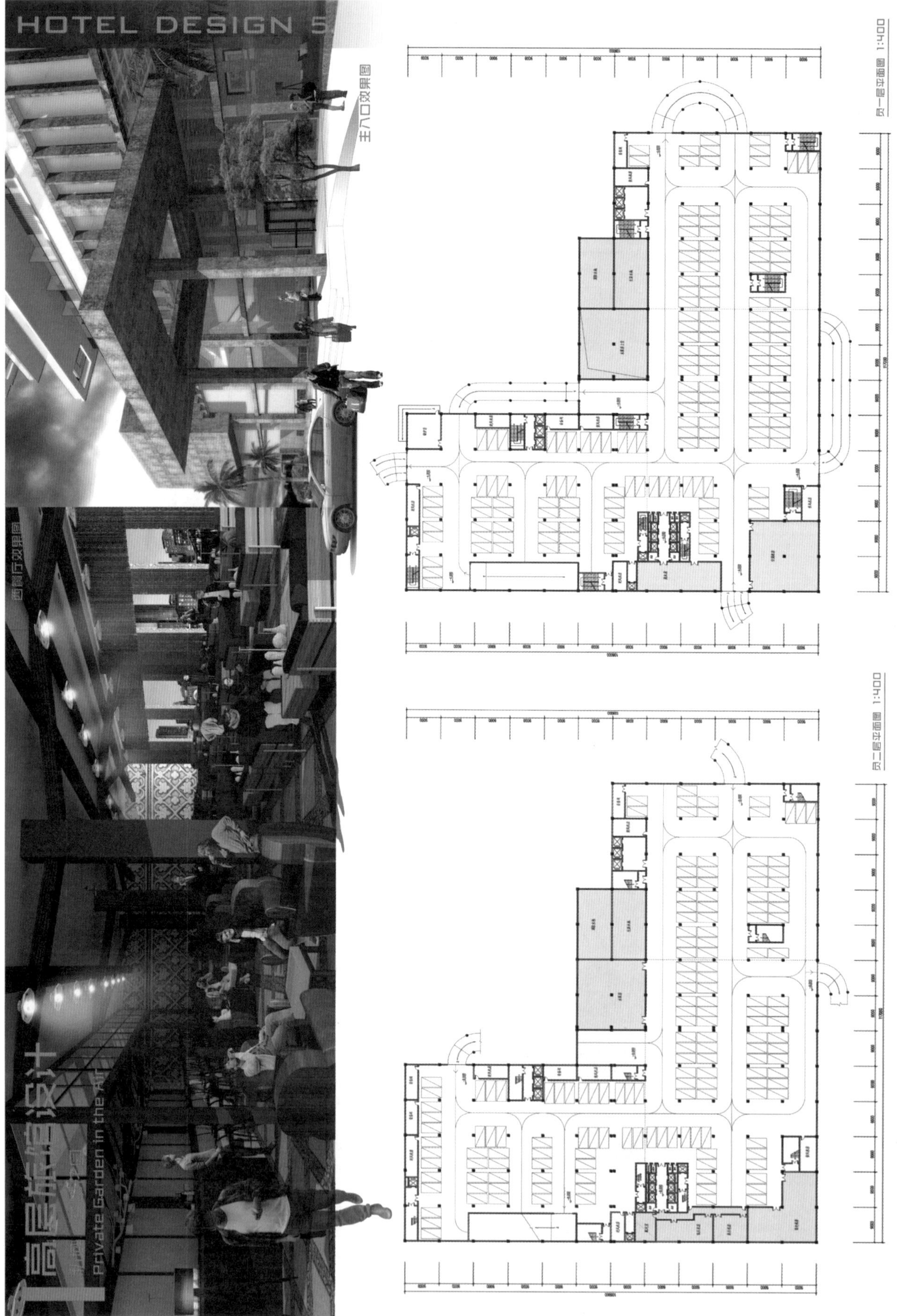
HOTEL DESIGN 5
主入口效果图
西餐厅效果图
高层旅馆设计
Private Garden in the Air
负一层平面图 1:400
负二层平面图 1:400

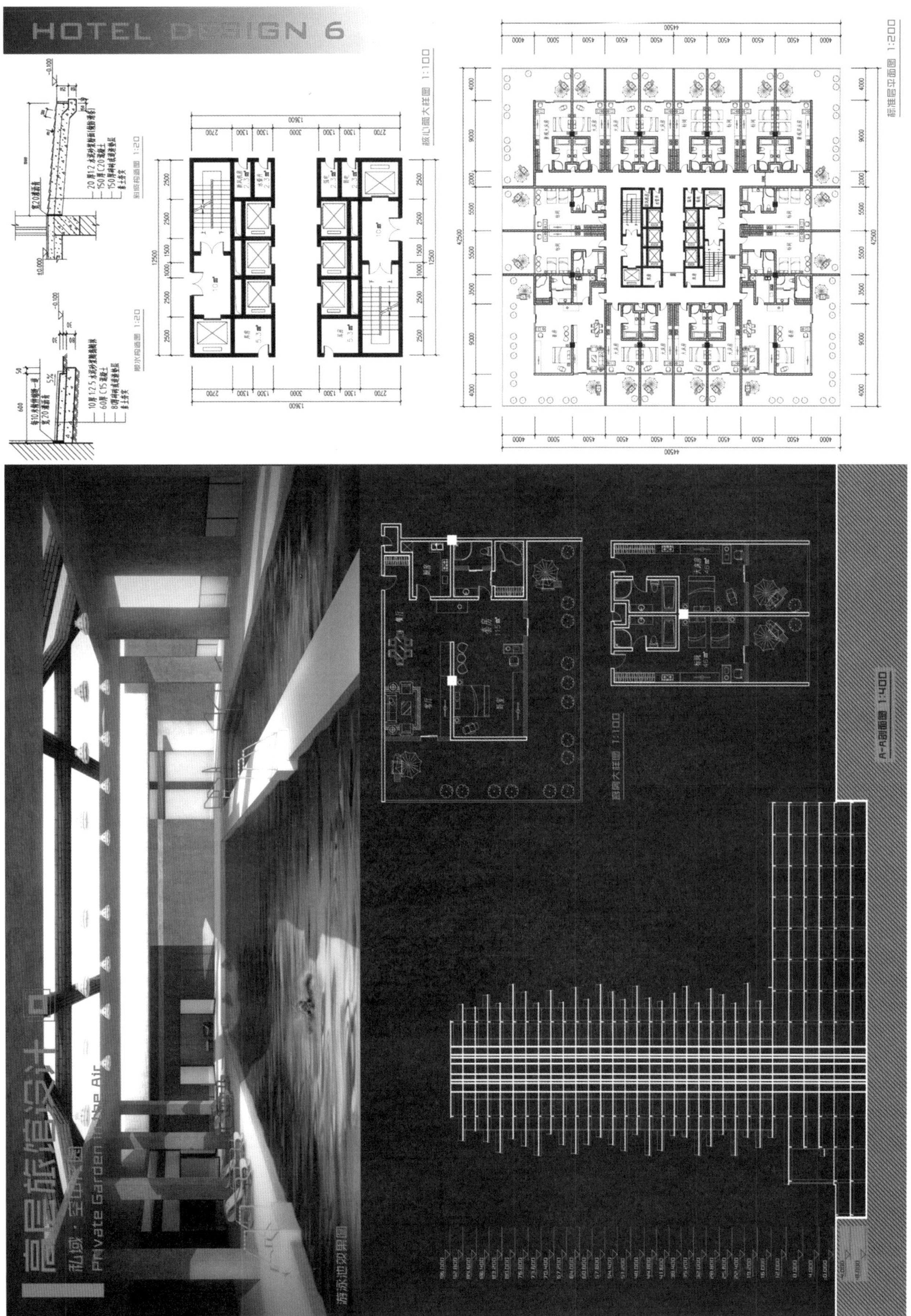
HOTEL DESIGN 6
高层旅馆设计
私域·空中花园
Private Garden in the Air
游泳池效果图
标准层平面图 1:200
核心筒大样图 1:100
客房大样图 1:100
A-A剖面图 1:400

高层旅馆设计
NO.1
高悦
建筑1101
20113170301

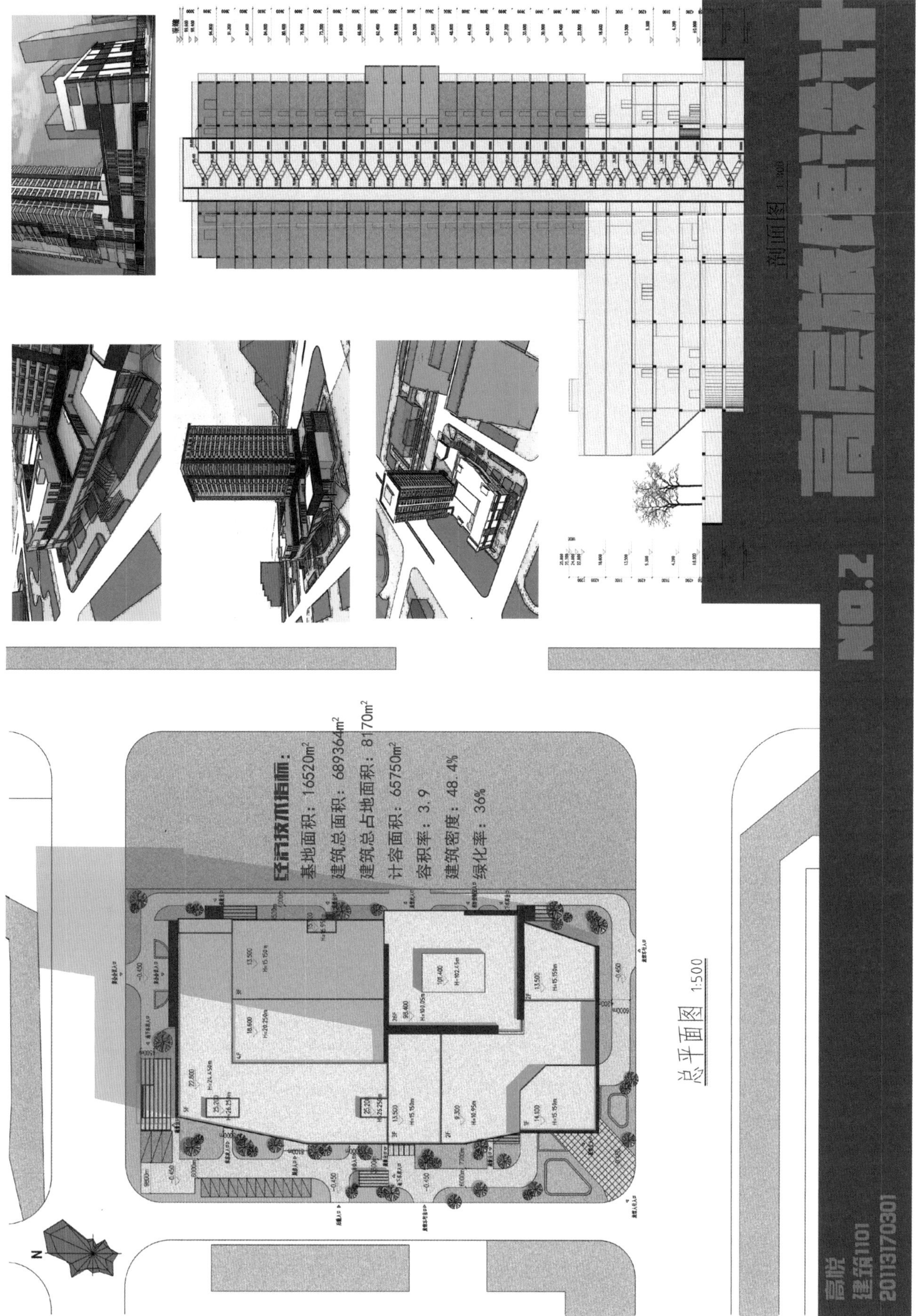
高层旅馆设计
NO.2
剖面图 1:300
总平面图 1:500
经济技术指标：
基地面积：16520m²
建筑总面积：689364m²
建筑总占地面积：8170m²
计容面积：65750m²
容积率：3.9
建筑密度：48.4%
绿化率：36%
高悦
建筑1101
20113170301

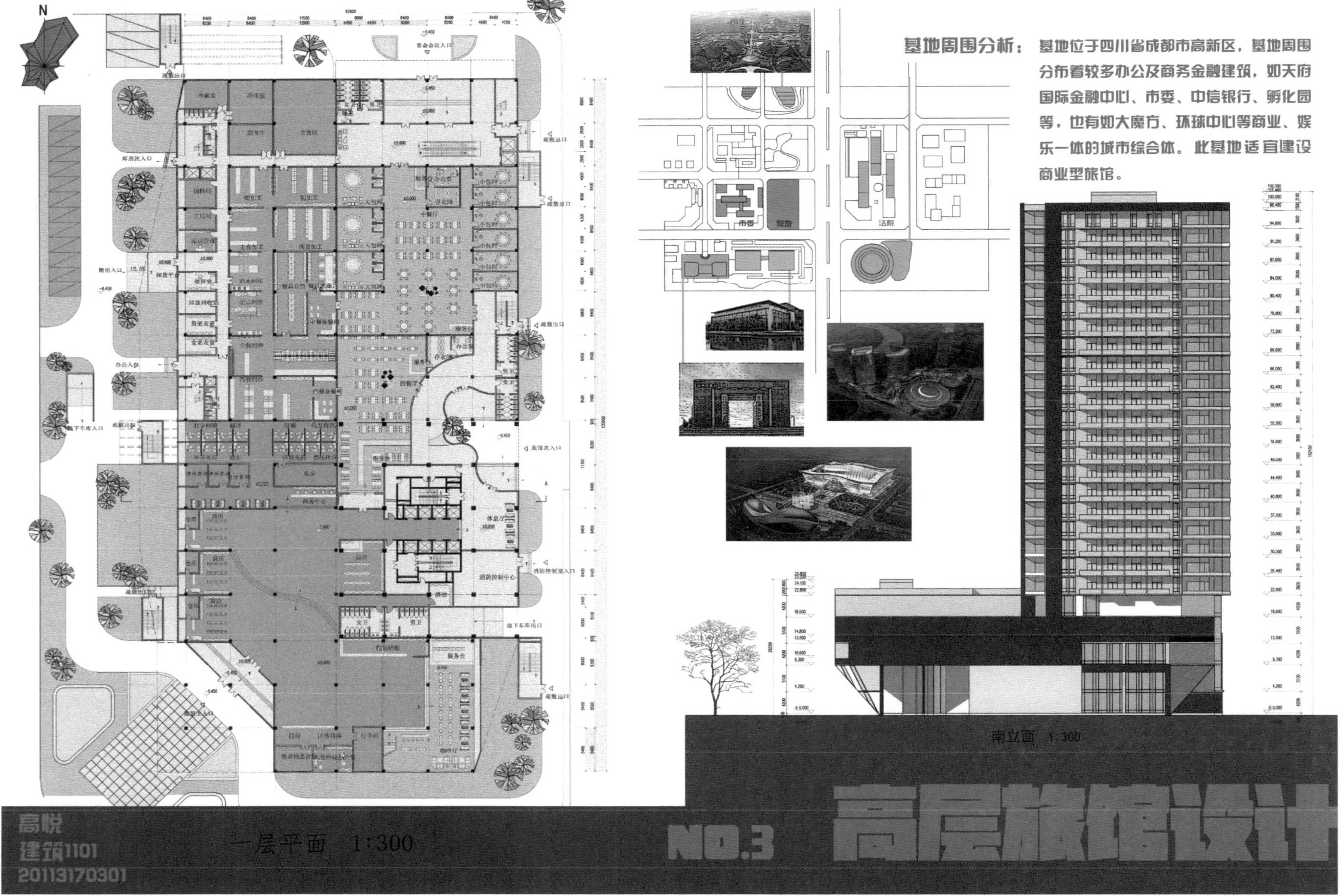
基地周围分析：基地位于四川省成都市高新区，基地周围分布着较多办公及商务金融建筑，如天府国际金融中心、市委、中信银行、孵化园等，也有如大魔方、环球中心等商业、娱乐一体的城市综合体。此基地适宜建设商业型旅馆。
市委
法院
南立面 1:300
一层平面 1:300
高悦
建筑1101
20113170301
NO.3
高层旅馆设计

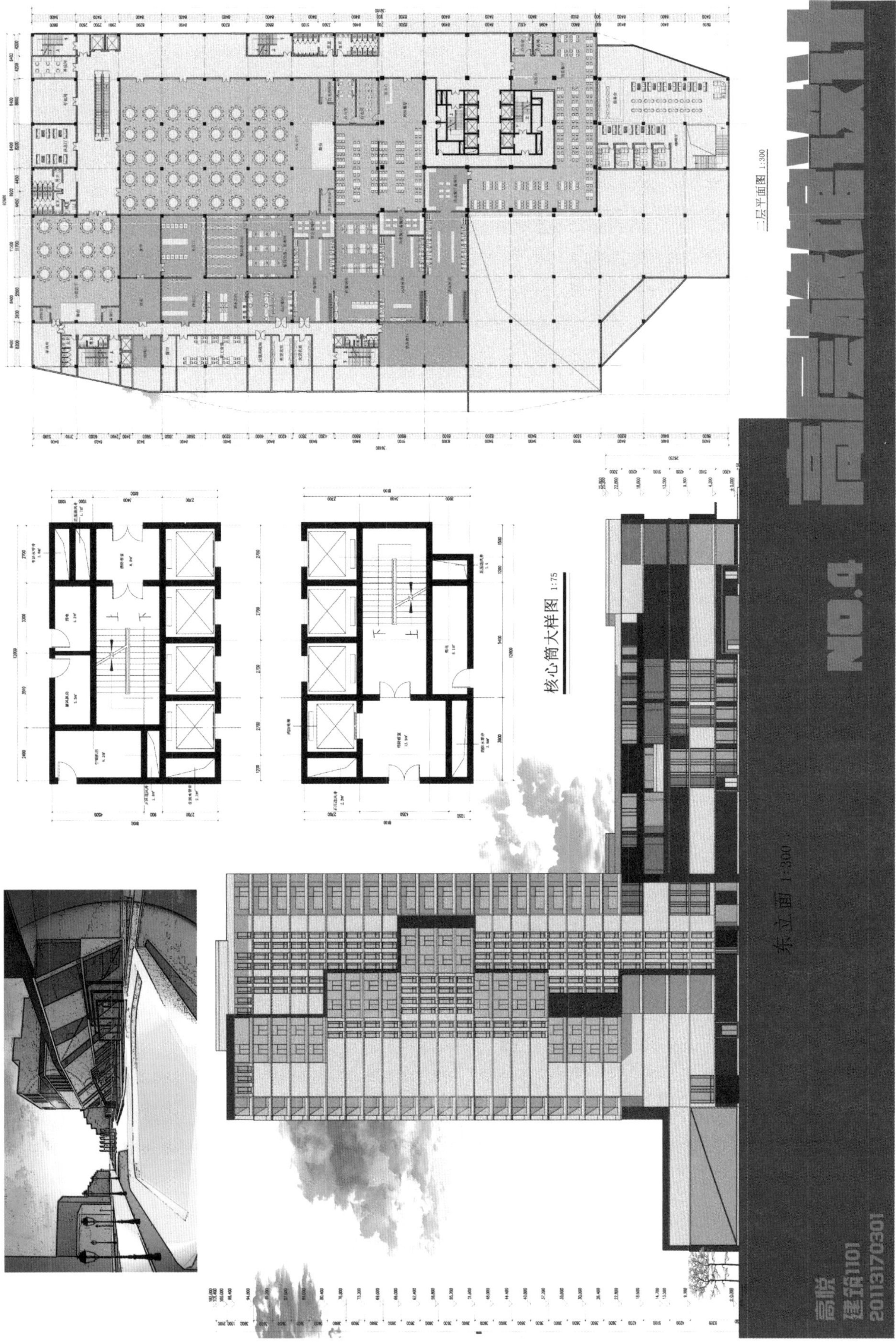

高层旅馆设计
NO.4
二层平面图 1:300
核心筒大样图 1:75
东立面 1:300
高悦
建筑1101
20113170301

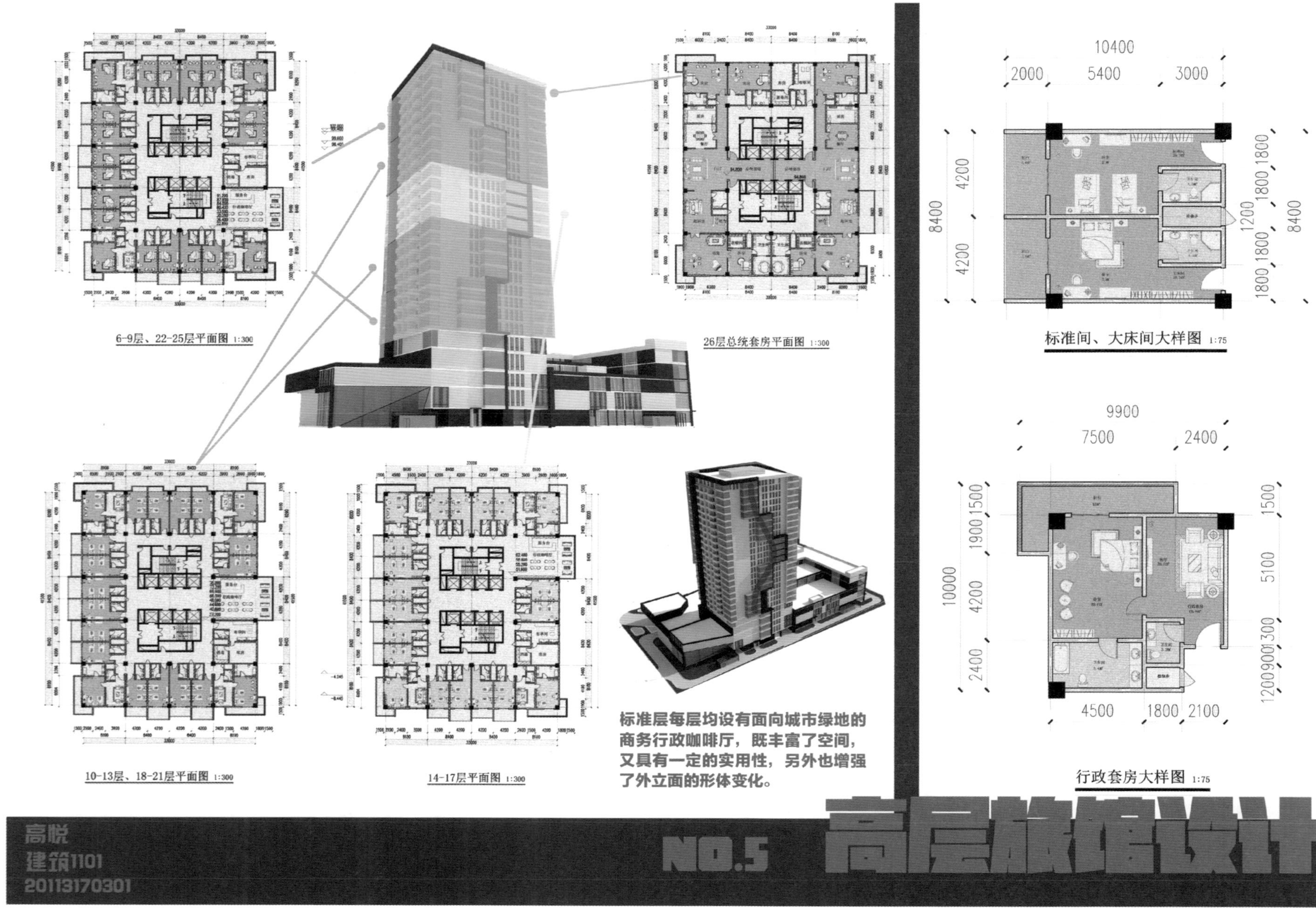
6-9层、22-25层平面图 1:300
26层总统套房平面图 1:300
标准间、大床间大样图 1:75
10-13层、18-21层平面图 1:300
14-17层平面图 1:300
标准层每层均设有面向城市绿地的商务行政咖啡厅，既丰富了空间，又具有一定的实用性，另外也增强了外立面的形体变化。
行政套房大样图 1:75
高悦
建筑1101
20113170301
NO.5
高层旅馆设计

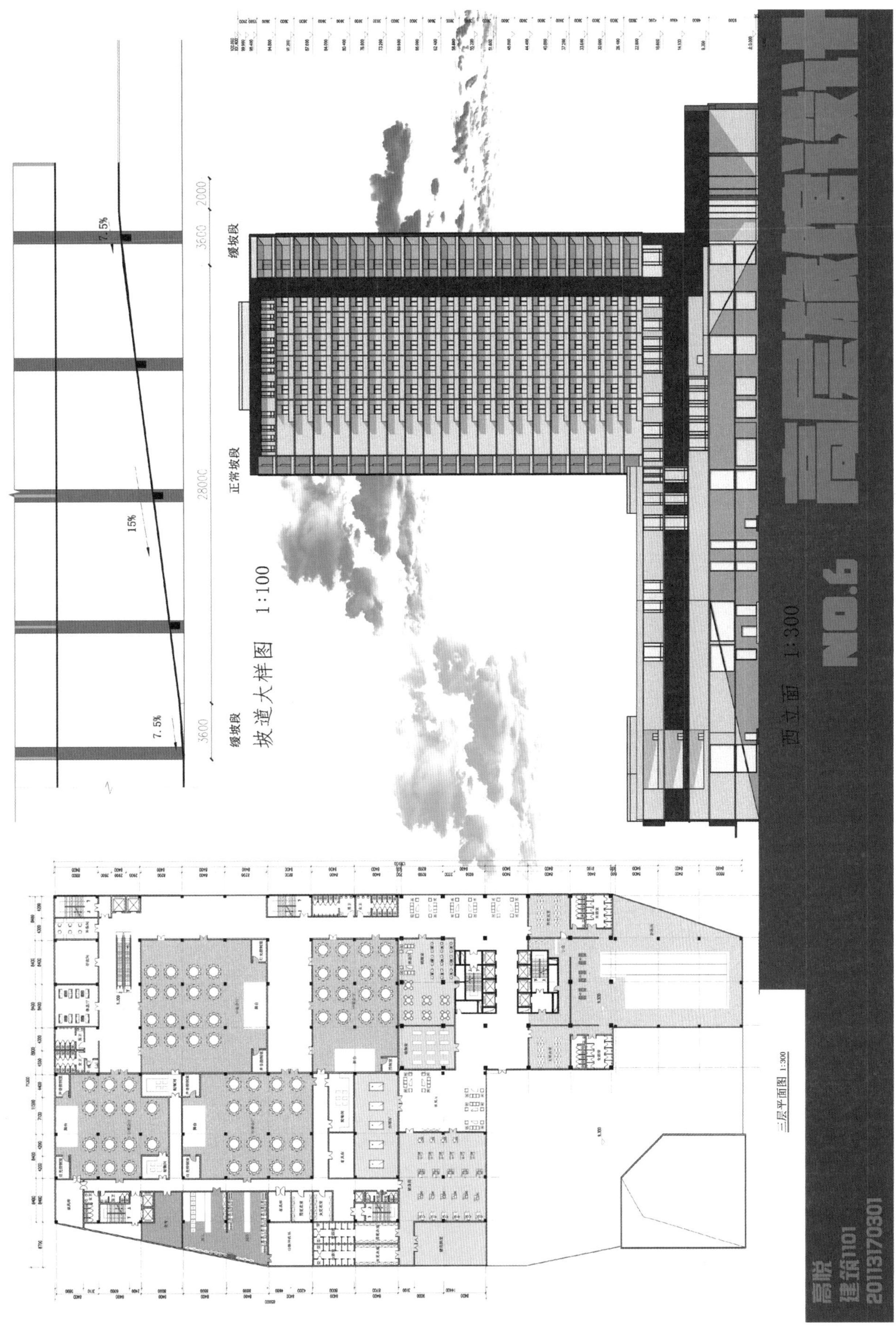

高层旅馆设计
NO.6
高悦
建筑1101
20113170301
西立面 1:300
坡道大样图 1:100
缓坡段
正常坡段
缓坡段
7.5%
15%
7.5%
3600
28000
3600
2800
二层平面图 1:300

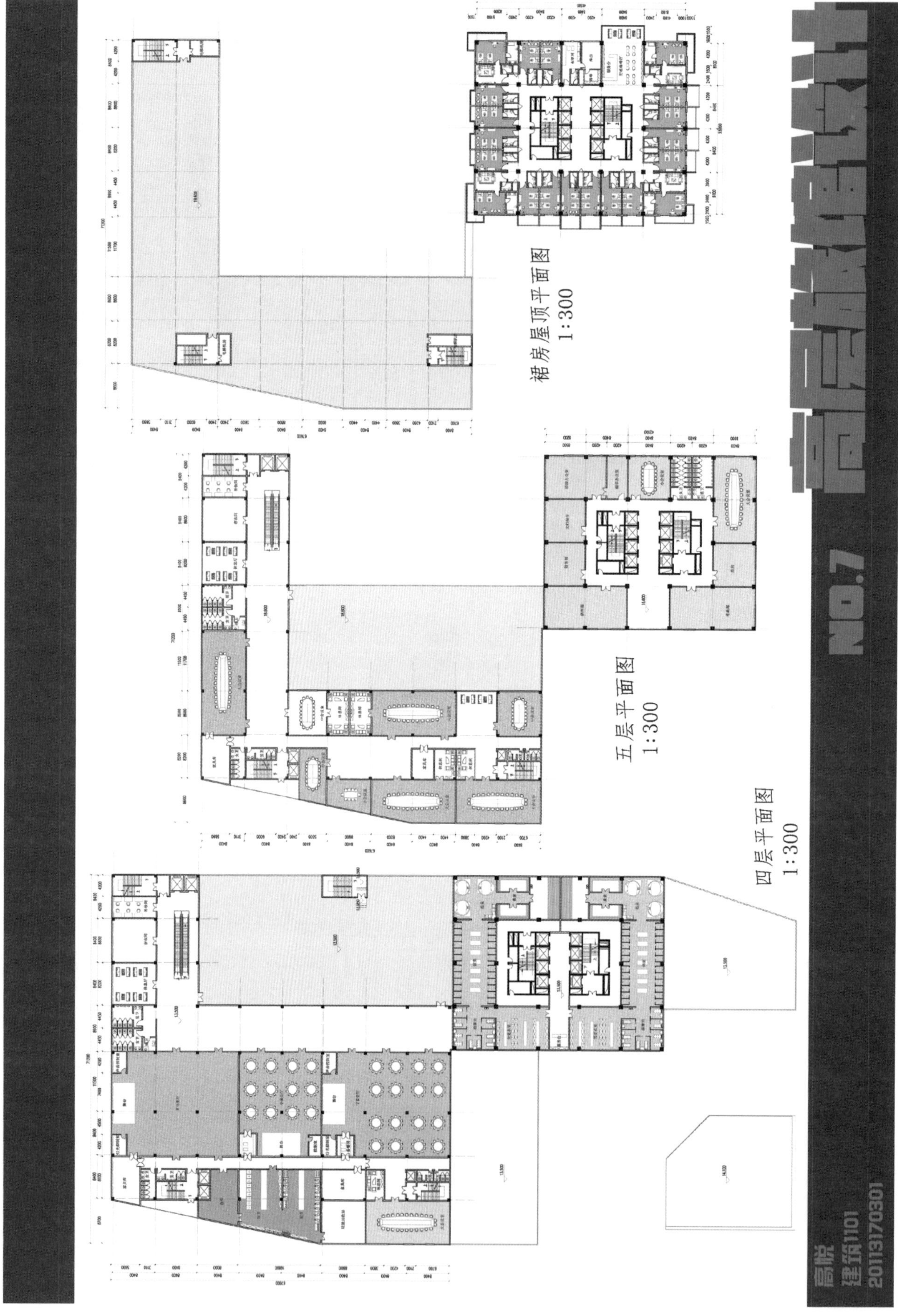
裙房屋顶平面图
1:300
五层平面图
1:300
四层平面图
1:300
NO.7
高悦
建筑1101
20113170301

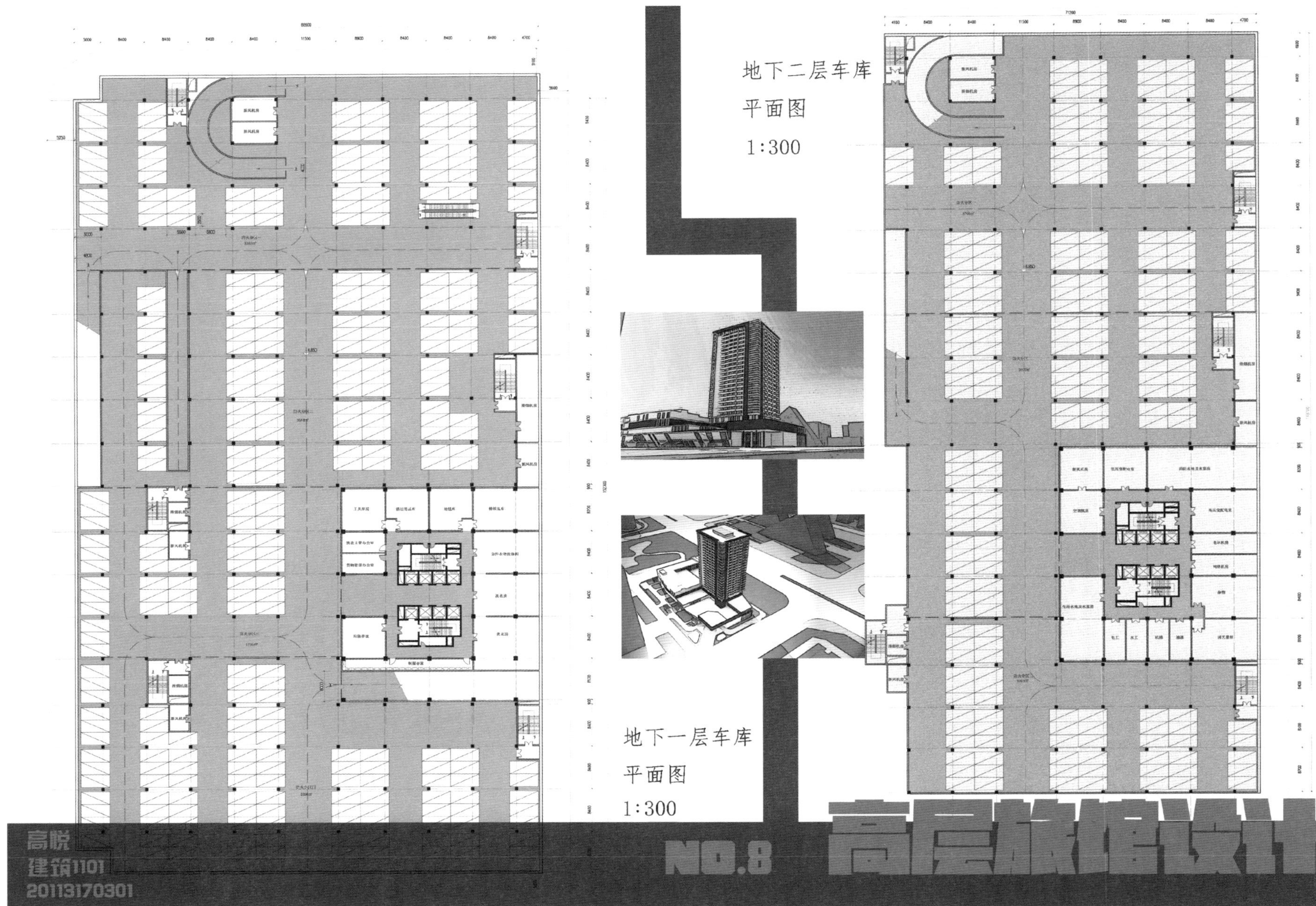
地下二层车库
平面图
1:300
地下一层车库
平面图
1:300
高悦
建筑1101
20113170301
NO.8
高层旅馆设计